Gramlich

Lineare Algebra

Günter M. Gramlich

Lineare Algebra

Aufgaben und Lösungen

HANSER

Autor:

Günter M. Gramlich, Technische Hochschule Ulm

Bibliografische Information der Deutschen Nationalbibliothek:
Die Deutsche Nationalbibliothek verzeichnet diese Publikation in der Deutschen Nationalbibliografie; detaillierte bibliografische Daten sind im Internet über http://dnb.d-nb.de abrufbar.

Lektorat: Dipl.-Ing. Natalia Silakova-Herzberg
Herstellung: Frauke Schafft
Satz: Günther M. Gramlich
Titelbild: © Günter M. Gramlich
Covergestaltung: Max Kostopoulos
Coverkonzept: Marc Müller-Bremer, www.rebranding.de, München
Druck und Binden: Friedrich Pustet GmbH & Co. KG, Regensburg
Printed in Germany

Print-ISBN: 978-3-446-47302-7
E-Book-ISBN: 978-3-446-47308-9

Vorwort

Dieses Buch möchte Ihnen helfen, sich anhand von gelösten Aufgaben mit der Linearen Algebra näher vertraut zu machen. Sie finden im Folgenden sowohl Aufgaben als auch deren Lösungen. Diese Aufgaben und Lösungen habe ich meinen Studierenden in den zurückliegenden Semestern und vergangenen Jahren zur Verfügung gestellt.

Die Aufgaben sind Rechenaufgaben, Beweisaufgaben, Verständnisaufgaben, Computeraufgaben und Konstruktionsaufgaben. Ob eine Aufgabe schwierig oder leicht ist, hängt auch von Ihren Vorkenntnissen und bisherigen Umgang mit Mathematik ab. Wesentlich ist, dass Sie sich mit Aufgaben beschäftigen, um zu verstehen, was Lineare Algebra ausmacht, um sie gewinnbringend anwenden zu können.

Lösungen sind dabei als Musterlösungen zu verstehen. Das soll heißen, Sie können die Aufgaben so lösen, wie ich es vorgemacht habe, oder mit anderen Methoden, die vielleicht sogar einfacher oder eleganter sind. In diesem Sinne ist eine angegebene Lösung eine Musterlösung. Lösungen sind also Lösungsvorschläge.

In der Lehre der Mathematik gibt es Unterschiede zwischen verschiedenen Hochschulen, Fachhochschulen, verschiedenen Universitäten und zwischen verschiedenen Studiengängen. Selbst an derselben Hochschule und in demselben Fach setzt der eine Dozent vielleicht einen anderen Schwerpunkt als der andere Dozent. Das ist zulässig und gewollt. Daher empfehle ich Ihnen, (zunächst) solche Aufgaben zu bearbeiten, deren Thema Sie aus der eigenen Vorlesung kennen oder kennen sollten.

Dieses Buch ist nicht als Lehrbuch konzipiert, um neue Inhalte zu lehren, sondern als Begleittext zu Vorlesungen zur Linearen Algebra. Es soll Ihnen Muster zur Verfügung stellen, um Aufgaben zur Lineare Algebra erfolgreich bearbeiten zu können. Deshalb wird vorausgesetzt, dass grundsätzliche Kenntnisse aus der Linearen Algebra vorhanden sind.

Das vorliegende Aufgabenbuch ist wie das von mir verfasste Lehrbuch zur Linearen Algebra [8] strukturiert und dementsprechend gegliedert. Eine Tabelle über die von mir verwendeten mathematischen Symbole finden Sie am Ende des Buches. Um unnötiges Blättern zu vermeiden, habe ich die Lösung jeder Aufgabe direkt im Anschluss an die Aufgabenformulierung aufgeschrieben und somit keine Unterteilung in einen Aufgaben- und Lösungsteil vorgenommen. Trotzdem ist es längerfristig betrachtet sinnvoller, die Aufgaben zuerst selbst zu bearbeiten und erst danach die Lösungen durchzugehen.

Weitere Hinweise, Tipps und Bemerkungen:

- Versuchen Sie sich an Aufgaben zuerst selbst.

- Holen Sie sich erst dann Hinweise, wenn Sie nach intensiver Beschäftigung mit einer Aufgabe nicht weitergekommen sind.
- Formulieren Sie Ihre Lösungen so, dass jemand anderes Ihre Gedankengänge verstehen und nachvollziehen kann.
- Lesen Sie die Aufgabenstellung genau.
- Ist Ihr Ergebnis plausibel?
- Was sind in den Aufgaben die Voraussetzungen? Welche Begriffe kommen vor?
- Seien Sie nicht demotiviert, wenn Sie eine Aufgabe nicht gleich lösen können. Man lernt auch beim Versuchen.
- Bearbeiten Sie möglichst viele Aufgaben. Übung macht den Meister.
- Wie haben wir Beispiele und Aufgaben in der Vorlesung und im Buch gelöst?
- Gibt es andere Lösungswege, eventuelle elegantere oder schnellere?
- Wird eine Voraussetzung nicht benutzt, so ist das Ergebnis selten richtig.
- Geben Sie an, woher (aus welchen Mengen) die Variablen sind. So haben Sie immer Kontrolle über Ihre Elemente.

In den folgenden Büchern finden Sie weitere gelöste Aufgaben zur Linearen Algebra: [1, 2, 3, 4, 5, 6, 7, 9, 10, 11, 12, 13, 14, 15, 17, 16, 18, 19, 20]. Lehrbücher zur Linearen Algebra habe ich in [8] angegeben, in diesen finden sich ebenfalls Aufgaben.

Das vorliegende Buch habe ich vollständig in LaTeX mit der Hauptklasse `scrbook` des KOMA-Script-Pakets erstellt, das Literaturverzeichnis mit `biblatex`, und alle Bilder mit PSTricks. Ohne diese schönen Tools wäre dies alles viel schwieriger oder gar unmöglich gewesen.

Danke an das Team vom Carl Hanser Verlag Frau Silakova-Herzberg und Frau Kubiak für Hinweise zur Gestaltung des Buches.

Für jede Anregung, nützlichen Hinweis oder Verbesserungsvorschlag bin ich dankbar. Sie können mich per Post oder über E-Mail `Guenter.Gramlich@thu.de` erreichen.

Ich wünsche Ihnen viel Freude und Erfolg mit diesem Buch und mit der Beschäftigung der Linearen Algebra.

Ulm, im Herbst 2021 Günter M. Gramlich

Inhaltsverzeichnis

1 Reelle geordnete Tupel

1.1 Kreuzen Sie die wahre(n) Aussage(n) an. Es ist $n \in \mathbb{N}$. Dann besteht $\mathbb{R}^n$ aus

☐ n reellen Zahlen.
☐ n-Tupeln reeller Zahlen.
☐ n-Tupeln natürlicher Zahlen.
☐ Keine Aussage ist wahr.

Lösung: | | × | | | (spaltenweise)

1.2 Es ist $(x_1, \ldots, x_n) \in \mathbb{R}^n$. Begründen Sie, weshalb $(x_1, \ldots, x_n) \neq \{x_1, \ldots, x_n\}$ ist.

Lösung: Das n-Tupel $(x_1, \ldots, x_n)$ ist etwas anderes als die Menge $\{x_1, \ldots, x_n\}$, da es bei einem n-Tupel zum Beispiel auf die Reihenfolge der Elemente ankommt und bei einer Menge nicht. So ist zum Beispiel $(1, 2, 3) \neq (2, 1, 3)$, aber $\{1, 2, 3\} = \{2, 1, 3\}$.

1.3 Gegeben ist $(4, 2, 3) \in \mathbb{R}^3$. Finden Sie a, b aus $\mathbb{R}$, so dass

$$(4, 2, 3) = (a, 2, b)$$

ist.

Lösung: Zwei (reelle) Zahlenpaare sind genau dann gleich, wenn ihre entsprechenden Koordinaten gleich sind. Also ist $a = 4$ und $b = 3$.

1.4 Berechnen Sie $v + w$, $u + v + w$ und $2u + 2v + w$ für die reellen Tupel $u = (1, 2, 3)$, $v = (-3, 1, -2)$ und $w = (2, -3, -1)$ aus $\mathbb{R}^3$.

Lösung: Es ist $v + w = (-1, -2, -3)$, $u + v + w = (0, 0, 0)$ und $2u + 2v + w = (-2, 3, 1)$.

1.5 Gegeben sind die reellen Tripel $a = (5, 4, -3)$, $b = (1, 1, 0)$ und $c = (1, 0, -3)$ aus $\mathbb{R}^3$. Bestimmen Sie die reellen Werte für r und s so, dass gilt $a + rb + sc = o_3$.

Lösung: Durch Lösen des überbestimmten linearen Gleichungssystems

$$\begin{bmatrix} 1 & 1 \\ 1 & 0 \\ 0 & -3 \end{bmatrix} \begin{bmatrix} r \\ s \end{bmatrix} = \begin{bmatrix} -5 \\ -4 \\ 3 \end{bmatrix}$$

erhält man die (eindeutige) Lösung $r = -4$, $s = -1$.

1.6 Es ist $v + w = (3, 1)$ und $v - w = (1, 3)$. Bestimmen Sie v und w.

Lösung: Es ist $v = (2, 2)$ und $w = (1, -1)$.

1.7 Finden Sie die Koordinaten von $3v + w$, $v - 3w$ und $rv + sw$ für $v = (2, 1)$ und $w = (1, 2)$. r und s sind reelle Zahlen.

Lösung: Es ergibt sich $3v+w = (7, 5)$, $v-3w = (-1, -5)$ und $rv+\beta w = (2r+s, r+2s)$.

1.8 Es sind v, w aus $\mathbb{R}^4$. Begründen Sie, warum die Gleichung $v+2w+3 = (1, -2, 4, 1)$ sinnlos ist.

Lösung: Ein reelles Tupel aus $\mathbb{R}^4$ und die reelle Zahl 3 kann man nicht addieren.

1.9 Es ist $a = (1, 2)$ und $b = (3, -4, 0)$. Ist es möglich $a + b$ zu berechnen? Falls ja, dann tun Sie es, falls nein, dann begründen Sie warum nicht.

Lösung: Es ist nicht möglich $a + b$ zu berechnen, da die Addition zweier Tupel nur dann definiert ist, wenn die Anzahl der Koordinaten gleich ist.

1.10 Visualisieren Sie das reelle Paar $(3, 2) \in \mathbb{R}^2$ als Punkt und als Pfeil (gerichtete Strecke).

Lösung: Siehe Bild 1.1.

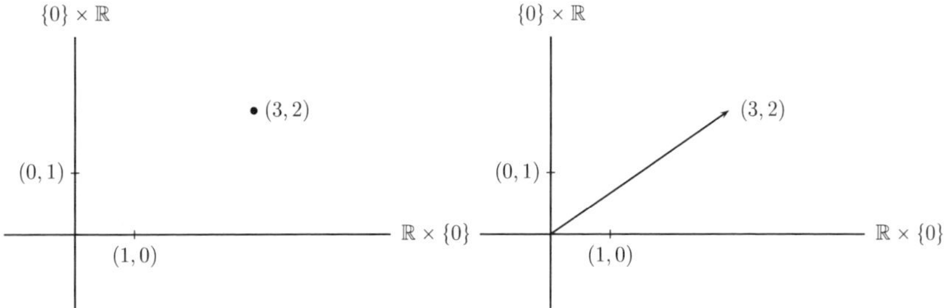

Bild 1.1: Das reelle Paar $(3, 2)$ visualisiert.

1.11 Es ist $n \in \mathbb{N}$. Geben Sie für die Elemente aus $\mathbb{R}^n$ eine geometrische Interpretation.

Lösung: Der Fall $n = 1$. $\mathbb{R}^1$ entspricht geometrisch der Zahlengerade und jedem Element aus $\mathbb{R}^1$, also jeder reellen Zahl, entspricht ein Punkt auf dieser Geraden. Der Fall $n = 2$. Seit R. DESCARTES[1] ist es üblich, nach Wahl eines Koordinatensystems, die Punkte der Ebene durch Zahlenpaare, also Elemente aus $\mathbb{R}^2$, darzustellen. Umgekehrt gibt die Ebene eine Veranschaulichung der Zahlenpaare und damit der Menge $\mathbb{R}^2$. Jedem Element aus $\mathbb{R}^2$ entspricht ein Punkt der Ebene; die Menge $\mathbb{R}^2$ wird mit der Ebene identifiziert. Der Fall $n = 3$. Ebenso wie Punkte der Ebene mit Zahlenpaare identifiziert werden können, können nach Wahl eines Koordinatensystems die Punkte des Anschauungsraumes mit Zahlentripel aus $\mathbb{R}^3$ identifiziert werden. Der Fall $n = 4$. Zu

[1] R. DESCARTES (1596-1650) war ein französischer Philosoph, Mathematiker und Naturwissenschaftler.

Beginn des 20. Jahrhunderts schlug A. EINSTEIN[2] in seiner speziellen Relativitätstheorie vor, den $\mathbb{R}^4$ als geometrisches Modell für den uns umgebenden Raum zu verwenden, wobei die Zeit als vierte Koordinate interpretiert wird. Erst wenige Jahre vorher war es in der Mathematik üblich geworden, geometrische Betrachtungen auch in mehr als drei Dimensionen durchzuführen.

Es ist auch üblich, die Elemente von $\mathbb{R}^n$ als Pfeile (gerichtete Strecken) darzustellen.

1.12 Beschreiben Sie $\text{Lin}\big((1,0,1),(1,0,2)\big)$. Welcher geometrischen Figur entspricht diese Menge?

Lösung: Es ist $\text{Lin}\big((1,0,1),(1,0,2)\big) = \mathbb{R} \times \{0\} \times \mathbb{R}$. Geometrisch entspricht dieser Menge die x,z-Ebene im x,y,z-Raum.

1.13 Kreuzen Sie die wahre(n) Aussage(n) an. Der Menge $\text{Lin}\big((1,1),(2,2)\big)$ entspricht geometrisch

- ☐ eine Strecke.
- ☐ eine Gerade.
- ☐ eine Halbgerade.
- ☐ ein Kreis.
- ☐ eine Ellipse.
- ☐ eine Ebene.
- ☐ einem Parallelogramm.
- ☐ Keine Aussage ist wahr.

Lösung:

	×						

(spaltenweise)

1.14 Gegeben sind p und $u \neq o_2 = (0,0)$ in $\mathbb{R}^2$. Welches geometrische Objekt wird durch die Menge

$$S = \{v \in \mathbb{R}^2 \mid v = p + tu, t \in [0,1]\}$$

beschrieben? Geben Sie ein Beispiel.

Lösung: Die Menge S beschreibt eine Strecke in der Ebene. Genauer: Die Strecke zwischen den beiden Punkten p und $p + u$.

Ist zum Beispiel $p = (0,1)$ und $u = (2,0)$, so ist S die Strecke zwischen den Punkten $(0,1)$ und $(2,1)$.

1.15 Gegeben sind p und $u \neq o_2 = (0,0)$ in $\mathbb{R}^2$. Welches geometrische Objekt wird durch die Menge

$$H = \{v \in \mathbb{R}^2 \mid v = p + tu, t \in [0,\infty[\,\}$$

beschrieben? Geben Sie ein Beispiel.

[2] A. EINSTEIN (1879-1955) war ein deutscher Physiker mit Schweizer und US-amerikanischer Staatsbürgerschaft.

Lösung: Die Menge H beschreibt eine Halbgerade in der Ebene. Genauer: Die Halbgerade beginnend im Punkt p und durch den Punkt $p + u$ gehend.

Ist zum Beispiel $p = (0, 0)$ und $u = (1, 0)$, so ist H die positive x-Achse.

1.16 Gegeben sind p und $u \neq o_2 = (0, 0)$ in $\mathbb{R}^2$. Welches geometrische Objekt wird durch die Menge

$$G = \{v \in \mathbb{R}^2 \mid v = p + tu, t \in \mathbb{R}\}$$

beschrieben? Geben Sie ein Beispiel.

Lösung: Die Menge G beschreibt eine Gerade in der Ebene. Genauer: Die Gerade durch die Punkte p und $p + u$.

Ist zum Beispiel $p = (0, 0)$ und $u = (0, 1)$, so ist G die y-Achse.

2 Reelle Matrizen

2.1 Gegeben sind die Matrizen $A = \big((1,2,3)\big) \in \big(\mathbb{R}^3\big)^1$ und $B = \big((-1),(2)\big) \in (\mathbb{R}^1)^2$. Schreiben Sie die beiden Matrizen in rechteckiger Form. Um welche speziellen Matrizen handelt es sich?

Lösung: Es ist A die Spaltenmatrix

$$A = \begin{bmatrix} 1 \\ 2 \\ 3 \end{bmatrix} \in \mathbb{R}^{3\times 1}$$

und B die Zeilenmatrix $B = \begin{bmatrix} -1 & 2 \end{bmatrix} \in \mathbb{R}^{1\times 2}$. Die Matrix A hat eine Spalten und drei Zeilen. Zum Beispiel ist (2) die zweite Zeile von A. Die Ordnung der Matrix A ist $(3,1)$. Die Matrix A hat drei Elemente. Die Matrix B hat eine Zeile und zwei Spalten. Zum Beispiel ist (-1) die erste Spalte von B. Die Ordnung der Matrix B ist $(1,2)$. Die Matrix B hat zwei Elemente.

2.2 Gegeben ist $\begin{bmatrix} 4 & 2 & 3 \end{bmatrix}^T \in \mathbb{R}^{3\times 1}$. Finden Sie x, y aus $\mathbb{R}$, so dass

$$\begin{bmatrix} 4 \\ 2 \\ 3 \end{bmatrix} = \begin{bmatrix} x \\ 2 \\ y \end{bmatrix}$$

ist.

Lösung: Zwei (reelle) Matrizen sind genau dann gleich, wenn ihre entsprechenden Elemente gleich sind. Also ist $x = 4$ und $y = 3$.

2.3 Eine Matrix $D = [d_{ij}] \in \mathbb{R}^{m\times n}$ mit $m, n \in \mathbb{N}$ ist eine Diagonalmatrix, wenn gilt $d_{ij} = 0$ für $i \neq j$. Kreuzen Sie die wahre(n) Aussage(n) an.

☐ Die Matrix $\begin{bmatrix} 1 & 0 \\ 0 & 2 \end{bmatrix}$ ist eine Diagonalmatrix.

☐ Die Matrix $\begin{bmatrix} 1 & 2 \\ 3 & 0 \end{bmatrix}$ ist eine Diagonalmatrix.

☐ Die Matrix $\begin{bmatrix} 0 & 1 \\ 2 & 0 \end{bmatrix}$ ist eine Diagonalmatrix.

☐ Die Matrix $\begin{bmatrix} 1 & 0 \end{bmatrix}$ ist eine Diagonalmatrix.

☐ Die Matrix $\begin{bmatrix} 2 \\ 0 \end{bmatrix}$ ist eine Diagonalmatrix.

☐ Keine angegebene Aussage ist wahr.

Lösung: | × | | | × | × | |

2.4 Kreuzen Sie die wahre(n) Aussage(n) an.

☐ Die Matrix $\begin{bmatrix} 0 & 1 \\ 0 & 1 \end{bmatrix}$ ist invertierbar.

☐ Die Matrix $\begin{bmatrix} 0 & -1 \\ 1 & 0 \end{bmatrix}$ ist invertierbar.

☐ Die Matrix $\begin{bmatrix} 6 & -18 \\ 2 & -6 \end{bmatrix}$ ist invertierbar.

☐ Die Matrix $\begin{bmatrix} 1 & 0.9 \\ 1 & 1 \end{bmatrix}$ ist invertierbar.

☐ Die Matrix $\begin{bmatrix} 1 & 1 \\ 1 & 1 \end{bmatrix}$ ist invertierbar.

☐ Die Matrix $\begin{bmatrix} 3 & 2 \\ 3 & 2 \end{bmatrix}$ ist invertierbar.

☐ Die Matrix $\begin{bmatrix} 3 & 2 \\ 6 & 4 \end{bmatrix}$ ist invertierbar.

☐ Die Matrix $\begin{bmatrix} 3 & 2 \\ 3 & 5 \end{bmatrix}$ ist invertierbar.

Lösung: | | | × | | | | × | × |

2.5 Welche der Matrizen ist symmetrisch?

☐ $\begin{bmatrix} 0 & 0 & 1 & 2 \\ 0 & 0 & 3 & 4 \\ 1 & 2 & 0 & 0 \\ 3 & 4 & 0 & 0 \end{bmatrix}$ ☐ $\begin{bmatrix} 0 & 0 & 1 & 2 \\ 0 & 0 & 3 & 4 \\ 1 & 3 & 0 & 0 \\ 2 & 4 & 0 & 0 \end{bmatrix}$ ☐ $\begin{bmatrix} 1 & 2 & 0 & 0 \\ 3 & 4 & 0 & 0 \\ 0 & 0 & 4 & 2 \\ 0 & 0 & 3 & 1 \end{bmatrix}$

Lösung: | | × | |

2.6 Zeigen Sie, dass die beiden Matrizen $A^T A$ und AA^T symmetrisch sind, wenn A eine beliebige reelle Matrix ist.

Lösung: Es gilt mit den Rechenregeln für transponierte Matrizen $(A^T A)^T = A^T (A^T)^T = A^T A$ und $(AA^T)^T = (A^T)^T A^T = AA^T$, daher sind die beiden Matrizen symmetrisch.

2.7 Beweisen Sie die Rechenregel $(A^T)^{-1} = (A^{-1})^T$ für den Fall $A \in \mathbb{R}^{2\times 2}$.

Lösung: Ist

$$A = \begin{bmatrix} a & b \\ c & d \end{bmatrix} \quad \text{so ist} \quad A^{-1} = \frac{1}{ad-bc}\begin{bmatrix} d & -b \\ -c & a \end{bmatrix}.$$

Somit ist einerseits

$$(A^{-1})^T = \frac{1}{ad-bc}\begin{bmatrix} d & -c \\ -b & a \end{bmatrix}.$$

Andererseits ist zunächst

$$A^T = \begin{bmatrix} a & c \\ b & d \end{bmatrix} \quad \text{und damit} \quad (A^T)^{-1} = \frac{1}{ad-bc}\begin{bmatrix} d & -c \\ -b & a \end{bmatrix}.$$

Damit gilt die Gleichheit.

2.8 Ist $A \in \mathbb{R}^{m\times r}$ und $B \in \mathbb{R}^{r\times n}$, so gilt $(AB)^T = B^T A^T$. Beweisen Sie dies.

Lösung: Erste Methode. Es ist $AB = [c_{ij}]$. Dann gilt $c_{ij} = a_{i1}b_{1j} + \cdots + a_{ir}b_{rj}$. Diese Zahl ist das Element der j-ten Zeile und i-ten Spalte der Matrix $(AB)^T = [c_{ij}]^T$. Die Elemente $b_{1j}, \ldots, b_{rj}$ der j-ten Spalte von B sind die Elemente der j-ten Zeile von B^T. Die Elemente $a_{i1}, \ldots, a_{ir}$ der i-ten Zeile von A sind die Elemente der i-ten Spalte von A^T. Das Element der j-ten Zeile und i-ten Spalte von $B^T A^T$ ist $b_{1j}a_{i1} + \cdots + b_{rj}a_{ir}$; das ist $a_{i1}b_{1j} + \cdots + a_{ir}b_{rj}$. Somit ist $(AB)^T = B^T A^T$.

Zweite Methode. Es ist einerseits

$$A = \begin{bmatrix} — & z_1^T & — \\ & \vdots & \\ — & z_m^T & — \end{bmatrix} \in \mathbb{R}^{m\times r}, \qquad B = \begin{bmatrix} | & & | \\ b_1 & \cdots & b_n \\ | & & | \end{bmatrix} \in \mathbb{R}^{r\times n}$$

und damit

$$AB = \begin{bmatrix} z_1^T b_1 & \cdots & z_1^T b_n \\ \vdots & & \vdots \\ z_m^T b_1 & \cdots & z_m^T b_n \end{bmatrix} \in \mathbb{R}^{m\times n} \quad \text{und} \quad (AB)^T = \begin{bmatrix} z_1^T b_1 & \cdots & z_m^T b_1 \\ \vdots & & \vdots \\ z_1^T b_n & \cdots & z_m^T b_n \end{bmatrix} \in \mathbb{R}^{n\times m}.$$

Es ist andererseits

$$A^T = \begin{bmatrix} | & & | \\ z_1 & \cdots & z_m \\ | & & | \end{bmatrix} \in \mathbb{R}^{r\times m}, \qquad B^T = \begin{bmatrix} — & b_1^T & — \\ & \vdots & \\ — & b_n^T & — \end{bmatrix} \in \mathbb{R}^{n\times r}$$

und damit

$$B^TA^T = \begin{bmatrix} b_1^Tz_1 & \cdots & b_1^Tz_m \\ \vdots & & \vdots \\ b_n^Tz_1 & \cdots & b_n^Tz_m \end{bmatrix} \in \mathbb{R}^{m\times n}.$$

Nun ist aber $z_i^Tb_j = b_j^Tz_i$ für alle $i = 1 : m$ und alle $j = 1 : n$. Damit ist alles bewiesen.

2.9 Es ist eins $\in \mathbb{R}^{n\times 1}$ die Spaltenmatrix, die aus lauter Einsen besteht. Es ist $A \in \mathbb{R}^{m\times n}$. Berechnen Sie $A \cdot$ eins.

Lösung: Es ist

$$A \cdot \text{eins} = \begin{bmatrix} a_{11} & \cdots & a_{1n} \\ & \vdots & \\ a_{m1} & \cdots & a_{mn} \end{bmatrix} \begin{bmatrix} 1 \\ \vdots \\ 1 \end{bmatrix} = \begin{bmatrix} a_{11} + a_{12} + \cdots + a_{1n} \\ \vdots \\ a_{m1} + a_{m2} + \cdots + a_{mn} \end{bmatrix}.$$

In der Spaltenmatrix $A \cdot$ eins $\in \mathbb{R}^{m\times 1}$ stehen die Zeilensummen von A.

2.10 Es ist $e_j \in \mathbb{R}^{n\times 1}$ die Spaltenmatrix, die in der j-ten Zeile eine Eins sonst lauter Nullen hat. Es ist $A \in \mathbb{R}^{m\times n}$. Berechnen Sie $A \cdot e_j$.

Lösung: Es ist für $j = 1, \ldots, n$

$$A \cdot e_j = \begin{bmatrix} a_{11} & \cdots & a_{1n} \\ & \vdots & \\ a_{j-1,1} & \cdots & a_{j-1,n} \\ a_{j1} & \cdots & a_{jn} \\ a_{j+1,1} & \cdots & a_{j+1,n} \\ & \vdots & \\ a_{m1} & \cdots & a_{mn} \end{bmatrix} \begin{bmatrix} 0 \\ \vdots \\ 0 \\ 1 \\ 0 \\ \vdots \\ 0 \end{bmatrix} = \begin{bmatrix} a_{1j} \\ \vdots \\ a_{j-1,j} \\ a_{jj} \\ a_{j+1,j} \\ \vdots \\ a_{mj} \end{bmatrix}.$$

Die Spaltenmatrix $A \cdot e_j$ enthält die j-ten Spaltenelemente der Matrix A.

2.11 Die folgenden Matrizen haben jeweils eine Inverse. Berechnen Sie diese.

(a) $\begin{bmatrix} 0 & 1 \\ 1 & 0 \end{bmatrix}$ (b) $\begin{bmatrix} 3 & 1 \\ 7 & 0 \end{bmatrix}$ (c) $\begin{bmatrix} 1 & 0 \\ 3 & 1 \end{bmatrix}$

Lösung: Es ist

(a) $\begin{bmatrix} 0 & 1 \\ 1 & 0 \end{bmatrix}^{-1} = \frac{1}{(0)(0)-(1)(1)} \begin{bmatrix} 0 & -1 \\ -1 & 0 \end{bmatrix} = \begin{bmatrix} 0 & 1 \\ 1 & 0 \end{bmatrix}.$

(b) $\begin{bmatrix} 3 & 1 \\ 7 & 0 \end{bmatrix}^{-1} = \frac{1}{(3)(2)-(1)(7)} \begin{bmatrix} 2 & -1 \\ -7 & 3 \end{bmatrix} = \begin{bmatrix} -2 & 1 \\ 7 & -3 \end{bmatrix}.$

(c) $\begin{bmatrix} 1 & 0 \\ 3 & 1 \end{bmatrix}^{-1} = \frac{1}{(1)(1)-(0)(3)} \begin{bmatrix} 1 & 0 \\ -3 & 1 \end{bmatrix} = \begin{bmatrix} 1 & 0 \\ -3 & 1 \end{bmatrix}.$

Eine Bestätigung in MATLAB[1]:

```
>> inv([0 1;1 0])
ans =
0     1
1     0
>> inv([3 1;7 2])
ans =
-2.0000   1.0000
7.0000  -3.0000
>> inv([1 0;3 1])
ans =
1     0
-3     1
```

2.12 Geben Sie eine Matrix aus $\mathbb{R}^{4\times 4}$ an, die obere und untere Dreiecksmatrix zugleich ist.

Lösung: Zum Beispiel

$$E_4 = \begin{bmatrix} 1 & 0 & 0 & 0 \\ 0 & 1 & 0 & 0 \\ 0 & 0 & 1 & 0 \\ 0 & 0 & 0 & 1 \end{bmatrix}.$$

2.13 Welche der folgenden Aussagen sind richtig?

(a) Eine Nullmatrix ist eine Diagonalmatrix.
(b) Eine Einheitsmatrix ist symmetrisch.
(c) Eine quadratische Matrix ist immer symmetrisch.
(d) Eine symmetrische Matrix ist immer quadratisch.

Lösung: (a),(b) und (d) sind richtig.

2.14 Welche Bedingungen müssen zwei Matrizen erfüllen, damit sie entweder addiert oder multipliziert werden können?

Lösung: Beide Matrizen müssen die gleiche Anzahl von Zeilen und die gleiche Anzahl von Spalten haben, damit sie addiert werden können.

Die Anzahl der Spalten der ersten Matrix muss gleich der Anzahl der Zeilen der zweiten Matrix sein, damit die multipliziert werden können.

[1] MATLAB ® ist eingetragenes Warenzeichen von The MathWork Inc.

2.15 Berechnen Sie A^2, A^3 und A^n ($n \in \mathbb{N}$) für die Matrix

$$A = \begin{bmatrix} a & 0 \\ 0 & b \end{bmatrix} \in \mathbb{R}^{2\times 2}$$

Lösung: Es ist

$$A^2 = \begin{bmatrix} a^2 & 0 \\ 0 & b^2 \end{bmatrix}, \quad A^3 = \begin{bmatrix} a^3 & 0 \\ 0 & b^3 \end{bmatrix}, \quad A^n = \begin{bmatrix} a^n & 0 \\ 0 & b^n \end{bmatrix}.$$

2.16 Zeigen Sie, dass E_2 das neutrale Element der Matrizenmultiplikation in $\mathbb{R}^{2\times 2}$ ist.

Lösung: Es ist

$$\begin{bmatrix} a & b \\ c & d \end{bmatrix}\begin{bmatrix} 1 & 0 \\ 0 & 1 \end{bmatrix} = \begin{bmatrix} a & b \\ c & d \end{bmatrix} = \begin{bmatrix} 1 & 0 \\ 0 & 1 \end{bmatrix}\begin{bmatrix} a & b \\ c & d \end{bmatrix}$$

für alle a, b, c und d aus $\mathbb{R}$. Somit ist E_2 das neutrale Elemente bezüglich der Matrizenmultiplikation.

2.17 Berechnen Sie die Inverse der Matrix

$$A = \begin{bmatrix} 0 & 1 \\ 1 & 0 \end{bmatrix}.$$

Lösung: Es ist

$$A^{-1} = \begin{bmatrix} 0 & 1 \\ 1 & 0 \end{bmatrix} = A.$$

2.18 Bestimmen Sie die Inverse der Matrix

$$\begin{bmatrix} a & b \\ b & a \end{bmatrix} \in \mathbb{R}^{2\times 2}$$

für $a \neq b$ und $a \neq -b$.

Lösung: Die Inverse dieser (symmetrischen) Matrix ist

$$\frac{1}{a^2 - b^2}\begin{bmatrix} a & -b \\ -b & a \end{bmatrix}.$$

Falls $a = b$ oder $a = -b$ ist, ist die Matrix nicht invertierbar.

2.19 Welche der folgenden Regeln sind für alle reellen quadratischen und invertierbaren Matrizen gültig, welche nicht?

(a) $(AB)^{-1} = B^{-1}A$ (b) $AB = BA$. (c) $A = A^T$. (d) $(AB)^{\mathrm{T}} = A^{\mathrm{T}}B^T$.

Lösung: Nur (a) ist allgemein gültig.

2.20 Gegeben sind drei invertierbare Matrizen A, B, C aus $\mathbb{R}^{n\times n}$. Vereinfachen Sie den Ausdruck $(ABC)^{-1}(B^TA^T)^TC$ soweit wie möglich.

Lösung: Mit den Rechenregeln für Matrizen und speziell mit denen für invertierbare Matrizen gilt:

$$\begin{aligned}(ABC)^{-1}(B^TA^T)^TC &= C^{-1}(AB)^{-1}(A^T)^T(B^T)^TC = C^{-1}B^{-1}A^{-1}ABC \\ &= C^{-1}B^{-1}E_nBC = C^{-1}B^{-1}BC = C^{-1}E_nC \\ &= C^{-1}C = E_n\end{aligned}$$

Das Ergebnis ist also die Einheitsmatrix der Ordnung n.

2.21 Die *Spur* einer Matrix ist eine einfache Maßzahl. Sie ist nur für quadratische Matrizen definiert. Ist $A \in \mathbb{R}^{n\times n}$, so definiert man die *Spur* von A durch

$$\mathrm{Spur}(A) = a_{11} + a_{22} + \cdots + a_{nn}.$$

Die Spur einer Matrix ist die Summe ihrer Hauptdiagonalelemente. Da dort beliebige reelle Zahlen stehen können, ist die Spur eine Abbildung von $\mathbb{R}^{n\times n}$ nach $\mathbb{R}$. Die Spur kann auch für komplexe Matrizen erklärt werden und auch für Matrizen über anderen Zahlenkörpern.

Bestimmen Sie die Spur der folgenden Matrizen:

$$A = \begin{bmatrix} 1 & 2 \\ 3 & 4 \end{bmatrix}, \quad B = E_n \quad \text{und} \quad C = O_n.$$

Lösung: Es ist $\mathrm{Spur}(A) = 1 + 4 = 5$, $\mathrm{Spur}(B) = \mathrm{Spur}(E_n) = 1 + \cdots + 1 = n \cdot 1 = n$ und $\mathrm{Spur}(C) = \mathrm{Spur}(O_n) = 0 + \cdots + 0 = n \cdot 0 = 0$. Eine Bestätigung in MATLAB:

```
>> A=[1 2;3 4];
>> trace(A)
ans =
     5
```

2.22 Beweisen Sie folgenden Satz: *Es ist A, B aus $\mathbb{R}^{n\times n}$ und $c \in \mathbb{R}$. Dann gilt* $\mathrm{Spur}(A + B) = \mathrm{Spur}(A) + \mathrm{Spur}(B)$ *und* $\mathrm{Spur}(c \cdot A) = c \cdot \mathrm{Spur}(A)$. Wenn wir das bewiesen haben, dann haben wir gezeigt, dass die Spur eine *lineare Abbildung* von $\mathbb{R}^{n\times n}$ nach $\mathbb{R}$ ist, ja sogar ein *lineares Funktional.*

Lösung: Es ist $A = [a_{ij}]$ und $B = [b_{ij}]$ aus $\mathbb{R}^{n\times n}$. Dann gilt: $\mathrm{Spur}(A + B) = \mathrm{Spur}([a_{ij}] + [b_{ij}]) = \sum_{i=1}^{n}(a_{ii} + b_{ii}) = \sum_{i=1}^{n} a_{ii} + \sum_{i=1}^{n} b_{ii} = \mathrm{Spur}([a_{ij}]) + \mathrm{Spur}([b_{ij}]) = \mathrm{Spur}(A) + \mathrm{Spur}(B)$. Ist nun noch $c \in \mathbb{R}$, so ist $\mathrm{Spur}(cA) = \mathrm{Spur}(c[a_{ij}]) = \sum_{i=1}^{n} ca_{ii} = c\sum_{i=1}^{n} a_{ii} = c\,\mathrm{Spur}(A)$. Somit ist die Spur eine lineare Abbildung von $\mathbb{R}^{n\times n}$ nach $\mathbb{R}$.

2.23 Verifizieren Sie den letzten Satz an einem Beispiel Ihrer Wahl.

Lösung: Ich wähle die Matrizen

$$A = \begin{bmatrix} 1 & 2 \\ 3 & 4 \end{bmatrix} \quad \text{und} \quad B = \begin{bmatrix} 5 & 6 \\ 7 & 8 \end{bmatrix}$$

und $c = 2$. Dann gilt zunächst

$$A + B = \begin{bmatrix} 6 & 8 \\ 10 & 12 \end{bmatrix} \quad \text{und} \quad cA = \begin{bmatrix} 2 & 4 \\ 6 & 8 \end{bmatrix}.$$

Somit ist $\mathrm{Spur}(A + B) = 18 = 5 + 13 = \mathrm{Spur}(A) + \mathrm{Spur}(B)$ und $\mathrm{Spur}(cA) = 10 = 2 \cdot 5 = c \cdot \mathrm{Spur}(A)$.

2.24 Beweisen Sie folgenden Satz: *Es ist A und B aus $\mathbb{R}^{n\times n}$. Dann gilt* $\mathrm{Spur}(A^T) = \mathrm{Spur}(A)$ *und* $\mathrm{Spur}(AB) = \mathrm{Spur}(BA)$.

Lösung: Es ist $A = [a_{ij}]$ und $B = [b_{ij}]$ aus $\mathbb{R}^{n\times n}$. Dann gilt: $\mathrm{Spur}(A^T) = \mathrm{Spur}([a_{ij}]^T) = \mathrm{Spur}([a_{ji}]) = \sum_{i=1}^n a_{ii} = \mathrm{Spur}(A)$. Ist $C = AB$ und $D = BA$. Dann ist $c_{ii} = a_{i1}b_{1i} + \cdots + a_{in}b_{ni}$ und $d_{ii} = b_{i1}a_{1i} + \cdots + b_{in}a_{ni}$. In $\sum c_{ii}$ kommt jedes Produkt $a_{ij}b_{ji}$ genau einmal vor, ebenso in $\sum d_{ii}$, also sind die beiden Spuren gleich: $\mathrm{Spur}(AB) = \sum_{i=1}^n \sum_{j=1}^n a_{ij}b_{ji} = \sum_{j=1}^n \sum_{i=1}^n b_{ji}a_{ij} = \mathrm{Spur}(BA)$.

2.25 Da die Spur einer Matrix einfach zu berechnen ist, sind Beweise welche die Spur verwenden oft besonders elegant. Wir geben eine Kostprobe.

Zeigen Sie mithilfe der Spur: Es gibt keine Matrizen A, B aus $\mathbb{R}^{n\times n}$ mit $AB - BA = E_n$. Hierbei ist $n \in \mathbb{N}$ (Die Gleichung $AB - BA = E_n$ spielt unter anderem in der Quantenphysik eine große Rolle und wird als *Heisenberg-Gleichung*[2] bezeichnet).

Lösung: Es ist einerseits $\mathrm{Spur}(E_n) = n$ und andererseits $\mathrm{Spur}(AB - BA) = \mathrm{Spur}(AB) - \mathrm{Spur}(BA) = \mathrm{Spur}(AB) - \mathrm{Spur}(AB) = 0$.

2.26 Wir wissen, dass die Matrizenmultiplikation grundsätzlich nicht vertauschbar (kommutativ) ist. Auch wenn die Matrizen quadratisch sind, sind sie im Allgemeinen nicht vertauschbar. Die Kommutativregel gilt auch dann nicht, wenn die Matrizen symmetrisch (und somit auch quadratisch) sind. Geben Sie ein Beispiel dafür an! (In Aufgabe 2.27 werden wir sehen, dass für symmetrische Matrizen A und B die Kommutativregel $AB = BA$ genau dann gilt, wenn die Matrix AB symmetrisch ist.)

Lösung: Ich wähle die Matrizen

$$A = \begin{bmatrix} 1 & 0 \\ 0 & 2 \end{bmatrix} \quad \text{und} \quad B = \begin{bmatrix} 1 & 2 \\ 2 & 3 \end{bmatrix}.$$

[2] W. Heisenberg (1901-1976) deutscher Physiker.

Beide Matrizen sind symmetrisch, aber $AB \neq BA$, denn es ist

$$AB = \begin{bmatrix} 1 & 2 \\ 4 & 6 \end{bmatrix}, \quad \text{aber} \quad BA = \begin{bmatrix} 1 & 4 \\ 2 & 6 \end{bmatrix}.$$

2.27 Beweisen Sie folgenden Satz: *Es sind A, B aus $\mathbb{R}^{n \times n}$ und symmetrisch. Dann gilt $AB = BA$ genau dann, wenn AB symmetrisch ist.*

Lösung: Wir haben zwei Richtungen zu beweisen. Zunächst zeigen wir: Ist AB symmetrisch, dann gilt $AB = BA$. Es ist $BA = B^T A^T = (AB)^T = AB$.

Nun zeigen wir umgekehrt: Ist $AB = BA$, so ist AB symmetrisch. Es ist $(AB)^T = B^T A^T = BA = AB$, also ist die Matrix AB symmetrisch. Damit ist der Satz bewiesen.

2.28 Verifizieren Sie den Satz aus Aufgabe 2.27 an zwei Beispielen Ihrer Wahl.

Lösung: Ein Beispiel steht in Aufgabe 2.26. Die Matrix

$$AB = \begin{bmatrix} 1 & 2 \\ 4 & 6 \end{bmatrix}$$

ist nicht symmetrisch und $AB \neq BA$.

Ist nun

$$A = \begin{bmatrix} 1 & 0 \\ 0 & 2 \end{bmatrix} \quad \text{und} \quad B = \begin{bmatrix} 1 & 0 \\ 0 & 1 \end{bmatrix}$$

so ist die Matrix

$$AB = \begin{bmatrix} 1 & 0 \\ 0 & 2 \end{bmatrix}$$

symmetrisch und $AB = BA$.

Der Fall, dass die Matrix AB symmetrisch ist und $AB \neq BA$, kann für symmetrische Matrizen A, B nicht auftreten. Auch der Fall, dass AB nicht symmetrisch ist und $AB = BA$ ist, ist für symmetrische Matrizen A, B unmöglich.

2.29 Wir wissen aus der Matrizenrechnung, dass es keine die Kommutativregel für Matrizenprodukte gibt. Geben Sie zwei Matrizen an, die trotzdem kommutativ sind, wenn dies möglich ist. Ist das nicht möglich, dann geben Sie eine Begründung.

Lösung: Hier ist ein Beispiel für kommutative Matrizen. Ist

$$A = \begin{bmatrix} 1 & 0 \\ 0 & 0 \end{bmatrix} \quad \text{und} \quad B = \begin{bmatrix} 2 & 0 \\ 0 & 3 \end{bmatrix}$$

dann ist

$$AB = \begin{bmatrix} 2 & 0 \\ 0 & 0 \end{bmatrix} = BA.$$

2.30 Sind A, B aus $\mathbb{R}^{n \times n}$, so heißt die Matrix $AB - BA$ *Kommutator* von A und B. Man schreibt kurz $[A, B]$. Es ist also $[A, B] = AB - BA \in \mathbb{R}^{n \times n}$. (Gelegentlich schreibt man auch $A \times B$ statt $[A, B]$ und nennt $\times$ das LIE-*Produkt*[3].)

Beweisen Sie nun die folgenden Eigenschaften des Kommutators, das heißt, beweisen Sie folgenden Satz: *Sind A, B aus $\mathbb{R}^{n \times n}$, dann gilt: (a) $[A, A] = O_n$. (b) $[A, B] = -[B, A]$. (c) $[A, E_n] = [E_n, A] = O_n$. (d) $[A, B + C] = [A, B] + [A, C]$.*

Lösung: Sind A, B aus $\mathbb{R}^{n \times n}$, dann gilt: (a) $[A, A]AA - AA = A^2 - A^2 = O_n$. (b) $[A, B] = AB - BA = -(-AB + BA) = -(BA - AB) = -[A, B]$. (c) $[A, E_n] = AE_n - E_nA = A - A = O_n$. Analog ist $[E_n, A] = O_n$. (d) $[A, B + C] = A(B + C) - (B + C)A = AB + AC - BA - CA = (AB - BA) + (AC - CA) = [A, B] + [A, C]$.

2.31 Sind A, B aus $\mathbb{R}^{n \times n}$, so heißt die Matrix $1/2(AB + BA)$ JORDAN-*Produktmatrix*[4] von A und B. Man schreibt kurz $A * B$ und nennt $*$ das JORDAN-*Produkt*. Es ist also $A * B = 1/2(AB + BA) \in \mathbb{R}^{n \times n}$.

Beweisen Sie nun die folgenden Eigenschaften des JORDAN-Produktes, das heißt, beweisen Sie folgenden Satz: *Sind A, B aus $\mathbb{R}^{n \times n}$, dann gilt: (a) $A * B = B * A$. (b) $A * A = A^2$. (c) $A * E_n = A$. (d) $A * (B + C) = (A * B) + (A * C)$.*

Lösung: Sind A, B aus $\mathbb{R}^{n \times n}$, dann gilt: (a) $A * B = 1/2(AB + BA) = 1/2(BA + AB) = B * A$. (b) $A * A = 1/2(AA + AA) = 1/2(A^2 + A^2) = 1/2(2A^2) = A^2$. (c) $A * E_n = 1/2(AE_n + E_nA) = 1/2(A + A) = 1/2(2A) = A$. (d) $A * (B + C) = 1/2(A(B + C) + (B + C)A) = 1/2(AB + AC + BA + CA) = 1/2(AB + BA + AC + CA) = 1/2(AB + BA) + 1/2(AC + CA) = (A * B) + (A * C)$.

2.32 Gegeben ist die Matrix $A \in \mathbb{R}^{1 \times n}$ und $B \in \mathbb{R}^{n \times 1}$. Begründen Sie, warum die Matrix AB symmetrisch ist.

Lösung: Wir geben zwei Begründungsmöglichkeiten an. Erstens: Die Matrix AB ist eine 1×1-Matrix. Jede 1×1-Matrix ist symmetrisch. Zweitens: Es ist

$$AB = \begin{bmatrix} a_1 & \cdots & a_n \end{bmatrix} \cdot \begin{bmatrix} b_1 \\ \vdots \\ b_n \end{bmatrix} = \begin{bmatrix} a_1b_1 + \cdots + a_nb_n \end{bmatrix} = \begin{bmatrix} b_1a_1 + \cdots + b_na_n \end{bmatrix}$$

$$= \begin{bmatrix} b_1 & \cdots & b_n \end{bmatrix} \cdot \begin{bmatrix} a_1 \\ \vdots \\ a_n \end{bmatrix} = B^T A^T = (AB)^T.$$

Also ist $AB = (AB)^T$ und damit ist AB eine symmetrische Matrix.

[3]S. LIE (1842-1899) norwegischer Mathematiker.

[4]P. JORDAN (1902-1980) deutscher Physiker.

2.33 Die Matrix

$$A = \begin{bmatrix} 1 & 0 \\ 0 & 0 \end{bmatrix}$$

besitzt keine Inverse, das heißt A^{-1} existiert nicht. Warum?

Lösung: Hätte die Matrix A eine Inverse, so müsste $A \cdot A^{-1} = E_2$, also

$$\begin{bmatrix} 1 & 0 \\ 0 & 0 \end{bmatrix} \cdot \begin{bmatrix} a & b \\ c & d \end{bmatrix} = \begin{bmatrix} 1 & 0 \\ 0 & 1 \end{bmatrix}$$

für reelle Zahlen a, b, c, d gelten. Insbesondere müsste $(0)(b) + (0)(d) = 1$ sein, was aber für reelle Zahlen b, d unmöglich ist. Die Matrix A ist also nicht invertierbar, nicht regulär, sie ist singulär.

2.34 Gegeben ist $a = [1 \quad 0]^T \in \mathbb{R}^{2\times 1}$. Berechnen Sie die Matrix $A = aa^T$ und geben Sie von ihr möglichst viele Eigenschaften an.

Lösung: Es ist

$$A = aa^T = \begin{bmatrix} 1 \\ 0 \end{bmatrix} \begin{bmatrix} 1 & 0 \end{bmatrix} = \begin{bmatrix} 1 & 0 \\ 0 & 0 \end{bmatrix}.$$

Die Matrix $A \in \mathbb{R}^{2\times 2}$ ist quadratisch, symmetrisch und idempotent, sie ist eine orthogonale Projektionsmatrix, sie ist nicht invertierbar, sie hat normierte Zeilenstufenform, sie ist eine obere und untere Dreiecksmatrix und sie ist eine Diagonalmatrix.

2.35 Beweisen Sie mit mathematischer (vollständiger) Induktion

$$\begin{bmatrix} 1 & 1 & 0 \\ 0 & 1 & 1 \\ 0 & 0 & 1 \end{bmatrix}^n = \begin{bmatrix} 1 & n & 1/2n(n-1) \\ 0 & 1 & n \\ 0 & 0 & 1 \end{bmatrix}$$

für alle $n \in \mathbb{N}$.

Lösung: Induktionsanfang: Die Gleichung ist für $n = 1$ richtig, denn es ist zum Einen

$$\begin{bmatrix} 1 & 1 & 0 \\ 0 & 1 & 1 \\ 0 & 0 & 1 \end{bmatrix}^1 = \begin{bmatrix} 1 & 1 & 0 \\ 0 & 1 & 1 \\ 0 & 0 & 1 \end{bmatrix}$$

und zum Anderen

$$\begin{bmatrix} 1 & 1 & (1/2)(1)(1-1) \\ 0 & 1 & 1 \\ 0 & 0 & 1 \end{bmatrix} = \begin{bmatrix} 1 & 1 & 0 \\ 0 & 1 & 1 \\ 0 & 0 & 1 \end{bmatrix}$$

Induktionsschritt: Wir nehmen an, die Gleichung gilt für ein $k \in \mathbb{N}$, es ist also

$$\begin{bmatrix} 1 & 1 & 0 \\ 0 & 1 & 1 \\ 0 & 0 & 1 \end{bmatrix}^k = \begin{bmatrix} 1 & k & 1/2k(k-1) \\ 0 & 1 & k \\ 0 & 0 & 1 \end{bmatrix}$$

Damit gilt

$$\begin{aligned} \begin{bmatrix} 1 & 1 & 0 \\ 0 & 1 & 1 \\ 0 & 0 & 1 \end{bmatrix}^{k+1} &= \begin{bmatrix} 1 & 1 & 0 \\ 0 & 1 & 1 \\ 0 & 0 & 1 \end{bmatrix}^k \begin{bmatrix} 1 & 1 & 0 \\ 0 & 1 & 1 \\ 0 & 0 & 1 \end{bmatrix} \\ &= \begin{bmatrix} 1 & k & 1/2k(k-1) \\ 0 & 1 & k \\ 0 & 0 & 1 \end{bmatrix} \begin{bmatrix} 1 & 1 & 0 \\ 0 & 1 & 1 \\ 0 & 0 & 1 \end{bmatrix} \\ &= \begin{bmatrix} 1 & k+1 & k+1/2k(k-1) \\ 0 & 1 & 1+k \\ 0 & 0 & 1 \end{bmatrix} \\ &= \begin{bmatrix} 1 & k+1 & 1/2(k+1)k \\ 0 & 1 & k+1 \\ 0 & 0 & 1 \end{bmatrix} \end{aligned}$$

Wegen des Satzes zur mathematischen Induktion ist deshalb die Gleichung für alle natürlichen Zahlen richtig.

Hier ist noch ein Zahlenbeispiel in MATLAB:

```
>> [1 1 0; 0 1 1; 0 0 1]^19
ans =
     1    19   171
     0     1    19
     0     0     1
```

2.36 Berechnen Sie A^2, A^3 und A^4 für die Matrix

$$A = \begin{bmatrix} a & 1 & 0 \\ 0 & a & 1 \\ 0 & 0 & a \end{bmatrix}.$$

Hierbei ist a eine reelle Zahl. Stellen Sie eine Hypothese (eine Formel) für A^n, $n \in \mathbb{N}$, auf.

Lösung: Es ist

$$A^2 = \begin{bmatrix} a^2 & 2a & 1 \\ 0 & a^2 & 2a \\ 0 & 0 & a^2 \end{bmatrix}, \ A^3 = \begin{bmatrix} a^3 & 3a^2 & 3a \\ 0 & a^3 & 3a^2 \\ 0 & 0 & a^3 \end{bmatrix}, \ A^4 = \begin{bmatrix} a^4 & 4a^3 & 3a^2 \\ 0 & a^4 & 4a^3 \\ 0 & 0 & a^4 \end{bmatrix}.$$

Hypothese:

$$A^n = \begin{bmatrix} a^n & na^{n-1} & (n-1)a^{n-2} \\ 0 & a^n & na^{n-1} \\ 0 & 0 & a^n \end{bmatrix}.$$

Einen Beweis kann man mit mathematischer (vollständiger) Induktion führen.

2.37 Finden Sie ein Beispiel für $AB = O$ und $A \neq O$ und $B \neq O$.

Lösung: Es ist

$$AB = \begin{bmatrix} 1 & 0 \\ 0 & 0 \end{bmatrix} \begin{bmatrix} 0 & 0 \\ 0 & 1 \end{bmatrix} = \begin{bmatrix} 0 & 0 \\ 0 & 0 \end{bmatrix} = O.$$

2.38 Finden Sie ein Beispiel, sodass AB und BA existiert, aber $AB \neq BA$ ist

Lösung: Es ist

$$AB = \begin{bmatrix} 1 & 2 \\ 0 & 1 \end{bmatrix} \begin{bmatrix} 1 & 0 \\ 1 & 3 \end{bmatrix} = \begin{bmatrix} 3 & 6 \\ 1 & 3 \end{bmatrix} \neq \begin{bmatrix} 1 & 2 \\ 1 & 5 \end{bmatrix} = \begin{bmatrix} 1 & 0 \\ 1 & 3 \end{bmatrix} \begin{bmatrix} 1 & 2 \\ 0 & 1 \end{bmatrix} = BA.$$

2.39 Es sind A, B, C Matrizen aus $\mathbb{R}^{n\times n}$. Lösen Sie die Klammern auf und fassen Sie den Ausdruck zusammen, soweit es geht: $(2A - B)B - 2AB$.

Lösung: Es ist $(2A - B)B - 2AB = 2AB - B^2 - 2AB = -B^2$.

2.40 Kreuzen Sie die wahre(n) Aussage(n) an. Es sind A, B, C aus $\mathbb{R}^{n\times n}$, E_n die Einheitsmatrix aus $\mathbb{R}^{n\times n}$ und $n \in \mathbb{N}$. Dann gilt:

- ☐ $A(BC) = (AB)C$.
- ☐ $A(B + C) = (AB) + (AC)$.
- ☐ $AE_n = A$.
- ☐ $E_nA = A$.
- ☐ $AB = BA$.
- ☐ Aus $AB = AC$ folgt $B = C$.
- ☐ $A = A^T$.
- ☐ $(A^T)^T = A$.

Lösung:

×	×	×	×				×

(spaltenweise)

2.41 Beweisen Sie folgenden Satz. *Ist $A \in \mathbb{R}^{n\times n}$ invertierbar und gilt $AB = AC$, dann ist $B = C$.*

Lösung: Es ist $B = E_nB = (A^{-1}A)B = A^{-1}(AB) = A^{-1}(AC) = (A^{-1}A)C = E_nC = C$

2.42 Beweisen Sie folgenden Satz. *Ist $A \in \mathbb{R}^{n\times n}$ invertierbar und gilt $AB = O_n$, dann ist $B = O_n$.*

Lösung: Es ist $B = E_nB = (A^{-1}A)B = A^{-1}(AB) = A^{-1}O_n = O_n$

2.43 Lösen Sie die Matrizengleichung

$$\begin{bmatrix} 1 & -2 & 3 \\ 7 & 5 & -4 \end{bmatrix} + \begin{bmatrix} a & b & c \\ d & e & f \end{bmatrix} = \begin{bmatrix} 0 & 1 & -3 \\ 2 & -4 & 1 \end{bmatrix}$$

für a, b, c, d, e, f aus $\mathbb{R}$.

Lösung: Die Lösung ist die Matrix

$$\begin{bmatrix} a & b & c \\ d & e & f \end{bmatrix} = \begin{bmatrix} -1 & 3 & -6 \\ -5 & -9 & -5 \end{bmatrix} \in \mathbb{R}^{2\times 3}.$$

2.44 Geben Sie alle Matrizen aus $\mathbb{R}^{1\times 1}$ an, die idempotent sind.

Lösung: Die beiden Matrizen $\begin{bmatrix} 0 \end{bmatrix}$ und $\begin{bmatrix} 1 \end{bmatrix}$ sind in $\mathbb{R}^{1\times 1}$ idempotent.

2.45 Beweisen Sie die folgende Aussage: *Wenn $A \in \mathbb{R}^{n\times n}$ eine idempotente Matrix ist, dann ist die Matrix $E_n - A$ (auch) idempotent. Hierbei ist $n \in \mathbb{N}$.*

Lösung: Es ist $(E_n - A)^2 = (E_n - A)(E_n - A) = E_nE_n - E_nA - AE_n + AA = E_n - A - A + A = E_n - A$.

2.46 Beweisen Sie die folgende Aussage: *Die Matrix $E - 1/n \cdot \text{Eins}$ ist für jedes $n \in \mathbb{N}$ eine orthogonale Projektionsmatrix.* (Hierbei ist E die Einheitsmatrix und Eins die Einsmatrix aus $\mathbb{R}^{n\times n}$.)

Lösung: Die Matrix $E - 1/n \cdot \text{Eins}$ ist symmetrisch, denn es ist $(E - 1/n \cdot \text{Eins})^T = E^T - (1/n \cdot \text{Eins})^T = E - 1/n \cdot \text{Eins}$.

Die Matrix $E - 1/n \cdot \text{Eins}$ ist idempotent, denn es ist $(E - 1/n \cdot \text{Eins})^2 = (E - 1/n \cdot \text{Eins})(E - 1/n \cdot \text{Eins}) = EE - E(1/n \cdot \text{Eins}) - (1/n \cdot \text{Eins})E + (1/n \cdot \text{Eins})(1/n \cdot \text{Eins}) = E - 1/n \cdot \text{Eins} - 1/n \cdot \text{Eins} + 1/n^2 \cdot \text{Eins}\,\text{Eins} = E - 1/n \cdot \text{Eins} - 1/n \cdot \text{Eins} + 1/n^2 \cdot n \cdot \text{Eins} = E - 1/n \cdot \text{Eins}$.

Also ist die Matrix $E - 1/n \cdot \text{Eins}$ eine orthogonale Projektionsmatrix.

2.47 Ist $A \in \mathbb{R}^{n\times n}$, so heißt die Matrix A *nilpotent*, wenn $A^k = O$ ist für eine $k \in \mathbb{N}$. Geben Sie ein Beispiel für eine nilpotente Matrix, die nicht die Nullmatrix ist.

Lösung: Die Matrix

$$A = \begin{bmatrix} 0 & 1 \\ 0 & 0 \end{bmatrix} \neq \begin{bmatrix} 0 & 0 \\ 0 & 0 \end{bmatrix} = O$$

ist nilpotent mit $k = 2$, denn es ist $A^2 = O$. (Im Gegensatz zu reellen Zahlen kann ein Produkt Null ergeben, obwohl beide Faktoren von Null verschieden sind. Man spricht von einem *Nullteiler*.)

2.48 Wir betrachten folgenden Satz: *Ist* $A \in \mathbb{R}^{n \times n}$, *so gilt* $x^T(Ay) = (A^T x)^T y$ *und* $(Ax)^T y = x^T(A^T y)$ *für alle* x, y *aus* $\mathbb{R}^{n \times 1}$. Verifizieren Sie diesen Satz an einem Beispiel Ihrer Wahl. Beweisen Sie anschließend diesen Satz.

Lösung: Ich wähle die Matrix

$$A = \begin{bmatrix} 1 & 2 \\ 3 & 4 \end{bmatrix} \quad \text{und damit ist} \quad A^T = \begin{bmatrix} 1 & 3 \\ 2 & 4 \end{bmatrix}.$$

Nun ist einerseits

$$x^T(Ay) = \begin{bmatrix} x_1 & x_2 \end{bmatrix} \begin{bmatrix} y_1 + 2y_2 \\ 3y_1 + 4y_2 \end{bmatrix} = \begin{bmatrix} x_1y_1 + 2x_1y_2 + 3x_2y_1 + 4x_2y_2 \end{bmatrix}$$

und andererseits

$$(A^T x)^T y = \begin{bmatrix} x_1 + 3x_2 & 2x_1 + 4x_2 \end{bmatrix} \begin{bmatrix} y_1 \\ y_2 \end{bmatrix} = \begin{bmatrix} x_1y_1 + 2x_1y_2 + 3x_2y_1 + 4x_2y_2 \end{bmatrix}.$$

für alle $x = \begin{bmatrix} x_1 & x_2 \end{bmatrix}^T$, $y = \begin{bmatrix} y_1 & y_2 \end{bmatrix}^T$ aus $\mathbb{R}^{2 \times 1}$. Damit ist die erste Gleichung verifiziert. Entsprechend verifiziert man die zweite Gleichung.

Hier ist ein Beweis des Satzes. Mit den Rechenregeln für Matrizen (Assoziativregel und $(AB)^T = B^T A^T$) folgt: $x^T(Ay) = (x^T A)y = (A^T x)^T y$. Die zweite Formel folgt aus der ersten wegen $(A^T)^T = A$.

2.49 Beim Rechnen mit reellen Zahl gilt die sogenannte *Kürzungsregel*: *Sind* $A \neq 0$, B, C *reelle Zahlen und ist* $AB = AC$, *dann ist* $B = C$. Gilt diese Regel auch, wenn A, B, C Matrizen sind?

Lösung: Nein. Hier ist ein Beispiel. Es ist

$$\begin{bmatrix} 1 & 0 \\ 0 & 0 \end{bmatrix} \begin{bmatrix} 0 \\ 1 \end{bmatrix} = \begin{bmatrix} 1 & 0 \\ 0 & 0 \end{bmatrix} \begin{bmatrix} 0 \\ 2 \end{bmatrix},$$

aber

$$\begin{bmatrix} 0 \\ 1 \end{bmatrix} \neq \begin{bmatrix} 0 \\ 2 \end{bmatrix}.$$

.

2.50 Bestimmen Sie die Lösung der Matrizengleichung $AX = B$ für

$$A = \begin{bmatrix} 2 & 1 \\ 3 & 2 \end{bmatrix} \quad \text{und} \quad B = \begin{bmatrix} 2 & 5 & 8 \\ 4 & 9 & 14 \end{bmatrix}.$$

Lösung: Es ist

$$A^{-1} = \begin{bmatrix} 2 & -1 \\ -3 & 2 \end{bmatrix}.$$

Damit ergibt sich die Lösung der Matrizengleichung $AX = B$ zu

$$X = A^{-1}B = \begin{bmatrix} 2 & -1 \\ -3 & 2 \end{bmatrix} \begin{bmatrix} 2 & 5 & 8 \\ 4 & 9 & 14 \end{bmatrix} = \begin{bmatrix} 0 & 1 & 2 \\ 2 & 3 & 4 \end{bmatrix}.$$

2.51 Sind die folgenden Aussagen wahr oder falsch?

(a) Sind A und B Matrizen und ist AB quadratisch, dann müssen die Matrizen A und B quadratisch sein.
(b) Die Matrizen A^TA und AA^T sind stets definiert, egal wie die Ordnung (Größe) von A ist.
(c) Die Matrizen A^TA und AA^T sind stets quadratisch, egal wie die Ordnung von A ist.
(d) Sind A und B Matrizen gleicher Ordnung, dann gilt $(A * B)^2 A^2 + 2AB + B^2$.
(e) Sind A und B Matrizen gleicher Ordnung, dann gilt $(AB)^2 = A^2B^2$.
(f) Sind A und B Matrizen mit $AB = O$ und $A \neq O$, dann gilt $B = O$.
(g) Ist A eine quadratische Matrix mit $A^2 = E$, dann gilt $A = E$ oder $A = -E$.
(h) Ist A eine quadratische Matrix mit $A^2 = A$, dann gilt entweder $A = E$ oder $A = O$.
(i) Sind $A \in \mathbb{R}^{m \times n}$ und $x \in \mathbb{R}^{m \times 1}$, dann ist Ax eine Linearkombination der Zeilen von A.

Lösung: Wir können wie folgt antworten.

(a) Falsch. Ist zum Beispiel $A \in \mathbb{R}^{2\times 3}$ und $B \in \mathbb{R}^{3\times 2}$, dann ist $AB \in \mathbb{R}^{2\times 2}$.
(b) Wahr. Ist $A \in \mathbb{R}^{m\times n}$, dann ist $A^TA \in \mathbb{R}^{n\times n}$ und $AA^T \in \mathbb{R}^{m\times m}$.
(c) Wahr. Begründung wie (b).
(d) Falsch. AB ist im Allgemeinen nicht gleich BA.
(e) Falsch. $(AB)^2 = (AB)(AB)$, aber A und B können im Allgemeinen nicht vertauscht werden.
(f) Falsch. Gegenbeispiel

$$A = \begin{bmatrix} 1 & 0 \\ 0 & 0 \end{bmatrix} \quad \text{und} \quad B = \begin{bmatrix} 0 & 0 \\ 0 & 1 \end{bmatrix}.$$

(g) Falsch. Gegenbeispiel

$$A = \begin{bmatrix} 1 & 0 \\ 0 & -1 \end{bmatrix}.$$

(h) Falsch. Gegenbeispiel

$$A = \begin{bmatrix} 1 & 0 \\ 0 & 0 \end{bmatrix}.$$

(i) Falsch. Ax ist eine Linearkombination der Spalten, nicht der Zeilen.

2.52 Wann ist eine Matrix A symmetrisch? Kreuzen Sie die wahre(n) Aussage(n) an. Dann gilt:

□ $AA^{-1} = E$.	□ $A^T = A$.	□ $A = A^T$.	□ $A^{-1} = A^T$.
□ $A = A^{-1}$.	□ $AA^T = A$.	□ $A^T A = A$.	□ $A^{-1} = A$

Lösung:

		×		×			

(spaltenweise)

2.53 Verwenden Sie eine mathematische Software und berechnen Sie damit die normierte Zeilenstufenmatrix der Matrix

$$A = \begin{bmatrix} -1 & -3 & 3 & 5 & 4 \\ 1 & 5 & - & 4 & 5 \\ 5 & -3 & 0 & 1 & 0 \\ 4 & 1 & -2 & 1 & 1 \\ 4 & 4 & 5 & 3 & 5 \end{bmatrix}$$

Lösung: Ich verwende MATLAB mit der Funktion `inv` und rechne symbolisch. Hier das Ergebnis:

```
>> A=sym([-1 -3 3 5 4;1 5 -2 4 5;5 -3 0 1 0;4 1 -2 1 1;4 4 5 3 5]);
>> inv(A)
ans =
[ -11/10,  17/10,  13/5, -18/5, -1/10]
[  -81/5,  132/5, 191/5, -281/5, -11/5]
[     -8,     13,    19,   -28,    -1]
[ -431/10, 707/10, 513/5, -753/5, -61/10]
[ 477/10, -779/10, -566/5, 831/5, 67/10]
```

(Probe: $A^{-1}A = E_5$ oder $AA^{-1} = E_5$.)

2.54 Berechnen Sie A^2 für die Matrix

$$A = \begin{bmatrix} 1/4 & 3/10 \\ 3/4 & 7/10 \end{bmatrix}.$$

Was beobachten Sie? Was fällt Ihnen auf?

Lösung: Es ist

$$A^2 = \begin{bmatrix} 1/4 & 3/10 \\ 3/4 & 7/10 \end{bmatrix} \begin{bmatrix} 1/4 & 3/10 \\ 3/4 & 7/10 \end{bmatrix} = \begin{bmatrix} 1/16 + 9/40 & 3/40 + 21/100 \\ 3/16 + 21/40 & 9/40 + 49/100 \end{bmatrix}$$
$$= \begin{bmatrix} 23/80 & 7/25 \\ 57/80 & 18/25 \end{bmatrix}.$$

Sowohl die Matrix A als auch die Matrix A^2 haben die Spaltensummen 1, das heißt, die Summe jeder Spalte ist gleich 1. (Eine Matrix dieses Typs wird gerne MARKOV[5]-*Matrix* oder *stochastische Matrix* genannt, weil die Summe einer Spalte jeweils gleich 1. Leider sind die Namen nicht einheitlich.)

2.55 Beantworten und begründen Sie folgende Fragen.

(a) Ist die inverse Matrix einer invertierbaren und symmetrischen Matrix wieder symmetrisch?
(b) Folgt aus der Invertierbarkeit einer Matrix stets die Invertierbarkeit ihrer Transponierten?
(c) Ist die Summe invertierbarer Matrizen stets invertierbar?
(d) Ist das Pordukt invertierbarer Matrizen stets invertierbar?

Lösung: Wir können wir folgt antworten.

(a) Die Aussage ist wahr. Denn es ist $(A^{-1})^T = (A^T)^{-1} = A^{-1}$.
(b) Die Aussage ist wahr. Ist A invertierbar, dann gilt $AA^{-1} = E$, also $(AA^{-1})^T = (A^{-1})^T A^T = E$. Somit ist $(A^{-1})^T$ die inverse Matrix von A^T.
(c) Die Aussage ist falsch. Zum Beispiel sind die Matrizen E_2 und $-E_2$ invertierbar, aber ihre Summe $E_2 + (-E_2) = O$ ist es nicht.
(d) Die Aussage ist wahr. Denn es ist $E = B^{-1}B = B^{-1}A^{-1}AB = (AB)^{-1}AB$. Also ist die Matrix $(AB)^{-1}$ die Inverse von AB.

2.56 Es ist $n \in \mathbb{N}$. Die Matrix $H_n = \left[\ h_{ij}\ \right] \in \mathbb{R}^{n \times n}$ mit $h_{ij} = 1/(i + j - 1)$ für $i = 1 : n$ und $j = 1 : n$ heißt HILBERT[6]-*Matrix* der Ordnung n. Schreiben Sie die vier HILBERT-Matrizen H_1, H_2, H_3 und H_4 auf.

Lösung: Die (ersten) vier HILBERT-Matrizen sind:

$$H_1 = \begin{bmatrix} 1 \end{bmatrix}, \quad H_2 = \begin{bmatrix} 1 & 1/2 \\ 1/2 & 1/3 \end{bmatrix}, \quad H_3 = \begin{bmatrix} 1 & 1/2 & 1/3 \\ 1/2 & 1/3 & 1/4 \\ 1/3 & 1/4 & 1/5 \end{bmatrix}$$

[5] A. A. MARKOV (1856-1922) war ein russischer Mathematiker.
[6] D. HILBERT (1862-1943) war ein deutscher Mathematiker.

und

$$H_4 = \begin{bmatrix} 1 & 1/2 & 1/3 & 1/4 \\ 1/2 & 1/3 & 1/4 & 1/5 \\ 1/3 & 1/4 & 1/5 & 1/6 \\ 1/4 & 1/5 & 1/6 & 1/7 \end{bmatrix}.$$

Hier eine Bestätigung in MATLAB:

```
>> sym(hilb(1)), sym(hilb(2)), sym(hilb(3)), sym(hilb(4))
ans =
1
ans =
[   1, 1/2]
[ 1/2, 1/3]
ans =
[   1, 1/2, 1/3]
[ 1/2, 1/3, 1/4]
[ 1/3, 1/4, 1/5]
ans =
[   1, 1/2, 1/3, 1/4]
[ 1/2, 1/3, 1/4, 1/5]
[ 1/3, 1/4, 1/5, 1/6]
[ 1/4, 1/5, 1/6, 1/7]
```

(Anmerkung: HILBERT-Matrizen sind Prototypen von *schlecht konditionierten* Matrizen.)

2.57 Gibt es eine Matrix $A \in \mathbb{R}^{n \times n}$ mit $A^T = -A$?

Lösung: Ja, zum Beispiel die Matrix

$$A = \begin{bmatrix} 0 & -1 \\ 1 & 0 \end{bmatrix}.$$

Auch die Matrix $A = O$ erfüllt die Gleichung.

2.58 Bestimmen Sie alle Lösungen des linearen Gleichungssystems

$$\begin{aligned} 10^{100}x - 10^{99}y &= 10^{99} \\ 10^{57}x + 10^{56}y &= 10^{56} \end{aligned}$$

Lösung: Die (eindeutige) Lösung ist $(x, y) = (1/10, 0)$.

2.59 Zeigen Sie, dass die Matrix

$$A = \frac{1}{5}\begin{bmatrix} 3 & 4 \\ -4 & 3 \end{bmatrix}$$

die Gleichung $A^{-1} = A^T$ erfüllt.

Lösung: Es ist einerseits

$$A^T = \left(\frac{1}{5}\begin{bmatrix} 3 & 4 \\ -4 & 3 \end{bmatrix}\right)^T = \frac{1}{5}\begin{bmatrix} 3 & -4 \\ 4 & 3 \end{bmatrix}$$

und andererseits

$$A^{-1} = \left(\frac{1}{5}\begin{bmatrix} 3 & 4 \\ -4 & 3 \end{bmatrix}\right)^{-1} = 5 \cdot \frac{1}{9+16}\begin{bmatrix} 3 & -4 \\ 4 & 3 \end{bmatrix} = \frac{1}{5}\begin{bmatrix} 3 & -4 \\ 4 & 3 \end{bmatrix}.$$

2.60 Es sind A, B, C aus $\mathbb{R}^{n \times n}$ für $n \in \mathbb{N}$. Reduzieren Sie den Term $A(2B+C)-3AC$ so, dass die Anzahl der Matrizenmultiplikationen minimal ist.

Lösung: Es ist $A(2B + C) - 3AC = 2AB + AC - 3AC = 2AB - 2AC = 2A(B - C)$.

2.61 Es sind A, B aus $\mathbb{R}^{n \times n}$ für $n \in \mathbb{N}$. Reduzieren Sie den Term $A(B+E_n) - E_n(A - B)B$ so, dass die Anzahl der Matrizenmultiplikationen minimal ist.

Lösung: Es ist $A(B + E_n) - E_n(A - B)B = AB + A - AB + BB = A + BB$.

3 Reelle lineare Gleichungssysteme

3.1 Kreuzen Sie die wahre(n) Aussage(n) an. Gegeben ist ein lineares Gleichungssystem mit drei Gleichungen und drei Variablen. Die erweiterte Koeffizientenmatrix ist

$$\begin{bmatrix} 1 & -2 & 4 & 6 \\ 0 & 1 & 0 & -3 \\ 0 & 0 & 1 & 0 \end{bmatrix}.$$

Dann hat das lineare Gleichungssystem:

☐ Genau eine Lösung. ☐ Mehr als eine Lösung.
☐ Keine Lösung.
☐ Unendlich viele Lösungen. ☐ Keine der Aussagen ist wahr.

Lösung: | × | | | | | (spaltenweise)

3.2 Schreibt man ein lineares Gleichungssystem kurz als $Ax = b$, so ist damit gemeint

☐ $A \in \mathbb{R}^{m\times n}$, $b \in \mathbb{R}^{n\times 1}$.
☐ $A \in \mathbb{R}^{m\times n}$, $b \in \mathbb{R}^{m\times 1}$.
☐ $A \in \mathbb{R}^{m\times n}$, $b \in \mathbb{R}^{n\times 1}$ oder $b \in \mathbb{R}^{m\times 1}$ (nicht festgelegt).

Lösung: | | × | |

3.3 Wie lautet die erweiterte Koeffizientenmatrix für das lineare Gleichungssystem

$$\begin{aligned} a_{11}x_1 + a_{12}x_2 &= b_1 \\ a_{21}x_1 + a_{22}x_2 &= b_2 \\ a_{31}x_1 + a_{32}x_2 &= b_3 \end{aligned}$$

heirbei sind x_1, x_2 die Variablen?

Lösung: Die erweiterte Koeffizientenmatrix schreibt sich als

$$\begin{bmatrix} a_{11} & a_{12} & b_1 \\ a_{21} & a_{22} & b_2 \\ a_{31} & a_{32} & b_3 \end{bmatrix} \quad \text{oder} \quad \left[\begin{array}{cc|c} a_{11} & a_{12} & b_1 \\ a_{21} & a_{22} & b_2 \\ a_{31} & a_{32} & b_3 \end{array}\right]$$

3.4 Bestimmen Sie die allgemeine Lösung des folgenden linearen Gleichungssystems

$$\begin{aligned} 2x + 3y &= 10 \\ 3x - 2y &= 2 \end{aligned}$$

Lösung: Die eindeutige Lösung ist $x = 2$ und $y = 2$. Die allgemeine Lösung oder die Lösungsmenge ist daher $\{(2, 2)\}$. Das Ergebnis erhält man zum Beispiel, indem man die normierte Zeilenstufenform der erweiterten Koeffizientenmatrix berechnet. Diese ist

$$\begin{bmatrix} 1 & 0 & 2 \\ 0 & 1 & 2 \end{bmatrix}$$

Eine Bestätigung in MATLAB:

```
>> rref([2 3 10; 3 -2 2])
ans =
     1     0     2
     0     1     2
```

In der rechten Spalte steht die Lösung $x = 2$, $y = 2$.

3.5 Bestimmen Sie die allgemeine Lösung des folgenden linearen Gleichungssystems

$$\begin{aligned} 4x - 2y &= 2 \\ 2x - y &= 1 \end{aligned}$$

Lösung: Das Gleichungssystem hat unendlich viele Lösungen. Die allgemeine Lösung oder die Lösungsmenge ist $\{(x, y) \in \mathbb{R}^2 \mid (x, y) = (1/2, 0) + t(1/2, 1), t \in \mathbb{R}\}$. Das Ergebnis erhält man zum Beispiel, indem man die normierte Zeilenstufenform der erweiterten Koeffizientenmatrix berechnet. Diese ist

$$\begin{bmatrix} 1 & -1/2 & 1/2 \\ 0 & 0 & 0 \end{bmatrix}$$

Eine Bestätigung in MATLAB:

```
>> rref([4 -2 2; 2 -1 1])
ans =
    1.0000   -0.5000    0.5000
         0         0         0
```

Die Variable y kann beliebig gewählt werden. Dies erkennt man an der letzten Zeile. Schreibt man $y = t$, so erhält man die obige Beschreibung der Lösungsmenge.

3.6 Bestimmen Sie die allgemeine Lösung des folgenden linearen Gleichungssystems

$$\begin{aligned} 3x + 9y &= 2 \\ x + 3y &= 2 \end{aligned}$$

Lösung: Das Gleichungssystem hat keine Lösung. Die allgemeine Lösung oder die Lösungsmenge ist daher die leere Menge $\{\}$. Das Ergebnis erhält man zum Beispiel, indem man die normierte Zeilenstufenform der erweiterten Koeffizientenmatrix berechnet. Diese ist

$$\begin{bmatrix} 1 & 3 & 0 \\ 0 & 0 & 1 \end{bmatrix}$$

Eine Bestätigung in MATLAB:

```
>> rref([3 9 2; 1 3 2])
ans =
      1     3     0
      0     0     1
```

Die letzte Zeile $0x + 0y = 1$ zeigt, dass es keine Lösung gibt.

3.7 Für welche Werte des Parameters $k \in \mathbb{R}$ hat das lineare Gleichungssystem

$$\begin{aligned} kx - 4y &= 3 \\ -x + 4y &= 2 \end{aligned}$$

keine Lösung? Geben Sie auch eine geometrische Interpretation.

Lösung: Die erweiterte Koeffizientenmatrix des linearen Gleichungssystems ist

$$\begin{bmatrix} k & -4 & 3 \\ -1 & 4 & 2 \end{bmatrix}.$$

Die normierte Zeilenstufenmatrix ist

$$\begin{bmatrix} 1 & 0 & 5/(k-1) \\ 0 & 1 & (2k+3)/(4k-4) \end{bmatrix},$$

denn es ist

$$\begin{aligned} &\begin{bmatrix} k & -4 & 3 \\ -1 & 4 & 2 \end{bmatrix} \to \begin{bmatrix} k & -4 & 3 \\ k-1 & 0 & 5 \end{bmatrix} \to \begin{bmatrix} k-1 & 0 & 5 \\ k & -4 & 3 \end{bmatrix} \\ &\to \begin{bmatrix} 1 & 0 & 5/(k-1) \\ k & -4 & 3 \end{bmatrix} \begin{bmatrix} 1 & 0 & 5/(k-1) \\ 0 & -4 & 3 - 5k/(k-1) \end{bmatrix} \\ &\to \begin{bmatrix} 1 & 0 & 5/(k-1) \\ 0 & 1 & -3/4 + 5k/(4(k-1)) \end{bmatrix} = \begin{bmatrix} 1 & 0 & 5/(k-1) \\ 0 & 1 & (2k+3)/(4(k-1)) \end{bmatrix} \end{aligned}$$

für $k \neq 1$ und $k \neq 0$. Eine Bestätigung in MATLAB:

```
>> syms k
>> rref([k -4 3; -1 4 2])
ans =
[ 1, 0,              5/(k - 1)]
[ 0, 1, (2*k + 3)/(4*(k - 1))]
```

Für $k = 1$ und $k = 0$ sind

$$\begin{bmatrix} 1 & -4 & 0 \\ 0 & 0 & 1 \end{bmatrix} \quad \text{und} \quad \begin{bmatrix} 1 & 0 & -5 \\ 0 & 1 & -3/4 \end{bmatrix}$$

die normierten Zeilenstufenmatrizen. Damit hat das lineare Gleichungssystem für $k = 1$ keine Lösung, sonst ist $\big(5/(k-1), (2k+3)/(4k-4)\big)$ die (eindeutige) Lösung.

Löst man die erste Gleichung nach y auf, so erhält man die Gleichung $y = k/4x - 3/4$. Dies ist eine Geradengleichung für die erste Gerade in der Ebene. Analog ist $y = 1/4x + 1/2$ eine Geradengleichung für die zweite Gerade in der Ebene. Für $k = 1$ haben die Geraden die gleiche Steigung $1/4$ und sind somit parallel. Sie haben daher keinen Schnittpunkt; das Gleichungssystem ist unlösbar. Für $k \neq 1$ haben die beiden Geraden unterschiedliche Steigungen $1/4$ und $k/4$. Das bedeutet, dass sie einen Schnittpunkt haben; das lineare Gleichungssystem ist jeweils eindeutig lösbar.

3.8 Bestimmen Sie in Abhängigkeit des reellen Parameters r die Lösungsmenge des linearen Gleichungssystems

$$\begin{aligned} x + r \cdot y &= 1 \\ r \cdot x + y &= 1. \end{aligned}$$

Hierbei sind x, y die Variablen.

Lösung: Die normierte Zeilenstufenmatrix ist

$$\begin{bmatrix} 1 & 0 & 1/(r+1) \\ 0 & 1 & 1/(r+1) \end{bmatrix}$$

für $r \neq 0$, $r \neq 1$ und $r \neq -1$, denn es ist

$$\begin{bmatrix} 1 & r & 1 \\ r & 1 & 1 \end{bmatrix} \to \begin{bmatrix} 1 & r & 1 \\ 0 & 1+r^2 & 1-r \end{bmatrix} \to \begin{bmatrix} 1 & r & 1 \\ 0 & 1 & (1-r)/(1+r^2) \end{bmatrix} \to \begin{bmatrix} 1 & r & 1 \\ 0 & 1 & 1/(1+r) \end{bmatrix}$$

und weiter

$$\begin{bmatrix} 1 & 0 & 1/(1+r) \\ 0 & 1 & 1/(1+r) \end{bmatrix}.$$

Eine Bestätigung in MATLAB:

```
>> syms r
>> rref([1 r 1; r 1 1])
ans =
[ 1, 0, 1/(r + 1)]
[ 0, 1, 1/(r + 1)]
```

Daher ist $(\frac{1}{r+1}, \frac{1}{r+1}) \in \mathbb{R}^2$ für $r \neq 0$, $r \neq 1$ und $r \neq -1$ die (eindeutige) Lösung. Für $r = -1$ ist

$$\begin{bmatrix} 1 & -1 & 0 \\ 0 & 0 & 1 \end{bmatrix}$$

die normierte Zeilenstufenmatrix. Im Fall $r = -1$ hat das lineare Gleichungssystem also keine Lösung. Ist $r = 1$, so ist

$$\begin{bmatrix} 1 & 1 & 1 \\ 0 & 0 & 0 \end{bmatrix}$$

die normierte Zeilenstufenmatrix. Im Fall $r = 1$ hat das lineare Gleichungssystem also die Lösungsmenge $\{(x, y) \in \mathbb{R}^2 \mid x + y = 1\}$. Ist $r = 0$, so ist

$$\begin{bmatrix} 1 & 0 & 1 \\ 0 & 1 & 1 \end{bmatrix}$$

die normierte Zeilenstufenmatrix. Im Fall $r = 0$ hat das lineare Gleichungssystem also die (eindeutige) Lösung $(1, 1)$. In der Gesamtlösung L fassen wir alle vier Teillösungen zusammen:

$$L = \begin{cases} \{(x, y) \in \mathbb{R}^2 \mid x + y = 1\} & \text{für } r = 1 \\ \{\} & \text{für } r = -1 \\ \{(\frac{1}{1+r}, \frac{1}{1+r})\} & \text{sonst.} \end{cases}$$

Beachten Sie, dass der Fall $r = 0$ in „sonst“ enthalten ist.

3.9 Bestimmen Sie in Abhängigkeit des reellen Parameters t die Lösungsmenge des linearen Gleichungssystems

$$\begin{aligned} t \cdot x_1 + x_2 &= 2 \\ 4x_1 + (t + 2) \cdot x_2 &= 2. \end{aligned}$$

Hierbei sind x_1, x_2 die Variablen.

Lösung: Die normierte Zeilenstufenmatrix ist

$$\begin{bmatrix} 1 & 0 & 2/(t+6) \\ 0 & 1 & 2/(t+6) \end{bmatrix}$$

für $t \neq 0$, $t \neq 4$ und $t \neq -6$, denn es ist

$$\begin{bmatrix} t & 6 & 2 \\ 4 & t+2 & 2 \end{bmatrix} \to \begin{bmatrix} 1 & 6/t & 2/t \\ 4 & t+2 & 2 \end{bmatrix} \to \begin{bmatrix} 1 & 6/t & 2/t \\ 0 & (t^2+2t-24)/t & (2t-8)/t \end{bmatrix}$$

und weiter

$$\begin{bmatrix} 1 & 6/t & 2/t \\ 0 & 1 & 2/(t+6) \end{bmatrix} \to \begin{bmatrix} 1 & 0 & 2/(t+6) \\ 0 & 1 & 2/(t+6) \end{bmatrix}.$$

Eine Bestätigung in MATLAB:

```
>> syms t
>> rref([t 6 2;4 t+2 2])
ans =
[ 1, 0, 2/(t + 6)]
[ 0, 1, 2/(t + 6)]
```

Daher ist $(\frac{2}{t+6}, \frac{2}{t+6}) \in \mathbb{R}^2$ für $t \neq 0$, $t \neq 4$ und $t \neq -6$ die (eindeutige) Lösung. Für $t = -6$ ist

$$\begin{bmatrix} 1 & -1 & 0 \\ 0 & 0 & 1 \end{bmatrix}$$

die normierte Zeilenstufenmatrix. Im Fall $t = -6$ hat das lineare Gleichungssystem also keine Lösung. Ist $t = 4$, so ist

$$\begin{bmatrix} 1 & 3/2 & 1/2 \\ 0 & 0 & 0 \end{bmatrix}$$

die normierte Zeilenstufenmatrix. Im Fall $t = 4$ hat das lineare Gleichungssystem also die Lösungsmenge $\{(x_1, x_2) \in \mathbb{R}^2 \mid x_1 + 3/2x_2 = 1/2\}$. Ist $t = 0$, so ist

$$\begin{bmatrix} 1 & 0 & 1/3 \\ 0 & 1 & 1/3 \end{bmatrix}$$

die normierte Zeilenstufenmatrix. Im Fall $t = 0$ hat das lineare Gleichungssystem also die (eindeutige) Lösung $(1/3, 1/3)$. In der Gesamtlösung L fassen wir alle vier Teillösungen zusammen:

$$L = \begin{cases} \{(x_1, x_2) \in \mathbb{R}^2 \mid x_1 + 3/2x_2 = 1/2\} & \text{für } t = 4 \\ \{\} & \text{für } t = -6 \\ \{(\frac{2}{t+6}, \frac{2}{t+6})\} & \text{sonst.} \end{cases}$$

Beachten Sie, dass der Fall $t = 0$ in „sonst“ enthalten ist.

3.10 Gegeben ist eine Matrix $A \in \mathbb{R}^{6\times 8}$. Wie sieht eine normierte Zeilenstufenmatrix von A aus?

Lösung: Eine normierte Zeilenstufenmatrix hat zum Beispiel die Form

$$\begin{bmatrix} 1 & \times & 0 & 0 & \times & \times & 0 & \times \\ 0 & 0 & 1 & 0 & \times & \times & 0 & \times \\ 0 & 0 & 0 & 1 & \times & \times & 0 & \times \\ 0 & 0 & 0 & 0 & 0 & 0 & 1 & \times \\ 0 & 0 & 0 & 0 & 0 & 0 & 0 & 0 \\ 0 & 0 & 0 & 0 & 0 & 0 & 0 & 0 \end{bmatrix}$$

Hierbei steht $\times$ für eine reelle Zahl (kann auch 0 sein).

3.11 Wie viele Lösungen hat ein lineares Gleichungssystem höchstens?

Lösung: Es kann unendlich viele Lösungen haben.

3.12 Zeigen Sie an einem Beispiel, dass eine Zeilenstufenform nicht eindeutig sein muss.

Lösung: Wir betrachten das lineare Gleichungssystem

$$\begin{aligned} x_1 - 3x_2 &= -7 \\ 2x_1 + x_2 &= 7 \end{aligned}$$

mit der eindeutigen Lösung $x_1 = 2$, $x_2 = 3$. Eine Zeilenstufenform ist

$$\left[\begin{array}{cc|c} 1 & -3 & -7 \\ 0 & 1 & 3 \end{array}\right]$$

Hieraus lässt sich die Lösung $x_1 = 2$, $x_2 = 3$ ableiten. Eine andere Zeilenstufenform ist

$$\left[\begin{array}{cc|c} 1 & 1/2 & 7/2 \\ 0 & 1 & 3 \end{array}\right]$$

Diese erhält man, wenn man zuerst die beiden Zeilen vertauscht. Auch hier lässt sich die (natürlich dieselbe) Lösung $x_1 = 2$, $x_2 = 3$ ableiten.

Die normierte Zeilenstufenform ist eindeutig. In diesem Fall ist

$$\left[\begin{array}{cc|c} 1 & 0 & 2 \\ 0 & 1 & 3 \end{array}\right]$$

die normierte Zeilenstufenform. Die Lösung $x_1 = 2$, $x_2 = 3$ steht in der dritten Spalte. Eine Bestätigung in MATLAB:

```
>> rref([1 -3 -7; 2 1 7])
ans =
     1     0     2
     0     1     3
```

3.13 Berechnen Sie die normierte Zeilenstufenform der Matrix

$$\begin{bmatrix} 1 & 0 & 6 \\ 1 & 1 & 0 \\ 1 & 2 & 0 \end{bmatrix}.$$

Lösung: Es ist

$$\begin{bmatrix} 1 & 0 & 6 \\ 1 & 1 & 0 \\ 1 & 2 & 0 \end{bmatrix} \longrightarrow \begin{bmatrix} 1 & 0 & 6 \\ 0 & 1 & -6 \\ 1 & 2 & 0 \end{bmatrix} \longrightarrow \begin{bmatrix} 1 & 0 & 6 \\ 0 & 1 & -6 \\ 0 & 2 & -6 \end{bmatrix} \longrightarrow \begin{bmatrix} 1 & 0 & 6 \\ 0 & 1 & -6 \\ 0 & 0 & 6 \end{bmatrix}$$

und weiter

$$\begin{bmatrix} 1 & 0 & 6 \\ 0 & 1 & -6 \\ 0 & 0 & 6 \end{bmatrix} \longrightarrow \begin{bmatrix} 1 & 0 & 6 \\ 0 & 1 & -6 \\ 0 & 0 & 1 \end{bmatrix} \longrightarrow \begin{bmatrix} 1 & 0 & 6 \\ 0 & 1 & 0 \\ 0 & 0 & 1 \end{bmatrix} \longrightarrow \begin{bmatrix} 1 & 0 & 0 \\ 0 & 1 & 0 \\ 0 & 0 & 1 \end{bmatrix}.$$

Eine Bestätigung in MATLAB:

```
>> rref([1 0 6;1 1 0;1 2 0])
ans =
     1     0     0
     0     1     0
     0     0     1
```

3.14 Gegeben ist ein lineares Gleichungssystem $Ax = b$ mit $A \in \mathbb{R}^{m\times n}$ und $b \in \mathbb{R}^m$. Welche Größe hat die dazugehörige erweiterte Koeffizientenmatrix?

Lösung: Die erweiterte Koeffizientenmatrix ist

$$\begin{bmatrix} A & b \end{bmatrix} \in \mathbb{R}^{m\times(n+1)}.$$

Sie hat demnach wie A m Zeilen, aber $n+1$ Spalten.

3.15 Gegeben ist ein lineares Gleichungssystem $Ax = b$ mit $A \in \mathbb{R}^{m\times n}$. Wie sehen für $[A \mid b]$ mögliche normierte Zeilenstufenformen im Fall $m = 1$ und $n = 2$ aus?

Lösung: Es gibt folgende Fälle. Hierbei steht $\times$ für irgendeine reelle Zahl (kann auch 0 sein):

Fall 1: $\left[\begin{array}{cc|c} 1 & \times & \times \end{array}\right]$ Fall 3: $\left[\begin{array}{cc|c} 0 & 0 & 0 \end{array}\right]$

Fall 2: $\left[\begin{array}{cc|c} 0 & 1 & \times \end{array}\right]$ Fall 4: $\left[\begin{array}{cc|c} 0 & 0 & 1 \end{array}\right]$

3.16 Gegeben ist ein lineares Gleichungssystem $Ax = b$ mit $A \in \mathbb{R}^{m \times n}$. Wie sehen für $[A \mid b]$ mögliche normierte Zeilenstufenformen im Fall $m = 2$ und $n = 3$ aus?

Lösung: Es gibt folgende Fälle:

$$\left[\begin{array}{ccc|c} 1 & 0 & \times & \times \\ 0 & 1 & \times & \times \end{array}\right] \quad \left[\begin{array}{ccc|c} 0 & 1 & 0 & \times \\ 0 & 0 & 1 & \times \end{array}\right] \quad \left[\begin{array}{ccc|c} 0 & 0 & 1 & \times \\ 0 & 0 & 0 & 0 \end{array}\right] \quad \left[\begin{array}{ccc|c} 0 & 0 & 0 & 1 \\ 0 & 0 & 0 & 0 \end{array}\right]$$

$$\left[\begin{array}{ccc|c} 0 & 0 & 0 & 0 \\ 0 & 0 & 0 & 0 \end{array}\right] \quad \left[\begin{array}{ccc|c} 1 & \times & 0 & \times \\ 0 & 0 & 1 & \times \end{array}\right] \quad \left[\begin{array}{ccc|c} 1 & \times & \times & 0 \\ 0 & 0 & 0 & 1 \end{array}\right] \quad \left[\begin{array}{ccc|c} 1 & \times & \times & \times \\ 0 & 0 & 0 & 0 \end{array}\right]$$

$$\left[\begin{array}{ccc|c} 0 & 1 & \times & 0 \\ 0 & 0 & 0 & 1 \end{array}\right] \quad \left[\begin{array}{ccc|c} 0 & 0 & 1 & 0 \\ 0 & 0 & 0 & 1 \end{array}\right] \quad \left[\begin{array}{ccc|c} 0 & 1 & \times & \times \\ 0 & 0 & 0 & 0 \end{array}\right]$$

Hierbei steht $\times$ für irgendwelche reellen Zahlen (können auch 0 sein).

3.17 Welche Gestalt besitzt eine Zeilenstufenmatrix $Z \in \mathbb{R}^{m \times n}$, wenn r die Anzahl der führenden Einsen ist im Fall (a) $r = n < m$, (b) $r = m < n$ und (c) $r = m = n$?

Lösung: $\times$ steht im Folgenden für eine beliebige reelle Zahl (diese kann auch 0 sein).

(a) In diesem Fall gibt es keine Nullspalten.

$$Z = \begin{bmatrix} 1 & \times & \cdots & \times & \times & \times \\ 0 & 1 & \cdots & \times & \times & \times \\ \vdots & & & & & \vdots \\ 0 & 0 & 0 & 0 & 1 & \times \\ 0 & 0 & 0 & 0 & 0 & 1 \\ 0 & 0 & 0 & 0 & 0 & 0 \\ \vdots & & & & & \vdots \\ 0 & 0 & 0 & 0 & 0 & 0 \end{bmatrix}.$$

(b) In diesem Fall gibt es keine Nullzeilen.

$$Z = \begin{bmatrix} 1 & \times & \times & \cdots & \times & \times & \times & \times & \cdots & \times \\ 0 & 1 & \times & \cdots & \times & \times & \times & \times & \cdots & \times \\ \vdots & & & & & & & & & \vdots \\ 0 & 0 & 0 & \cdots & 0 & 1 & \times & \times & \cdots & \times \\ 0 & 0 & 0 & \cdots & 0 & 0 & 1 & \times & \cdots & \times \end{bmatrix}.$$

(c) In diesem Fall gibt es keine Nullspalten und keine Nullzeilen. Es handelt sich um eine quadratische obere Dreiecksmatrix mit Einsdiagonale.

$$Z = \begin{bmatrix} 1 & \times & \times & \cdots & \times & \times \\ 0 & 1 & \times & \cdots & \times & \times \\ \vdots & & & & & \vdots \\ 0 & 0 & 0 & \cdots & 1 & \times \\ 0 & 0 & 0 & \cdots & 0 & 1 \end{bmatrix}.$$

3.18 Welche Gestalt besitzt die normierte Zeilenstufenmatrix $Z \in \mathbb{R}^{n \times n}$, wenn sie n führende Einsen hat?

Lösung: Z ist dann die Einheitsmatrix der Ordnung n, also

$$Z = E_n = \begin{bmatrix} 1 & 0 & 0 & \cdots & 0 \\ 0 & 1 & 0 & \cdots & 0 \\ \vdots & & & & \vdots \\ 0 & 0 & 0 & \cdots & 1 \end{bmatrix}.$$

3.19 Welche Gestalt besitzt eine Zeilenstufenmatrix $Z \in \mathbb{R}^{n \times n}$, wenn sie n führende Einsen hat?

Lösung: Z ist dann eine obere Dreiecksmatrix mit lauter Einsen in der Diagonalen, also

$$Z = \begin{bmatrix} 1 & \times & \times & \cdots & \times \\ 0 & 1 & \times & \cdots & \times \\ \vdots & & & & \vdots \\ 0 & 0 & 0 & \cdots & 1 \end{bmatrix}.$$

Hierbei steht $\times$ für irgendeine reelle Zahl.

3.20 Zeigen Sie, dass die beiden linearen Gleichungssysteme

$$\begin{aligned} x_1 - 3x_2 &= -7 \\ 2x_1 + x_2 &= 7 \end{aligned} \qquad \text{und} \qquad \begin{aligned} 8x_1 - 3x_2 &= 7 \\ 3x_1 - 2x_2 &= 0 \\ 5x_1 - x_2 &= 7 \end{aligned}$$

gleichwertig sind.

Lösung: Die normierte Zeilenstufenformen sind

$$\left[\begin{array}{cc|c} 1 & 0 & 2 \\ 0 & 1 & 3 \end{array}\right] \quad \text{und} \quad \left[\begin{array}{cc|c} 1 & 0 & 2 \\ 0 & 1 & 3 \\ 0 & 0 & 0 \end{array}\right].$$

Daraus ergibt sich jeweils die eindeutige Lösung $x_1 = 2$ und $x_2 = 3$. Die Lösungsmengen sind dieselben, folglich sind die beiden linearen Gleichungssysteme gleichwertig.

3.21 Beweisen Sie folgenden Satz: *Ein lineares Gleichungssystem hat entweder keine Lösung, oder genau eine Lösung oder unendlich viele Lösungen.*

Lösung: Wir wissen aus den Beispielen bereits, dass alle drei Fälle vorkommen. Nun zeigen wir, dass wenn es zwei verschiedene Lösungen gibt, dann bereits unendlich viele. Gegeben ist ein lineares Gleichungssystem $Ax = b$ mit $A \in \mathbb{R}^{m\times n}$, $x \in \mathbb{R}^{n\times 1}$ und $b \in \mathbb{R}^{m\times 1}$. Wir nehmen an, y und z sind aus $\mathbb{R}^{n\times 1}$ verschieden und Lösungen von $Ax = b$, also $y \neq z$ und $Ay = b$, $Az = b$. Für jedes $t \in \mathbb{R}$ ist dann auch $v = y + t(z - y)$ eine Lösung, denn es ist mit den Rechenregeln für Matrizen

$$\begin{aligned} Av &= A(y + t(z-y)) = Ay + A(t(z-y)) = Ay + A(tz - ty) \\ &= Ay + tAz - tAy = b + tb - tb = b. \end{aligned}$$

Damit ist v für jedes t aus $\mathbb{R}$ eine Lösung, und somit gibt es unendlich viele Lösungen von $Ax = b$, weil es unendlich viele reelle Zahlen gibt.

3.22 Verifizieren Sie den letzten Satz anhand eines Beispiels Ihrer Wahl.

Lösung: Ich wähle das lineare Gleichungssystem

$$\begin{aligned} x_1 + 2x_2 &= 4 \\ 3x_1 + 6x_2 &= 12. \end{aligned}$$

Die Elemente

$$y = \begin{bmatrix} 4 \\ 0 \end{bmatrix} \text{ und } z = \begin{bmatrix} 2 \\ 1 \end{bmatrix}$$

sind zwei verschiedene Lösungen des linearen Systems. Dann gilt

$$v = \begin{bmatrix} 4 \\ 0 \end{bmatrix} + t\left(\begin{bmatrix} 2 \\ 1 \end{bmatrix} - \begin{bmatrix} 4 \\ 0 \end{bmatrix}\right) = \begin{bmatrix} 4 \\ 0 \end{bmatrix} + t\begin{bmatrix} -2 \\ 1 \end{bmatrix} = \begin{bmatrix} 4-2t \\ t \end{bmatrix}, \; t \in \mathbb{R}.$$

Für jede reelle Zahl t ist v dann eine Lösung des linearen Systems. Zum Beispiel

$$t = 0: \; v = y = \begin{bmatrix} 4 \\ 0 \end{bmatrix}, \qquad t = 1: \; v = z = \begin{bmatrix} 2 \\ 1 \end{bmatrix}, \qquad t = 1/2: \; v = \begin{bmatrix} 3 \\ 1/2 \end{bmatrix}.$$

Das lineare Gleichungssystem hat unendlich viele Lösungen. Hier sind noch drei Lösungen

$$t = 2: \; v = \begin{bmatrix} 0 \\ 2 \end{bmatrix}, \qquad t = -2: \; v = \begin{bmatrix} 8 \\ -2 \end{bmatrix}, \qquad t = -1/2: \; v = \begin{bmatrix} 5 \\ -1/2 \end{bmatrix}.$$

Beispiele für die beiden anderen Fälle des Satzes sind uns bereits bekannt.

3.23 Bestimmen Sie die eindeutige Lösung von

$$
\begin{aligned}
x_1 - 3x_2 &= -7 \\
2x_1 + x_2 &= 7
\end{aligned}
$$

mit der Formel $x = A^{-1}b$.

Lösung: Es ist

$$
x = \begin{bmatrix} x_1 \\ x_2 \end{bmatrix}, \; b = \begin{bmatrix} -7 \\ 7 \end{bmatrix}, \; A = \begin{bmatrix} 1 & -3 \\ 2 & 1 \end{bmatrix} \quad \text{und} \quad A^{-1} = \begin{bmatrix} 1/7 & 3/7 \\ 2/7 & 1/7 \end{bmatrix}.
$$

Somit ist

$$
x = A^{-1}b = \begin{bmatrix} 1/7 & 3/7 \\ 2/7 & 1/7 \end{bmatrix} \begin{bmatrix} -7 \\ 7 \end{bmatrix} = \begin{bmatrix} (1/7)(-7) + (3/7)(7) \\ (-2/7)(-7) + (1/7)(7) \end{bmatrix} = \begin{bmatrix} -1+3 \\ 2+1 \end{bmatrix} = \begin{bmatrix} 2 \\ 3 \end{bmatrix}
$$

Eine Bestätigung in MATLAB:

```
>> A=[1 -3;2 1]; b=[-7;7];
>> x=inv(A)*b
x =
     2
     3
```

3.24 Angenommen die Koeffizientenmatrix eines linearen Gleichungssystems ist ein Element aus der Menge $\mathbb{R}^{m \times n}$. Aus welcher Menge ist die erweiterte Koeffizientenmatrix?

Lösung: Die erweiterte Koeffizientenmatrix ist dann aus der Menge $\mathbb{R}^{m \times (n+1)}$. Sie hat genau eine Spalte mehr, die Anzahl der Zeilen sind gleich.

3.25 Beschreiben Sie die allgemeine Lösung von

$$
\begin{aligned}
x_3 + x_5 + 2x_6 &= 3 \\
x_2 + 2x_3 + 4x_4 + x_6 &= 2 \\
-x_2 + 4x_3 - 4x_4 + 4x_5 + 3x_6 &= 8 \\
2x_2 + 7x_3 + 8x_4 + 2x_5 + 4x_6 &= 9
\end{aligned}
$$

in Parameterform.

Lösung: Die erweiterte Koeffizientenmatrix und ihre normierte Zeilenstufenform sind

$$
\left[\begin{array}{cccccc|c}
0 & 0 & 1 & 0 & 1 & 2 & 3 \\
0 & 1 & 2 & 4 & 0 & 1 & 2 \\
0 & -1 & 4 & -4 & 4 & 3 & 8 \\
0 & 2 & 7 & 8 & 2 & 4 & 9
\end{array}\right]
\longrightarrow
\left[\begin{array}{cccccc|c}
0 & 1 & 0 & 4 & 0 & 5 & 4 \\
0 & 0 & 1 & 0 & 0 & -2 & -1 \\
0 & 0 & 0 & 0 & 1 & 4 & 4 \\
0 & 0 & 0 & 0 & 0 & 0 & 0
\end{array}\right]
$$

x_2, x_3, x_5 sind gebundene Variablen und x_1, x_4, x_6 sind freie Variablen. Damit können wir die allgemeine Lösung wie folgt parametrisiert beschreiben: $x_1 = t_1$, $x_4 = t_2$, $x_6 = t_3$, $x_2 = -4t_2 + 5t_3 + 4$, $x_3 = 2t_3 - 1$, $x_5 = -4t_3 + 4$. Hierbei sind t_1, t_2, t_3 beliebige reelle Zahlen. Zum Beispiel gilt für $t_1 = 1$, $t_2 = 2$, $t_3 = 3$: $x_1 = t_1 = 1$, $x_2 = -4t_2 + 5t_3 + 4 = 6$, $x_3 = 2t_3 - 1 = 5$, $x_4 = t_2 = 2$, $x_5 = -4t_3 + 4 = -8$, $x_6 = t_3 = 3$; dies ist eine spezielle Lösung.

3.26 Gegeben ist ein unlösbares lineares Gleichungssystem mit m Gleichungen und n Variablen. Geben Sie die normierte Zeilenstufenform der erweiterten Koeffizientenmatrix an. Hierbei soll $\times$ für irgendeine reelle Zahl stehen und für die Zahl 0 kann auch ein Leerzeichen stehen, wie gehabt. Zur Vereinfachung nehmen Sie an, dass $j_1 = 1, j_2, \ldots, j_r = r$ die Spalten sind, in denen die führende Eins steht.

Lösung: Die normierte Zeilenstufenform ist:

$$
\begin{array}{c|cccccc|c}
 & 1 & & r & r+1 & & n & n+1 \\
\hline
1 & 1 & & & \times & \cdots & \times & 0 \\
\vdots & & \ddots & & \vdots & & \vdots & \vdots \\
r & & & 1 & \times & \dots & \times & 0 \\
r+1 & 0 & \dots & 0 & 0 & \dots & 0 & 1 \\
\vdots & \vdots & & & & & \vdots & \\
m & 0 & \dots & 0 & 0 & \dots & 0 & 0
\end{array}
$$

3.27 Gegeben ist ein lösbares lineares Gleichungssystem mit m Gleichungen und n Variablen. Geben Sie die normierte Zeilenstufenform der erweiterten Koeffizientenmatrix an. Hierbei soll $\times$ für irgendeine reelle Zahl stehen und für die Zahl 0 kann auch ein Leerzeichen stehen, wie gehabt. Zur Vereinfachung nehmen Sie an, dass $j_1 = 1, j_2, \ldots, j_r = r$ die Spalten sind, in denen die führende Eins steht.

Lösung: Die normierte Zeilenstufenform ist:

$$
\begin{array}{c|cccccc|c}
 & 1 & & r & r+1 & & n & n+1 \\
\hline
1 & 1 & & & \times & \cdots & \times & \times \\
\vdots & & \ddots & & \vdots & & \vdots & \vdots \\
r & & & 1 & \times & \dots & \times & \times \\
r+1 & 0 & \dots & 0 & 0 & \dots & 0 & 0 \\
\vdots & \vdots & & & & & \vdots & \\
m & 0 & \dots & 0 & 0 & \dots & 0 & 0
\end{array}
$$

3.28 Gegeben ist ein lineares Gleichungssystem mit n Gleichungen und n Variablen. Geben Sie die normierte Zeilenstufenform der erweiterten Koeffizientenmatrix im

Spezialfall $\text{Rang}(A) = \text{Rang}([A\ b]) = n$ an. Hierbei soll $\times$ für irgendeine reelle Zahl stehen und für die Zahl 0 kann auch ein Leerzeichen stehen, wie gehabt.

Lösung: Die normierte Zeilenstufenform ist:

$$\begin{array}{c} \\ 1 \\ 2 \\ \vdots \\ n \end{array} \begin{array}{c} \begin{array}{cccc|c} 1 & 2 & & n & n+1 \end{array} \\ \left[\begin{array}{cccc|c} 1 & & & & \times \\ & 1 & & & \\ & & \ddots & & \vdots \\ & & & 1 & \times \end{array}\right] \end{array}$$

In der rechten Spalte steht dann die (eindeutige) Lösung.

3.29 Konstruieren Sie ein lineares Gleichungssystem, das

- keine Lösung hat,
- nur die Lösung $(1,2,1) \in \mathbb{R}^3$ hat,
- unter anderem die Lösung $(1,2,1) \in \mathbb{R}^3$ hat,
- die Lösungen $(1,2,1) \in \mathbb{R}^3$ und $(2,4,2) \in \mathbb{R}^3$,
- die Lösungsmenge $\{(2-t, 4+2t, t) \mid t \in \mathbb{R}\}$ (Gerade) hat,
- die Lösungsmenge $\{(x,y,z) \in \mathbb{R}^3 \mid 2x - 5y + 11z = 7\}$ (Ebene) hat.

Lösung: Die Aufgabe kann wie folgt gelöst werden. Das lineare Gleichungssystem

$$\begin{aligned} x_1 &= 6 \\ x_1 + x_2 &= 0 \\ x_1 + 2x_2 &= 0 \end{aligned}$$

hat keine Lösung. Das lineare Gleichungssystem

$$\begin{aligned} x_1 &= 1 \\ x_2 &= 2 \\ x_3 &= 1 \end{aligned}$$

hat nur die Lösung (1,2,1). Das lineare Gleichungssystem $-x_1 + x_2 - x_3 = 0$ hat unter anderem die Lösung $(1,2,1)$. Das lineare Gleichungssystem $-x_1 + x_2 - x_3 = 0$ hat die Lösungen $(1,2,1)$ und $(2,4,2)$ (und andere). Das lineare Gleichungssystem

$$\begin{aligned} x_1 + x_3 &= 2 \\ x_2 - 2x_3 &= 4 \end{aligned}$$

hat die Lösungsmenge $\{(2-t, 4+2t, t) \mid t \in \mathbb{R}\}$. Das lineare Gleichungssystem $2x - 5y + 11z = 7$ hat die Lösungsmenge $\{(x,y,z) \in \mathbb{R}^3 \mid 2x - 5y + 11z = 7\}$.

3.30 Geben Sie die Lösungsmenge des linearen Gleichungssystems

$$\begin{aligned} x_1 + x_2 + x_3 + x_4 + x_5 &= 3 \\ 2x_1 + x_2 + x_3 + x_4 + 2x_5 &= 4 \\ x_1 - x_2 - x_3 + x_4 + x_5 &= 5 \\ x_1 + x_4 + x_5 &= 4 \end{aligned}$$

in Parameterform an.

Lösung: Die normierte Zeilenstufenmatrix und das dazugehörige lineare Gleichungssystem sind

$$\left[\begin{array}{ccccc|c} 1 & 0 & 0 & 0 & 1 & 1 \\ 0 & 1 & 1 & 0 & 0 & -1 \\ 0 & 0 & 0 & 1 & 0 & 3 \\ 0 & 0 & 0 & 0 & 0 & 0 \end{array}\right] \quad \text{und} \quad \begin{aligned} x_1 &= 1 - x_5 \\ x_2 &= -1 - x_3 \\ x_4 &= 3 \end{aligned}$$

Der Rang der Matrix ist $r = 3$. Deshalb hat die Lösungsmenge $n - r = 5 - 3 = 2$ Parameter. Die Lösungsmenge ist $\{(x_1, x_2, x_3, x_4, x_5) = (1 - t, -1 - s, s, 3, t) = (1, -1, 0, 3, 0) + t(-1, 0, 0, 0, 1) + s(0, -1, 1, 0, 0) \in \mathbb{R}^5 \mid s, t \in \mathbb{R}\}$. x_3, x_5 sind freie Variablen und x_1, x_2, x_4 sind gebundene Variablen.

3.31 Setzten Sie in den freien acht Kästchen des Quadrates

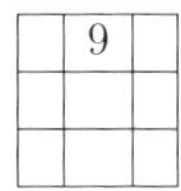

eine reelle Zahl so ein, dass die drei Zeilensummen, die drei Spaltensummen und die zwei Diagonalsummen den Wert 15 besitzen.

Lösung: Ein mathematisches Modell ist das folgende lineare Gleichungssystem

$$\begin{aligned} x_1 + 9 + x_2 &= 15 \\ x_3 + x_4 + x_5 &= 15 \\ x_6 + x_7 + x_8 &= 15 \\ 9 + x_4 + x_7 &= 15 \\ x_2 + x_5 + x_8 &= 15 \\ x_1 + x_4 + x_8 &= 15 \\ x_2 + x_4 + x_6 &= 15 \end{aligned}$$

Die erweiterte Koeffizientenmatrix des linearen Gleichungssystems ist

$$\begin{bmatrix} 1 & 1 & 0 & 0 & 0 & 0 & 0 & 0 & 6 \\ 0 & 0 & 1 & 1 & 1 & 0 & 0 & 0 & 15 \\ 0 & 0 & 0 & 0 & 0 & 1 & 1 & 1 & 15 \\ 1 & 0 & 1 & 0 & 0 & 1 & 0 & 0 & 15 \\ 0 & 0 & 0 & 1 & 0 & 0 & 1 & 0 & 6 \\ 0 & 1 & 0 & 0 & 1 & 0 & 0 & 1 & 15 \\ 1 & 0 & 0 & 1 & 0 & 0 & 0 & 1 & 15 \\ 0 & 1 & 0 & 1 & 0 & 1 & 0 & 0 & 15 \end{bmatrix}$$

Die normierte Zeilenstufenform der erweiterten Koeffizientenmatrix ist

```
[ 1, 0, 0, 0, 0, 0, 0, 1, 10]
[ 0, 1, 0, 0, 0, 0, 0, -1, -4]
[ 0, 0, 1, 0, 0, 0, 0, -2, -9]
[ 0, 0, 0, 1, 0, 0, 0, 0, 5]
[ 0, 0, 0, 0, 1, 0, 0, 2, 19]
[ 0, 0, 0, 0, 0, 1, 0, 1, 14]
[ 0, 0, 0, 0, 0, 0, 1, 0, 1]
[ 0, 0, 0, 0, 0, 0, 0, 0, 0]
```

Damit ergibt sich für das Quadrat

$10-t$	9	$-4+t$
$-9+2t$	5	$19-2t$
$14-t$	1	t

wobei t eine beliebige reelle Zahl ist. Zum Beispiel sind

11	9	−5
−11	5	21
15	1	−1

10	9	−4
−9	5	19
14	1	0

9	9	−3
−7	5	17
13	1	1

drei gewünschte Quadrate.

3.32 Zeigen Sie, dass sich die Lösungsmenge eines linearen Gleichungssystems ändern kann, wenn man eine Gleichung mit der Zahl 0 multipliziert.

Lösung: Das lineare Gleichungssystem $0x + 0y = 1$ hat zwei Variablen und eine Gleichung. Es hat keine Lösung, also ist die Lösungsmenge leer. Multiplizieren wir diese Gleichung mit 0, so entsteht das lineare Gleichungssystem $0x + 0y = 0$. Dieses hat unendlich viele Lösungen, hier sind zwei $(x, y) = (1, 2)$ und $(x, y) = (-2, 3)$. Die Lösungsmenge ist $\{(x, y) = (s, t) \mid s, t \in \mathbb{R}\}$, also alle Punktepaare aus $\mathbb{R}^2$.

3.33 Besetzen Sie die freien Stellen der Matrix

$$\begin{bmatrix} 0 & \\ & \end{bmatrix} \in \mathbb{R}^{2\times 2}$$

so, dass eine Matrix vom Rang 0, eine Matrix vom Rang 1 und eine Matrix vom Rang 2 entsteht.

Lösung: Zum Beispiel:

- Die Matrix
$$\begin{bmatrix} 0 & 0 \\ 0 & 0 \end{bmatrix}$$
hat den Rang 0.
- Die Matrix
$$\begin{bmatrix} 0 & 1 \\ 0 & 0 \end{bmatrix}$$
hat den Rang 1.
- Die Matrix
$$\begin{bmatrix} 0 & 1 \\ 1 & 0 \end{bmatrix}$$
hat den Rang 2.

3.34 Für welche $t \in \mathbb{R}$ ist das lineare Gleichungssystem

$$\begin{aligned} 3x_1 + 2x_2 + x_3 &= 0 \\ x_1 + x_2 + x_3 &= 0 \\ 2x_1 + x_2 + tx_3 &= 0 \end{aligned}$$

nichttrivial lösbar? Geben Sie für die Lösungsmenge an. (t ist ein reeller Parameter des linearen Gleichungssystems.)

Lösung: Das lineare Gleichungssystem ist genau dann nichttrivial lösbar, wenn der Rang der Koeffizientenmatrix kleiner als 3 ist. Nun ist

$$\text{Rang} \begin{bmatrix} 3 & 2 & 1 \\ 1 & 1 & 1 \\ 2 & 1 & t \end{bmatrix} = \text{Rang} \begin{bmatrix} 1 & 1 & 1 \\ 0 & 1 & 2 \\ 0 & 0 & t \end{bmatrix}.$$

Also ist für $t = 0$, und nur für diese Zahl, das lineare Gleichungssystem nichttrivial lösbar. Denn für $t = 0$ ist der Rang gleich $2 < 3$.

Nun ist die normierte Zeilenstufenmatrix für $t = 0$ die Matrix

$$\text{Rang} \begin{bmatrix} 1 & 0 & -1 \\ 0 & 1 & 2 \\ 0 & 0 & 0 \end{bmatrix}.$$

Somit ist $\{(x_1, x_2, x_3) \in \mathbb{R}^3 \mid (x_1, x_2, x_3) = t(1, -2, 1), t \in \mathbb{R}\}$ die Lösungsmenge des linearen Gleichungssystems für die Parameterwahl $t = 0$.

3.35 Lösen Sie die linearen Gleichungssysteme $Ax = o$ und $Ax = b$ für

$$A = \begin{bmatrix} 2 & 1 & -3 \\ 0 & -4 & 2 \\ 2 & -7 & 1 \end{bmatrix} \quad \text{und} \quad b = \begin{bmatrix} 1 \\ -2 \\ -3 \end{bmatrix}.$$

Lösung: Die normierten Zeilenstufenformen der erweiterten Koeffizientenmatrizen

$$\begin{bmatrix} A & b \end{bmatrix} = \begin{bmatrix} 2 & 1 & -3 & 1 \\ 0 & -4 & 2 & -2 \\ 2 & -7 & 1 & 1 \end{bmatrix} \quad \text{und} \quad \begin{bmatrix} A & o \end{bmatrix} = \begin{bmatrix} 2 & 1 & -3 & 0 \\ 0 & -4 & 2 & 0 \\ 2 & -7 & 1 & 0 \end{bmatrix}$$

sind

$$\begin{bmatrix} A & b \end{bmatrix} = \begin{bmatrix} 1 & 0 & -5/4 & 1/4 \\ 0 & 1 & -1/2 & 1/2 \\ 0 & 0 & 0 & 0 \end{bmatrix} \quad \text{und} \quad \begin{bmatrix} 1 & 0 & -5/4 & 0 \\ 0 & 1 & -1/2 & 0 \\ 0 & 0 & 0 & 0 \end{bmatrix}$$

Wir setzen $x_3 = t$. Damit ist $\{t(5/4, 1/2, 1) \mid t \in \mathbb{R}\}$ die Lösungsmenge des homogenen Systems $Ax = o$ und $\{(1/4, 1/2, 0) + t(5/4, 1/2, 1) \mid t \in \mathbb{R}\}$ die Lösungsmenge des inhomogenen Systems $Ax = b$.

(Sie erinnern sich. Man erhält die allgemeine Lösung eines inhomogenen linearen Gleichungssystems als Summe der allgemeine Lösung des dazugehörigen homogenen Systems plus eine spezielle Lösung des inhomogenen Systems.)

3.36 Ist ein lineares Gleichungssystem mit mehr Gleichungen als Unbekannte immer lösbar? Begründen Sie.

Lösung: Nein. Zum Beispiel hat das lineare Gleichungssystem

$$\begin{aligned} x &= 2 \\ 3x &= 6 \end{aligned}$$

zwei Gleichungen, eine Unbekannte und die eindeutige Lösung $x = 2$. (Ein solches lineares Gleichungssystem heißt überbestimmt.)

3.37 Hat ein lineares Gleichungssystem mit weniger Gleichungen als Unbekannte stets unendlich viele Lösungen? Begründen Sie.

Lösung: Nein. Zum Beispiel hat das lineare Gleichungssystem

$$\begin{aligned} x + 2y + z &= 1 \\ 2x + 4y + 2z &= 3 \end{aligned}$$

zwei Gleichungen, drei Unbekannte und keine Lösung. (Ein solches lineares Gleichungssystem heißt unterbestimmt.)

3.38 Gegeben ist das lineare Gleichungssystem

$$ax + by + cz = d$$

mit a, b, c aus $\mathbb{R}$. Was sind die Lösungsmengen, wenn die Koeffizienten a, b, c alle zugleich 0 sind?

Lösung: Im Fall $d \neq 0$ ist die Lösungsmenge jeweils die leere Menge. Im Fall $d = 0$ ist die Lösungsmenge $\mathbb{R}^3$.

3.39 Hat ein homogenes lineares Gleichungssystem neben der trivialen Lösung noch eine weitere Lösung, so hat es unendlich viele Lösungen. Stimmt das?

Lösung: Ja, das stimmt.

3.40 Sind Summen und Vielfache von Lösungen inhomogener linearer Gleichungssysteme stets wieder Lösungen?

Lösung: Nein. Aus $Ax_1 = Ax_2 = b$ folgt $A(x_1 + x_2) = 2b \neq b$, sowie $A(cx_1) = c(Ax_1) = cb \neq b$, wenn $c \neq 1$ ist.

3.41 Verwenden Sie eine mathematische Software und berechnen Sie damit die normierte Zeilenstufenmatrix der Matrix

$$\begin{bmatrix} 0 & -2 & -2 & 3 & 4 & 1 \\ 1 & 0 & -2 & 5 & 4 & 0 \\ 5 & 0 & 2 & 1 & 0 & 3 \\ -1 & 1 & 0 & 2 & 4 & -1 \end{bmatrix}$$

Lösung: Ich verwende MATLAB mit der Funktion `rref`. Hier das Ergebnis:

```
ans =
[ 1, 0, 0, 0, -4/3, 2/5]
[ 0, 1, 0, 0, -4/3, -4/5]
[ 0, 0, 1, 0, 7/3, 9/20]
[ 0, 0, 0, 1,  2, 1/10]
```

3.42 Wir betrachten das inhomogene lineare Gleichungssystem

$$\begin{aligned} x_1 + 1/2x_2 + 1/3x_3 + 1/4x_4 &= 1 \\ 1/2x_1 + 1/3x_2 + 1/4x_3 + 1/5x_4 &= 1 \\ 1/3x_1 + 1/4x_2 + 1/5x_3 + 1/6x_4 &= 1 \\ 1/4x_1 + 1/5x_2 + 1/6x_3 + 1/7x_4 &= h \end{aligned}$$

Verwenden Sie eine mathematische Software und berechnen Sie damit die Lösung des linearen Systems für $h = 0.95$, $h = 1$ und $h = 1.05$. Was beobachten Sie? Was könnte die Ursache sein?

Lösung: Für $h = 0.95$ erhält man die Lösung $(x_1, x_2, x_3, x_4) = (3, -24, 30, 0)$, Für $h = 1$ die Lösung $(x_1, x_2, x_3, x_4) = (-4, 60, -180, 140)$ und für $h = 1.05$ die $(x_1, x_2, x_3, x_4) = (-11, 144, -390, 280)$. Es fällt auf, dass sich die Lösung signifikant ändert, obwohl man h jeweils nur geringfügig ändert. Die Ursache ist, dass die Spalten (Zeilen) der Koeffizientenmatrix fast Vielfache von einander sind. In der Numerischen Mathematik studiert man dies genauer unter dem Thema *Kondition einer Matrix*. Die Koeffizientenmatrix ist die sogenannten HILBERT[1]-Matrix der Ordnung 4.

3.43 Ist ein quadratisches lineares Gleichungssystem $Ax = b$ für ein b eindeutig lösbar, dann auch für jedes b. Stimmt das? Geben Sie ein Beispiel.

Lösung: Ja, das stimmt. Eine Möglichkeit dies zu begründen ist folgende. Weil die Lösung eindeutig ist, ist die Zeilenstufenform von A eine quadratische obere Dreiecksmatrix mit Einsdiagonale. Egal wie die rechte Seite b aussieht, durch Rückwärtseinsetzen lässt sich das lineare Gleichungssystem dann eindeutig lösen.

Eine andere Möglich ist die. Weil die Lösung eindeutig ist, ist die Matrix A invertierbar. Egal wie die rechte Seite b aussieht, die (eindeutige) Lösung ist $x = A^{-1}b$.

Hier ist ein Beispiel. Das lineare Gleichungssystem

$$\begin{bmatrix} 1 & -2 \\ 3 & 2 \end{bmatrix} \begin{bmatrix} x_1 \\ x_2 \end{bmatrix} = \begin{bmatrix} b_1 \\ b_2 \end{bmatrix}$$

hat für $b = (b_1, b_2) = (1, 11)$ die (eindeutige) Lösung $x = (x_1, x_2) = (3, 1)$. Ist nun $b = (b_1, b_2) \in \mathbb{R}^2$, dann ist $x = (x_1, x_2) = (1/4b_1 + 1/4b_2, -3/8b_1 + 1/8b_2)$ die (eindeutige) Lösung.

3.44 Angenommen die erweiterte Koeffizientenmatrix eines linearen Gleichungssystems hat die normierte Zeilenstufenform

$$\left[\begin{array}{cc|c} 1 & 0 & 0 \\ 0 & 1 & 0 \\ 0 & 0 & 1 \end{array}\right].$$

Was können wir über die Lösungsmenge des linearen Gleichungssystems sagen?

Lösung: Dann wissen wir, dass das lineare Gleichungssystem keine Lösung hat, denn die letzte Zeile bedeutet $0x_1 + 0x_2 = 1$. Die Lösungsmenge ist die leere Menge.

3.45 Gegeben ist das lineare Gleichungssystem

$$\begin{aligned} a_{11}x_1 + a_{12}x_2 + \cdots + a_{1n}x_n &= b_1 \\ a_{21}x_1 + a_{22}x_2 + \cdots + a_{2n}x_n &= b_2 \\ &\vdots \\ a_{m1}x_1 + a_{m2}x_2 + \cdots + a_{mn}x_n &= b_m \end{aligned}$$

[1] D. HILBERT (1862-1943) war ein deutscher Mathematiker.

mit $a_{ij} \in \mathbb{R}$ und $b_i \in \mathbb{R}$ für $i = 1 : m$ und $j = 1 : n$. Gesucht sind reelle Zahlen $x_1, \ldots,$ x_n, die das lineare Gleichungssystem lösen.

Schreiben Sie das lineare Gleichungssystem in Matrizenform, als Linearkombination der Spalten, aufgefasst als Spaltenmatrizen, und als Linearkombination der Spalten, aufgefasst als m-Tupel in $\mathbb{R}^m$. Konstruieren Sie hierzu ein Beispiel.

Lösung: In Matrizenform:

$$\begin{bmatrix} a_{11} & a_{12} & \cdots & a_{1n} \\ a_{21} & a_{22} & \cdots & a_{2n} \\ \vdots & \vdots & & \vdots \\ a_{m1} & a_{m2} & \cdots & a_{mn} \end{bmatrix} \cdot \begin{bmatrix} x_1 \\ x_2 \\ \vdots \\ x_n \end{bmatrix} = \begin{bmatrix} b_1 \\ b_2 \\ \vdots \\ b_m \end{bmatrix}.$$

Als Linearkombination der Spalten aufgefasst als Spaltenmatrizen:

$$x_1 \begin{bmatrix} a_{11} \\ a_{21} \\ \vdots \\ a_{m1} \end{bmatrix} + x_2 \begin{bmatrix} a_{12} \\ a_{22} \\ \vdots \\ a_{m2} \end{bmatrix} + \cdots + x_n \begin{bmatrix} a_{1n} \\ a_{2n} \\ \vdots \\ a_{mn} \end{bmatrix} = \begin{bmatrix} b_1 \\ b_2 \\ \vdots \\ b_m \end{bmatrix}.$$

Als Linearkombination der Spalten aufgefasst als m-Tupel in $\mathbb{R}^m$:

$$x_1(a_{11}, a_{21}, \ldots, a_{m1}) + x_2(a_{12}, a_{22}, \ldots, a_{m2}) + \cdots + x_n(a_{1n}, a_{2n}, \ldots, a_{mn}) = (b_1, b_2, \ldots, b_m).$$

Ein Beispiel ist:

$$\begin{aligned} 8x_1 - 3x_2 &= 7 \\ 3x_1 - 2x_2 &= 0 \\ 5x_1 - x_2 &= 7 \end{aligned}$$

In Matrizenform:

$$\begin{bmatrix} 8 & -3 \\ 3 & -2 \\ 5 & -1 \end{bmatrix} \cdot \begin{bmatrix} x_1 \\ x_2 \end{bmatrix} = \begin{bmatrix} 7 \\ 0 \\ 7 \end{bmatrix}.$$

Als Linearkombination der Spalten aufgefasst als Spaltenmatrizen:

$$x_1 \begin{bmatrix} 8 \\ 3 \\ 5 \end{bmatrix} + x_2 \begin{bmatrix} -3 \\ -2 \\ -1 \end{bmatrix} = \begin{bmatrix} 7 \\ 0 \\ 7 \end{bmatrix}.$$

Als Linearkombination der Spalten aufgefasst als m-Tupel in $\mathbb{R}^m$:

$$x_1(8, 3, 5) + x_2(-3, -2, -1) = (7, 0, 7).$$

(Die Lösung ist $x_1 = 2$, $x_2 = 3$.)

4 Reelle Vektorräume

4.1 Welche der folgenden Mengen sind Untervektorräume von $\mathbb{R}^2$? Kreuzen Sie die wahre(n) Aussage(n) an.

☐ $\{(x, y) \in \mathbb{R}^2 \mid x = 0, y = 0\}$
☐ $\{(x, y) \in \mathbb{R}^2 \mid x = 0\}$
☐ $\{(x, y) \in \mathbb{R}^2 \mid x = 1\}$
☐ $\{(x, y) \in \mathbb{R}^2 \mid x^2 = 0\}$
☐ $\{(x, y) \in \mathbb{R}^2 \mid x^2 + y^2 = 1\}$
☐ $\mathbb{R}^2$
☐ $\mathbb{R}^2 \backslash \{(1, 0)\}$
☐ $\mathrm{Lin}(1, 1)$

Lösung:

×	×		×		×		×

(spaltenweise)

4.2 Kreuzen Sie an, wenn die Vektoren eine Basis von $\mathbb{R}^2$ bilden.

☐ $(1, 1)$, $(2, 2)$
☐ $(1, 0)$, $(0, 1)$
☐ $(1, 1)$, $(1, 2)$
☐ $(1, 0)$, $(0, 1)$, $(1, 1)$
☐ $(1, 0, 0)$, $(0, 1, 0)$
☐ $(0, 0)$, $(1, 0)$

Lösung:

	×	×			

(spaltenweise)

4.3 Kreuzen Sie die wahre(n) Aussage(n) an. Falls (v_1, v_2, v_3) ein linear unabhängiges Tripel von Vektoren ist, dann ist

☐ (v_1, v_2) linear abhängig,
☐ (v_1, v_3) linear abhängig,
☐ (v_2, v_3) linear abhängig,
☐ (v_2, v_1) linear abhängig,
☐ (v_1, v_2) linear unabhängig,
☐ (v_1, v_3) linear unabhängig,
☐ (v_2, v_3) linear unabhängig,
☐ (v_2, v_1) linear unabhängig,

Lösung:

				×	×	×	×

(spaltenweise)

4.4 Kreuzen Sie an, wenn die Aussage kein Axiom eines reellen Vektorraumes V ist.

☐ Für alle $x, y \in V$ gilt $x + y = y + x$.
☐ Für alle $x, y, z \in V$ gilt $(x + y) + z = x + (y + z)$.
☐ Für alle $x, y, z \in V$ gilt $(xy)z = x(yz)$.
☐ Für alle $x, y, z \in V$ gilt $(x + y)z = (xz) + (yz)$.
☐ Für alle $x, y \in V$, $r \in \mathbb{R}$ gilt $r(x + y) = (rx) + (ry)$.

☐ Für alle $x \in V$, $r, s \in \mathbb{R}$ gilt $r(sx) = (rs)x$.

Lösung:

		×	×		

4.5 Kreuzen Sie die wahre(n) Aussage(n) an. Ist V ein reeller Vektorraum, so ist

☐ $\{x + y \mid x \in V, y \in V\} = V$,
☐ $\{x + y \mid x \in V, y \in V\} = V \times V$,
☐ $\{x + y \mid x \in V, y \in V\} = \mathbb{R} \times V$,
☐ $\{rx \mid r \in \mathbb{R}, x \in V\} = \mathbb{R} \times V$,
☐ $\{rx \mid r \in \mathbb{R}, x \in V\} = V \times V$,
☐ keine Aussage ist wahr.

Lösung: (spaltenweise)

×					

4.6 Kreuzen Sie die wahre(n) Aussage(n) an. Die skalare Multiplikation ist in einem reellen Vektorraum V durch eine Abbildung

☐ $V \times V \longrightarrow \mathbb{R}$
☐ $\mathbb{R} \times V \longrightarrow \mathbb{R}$
☐ $V \times \mathbb{R} \longrightarrow \mathbb{R}$
☐ $\mathbb{R} \times V \longrightarrow V$
☐ $\mathbb{R} \times \mathbb{R} \longrightarrow \mathbb{R}$
☐ $\mathbb{R} \times \mathbb{R} \longrightarrow V$

gegeben.

Lösung: (spaltenweise)

			×		

4.7 Kreuzen Sie die wahre(n) Aussage(n) an. Es sind v_1, …, v_n aus einem reellen Vektorraum V. Was bedeutet $\mathrm{Lin}(v_1, \ldots, v_n) = V$?

☐ Jede Linearkombination $r_1 v_1 + \cdots + r_n v_n$ ist ein Element von V.
☐ Jedes Element von V ist Linearkombination $r_1 v_1 + \cdots + r_n v_n$.
☐ Die Dimension von V ist n.
☐ Keine Aussage ist wahr.

Lösung:

	×		

4.8 Es ist V ein Vektorraum und $(v_1, \ldots, v_n)$ ein Tupel mit $v_j \in V$ für jedes $j \in \{1, \ldots, n\}$. Welche Aussage bedeutet, dass das Tupel $(v_1, \ldots, v_n)$ linear unabhängig ist? Kreuzen Sie diese Aussage an.

☐ $r_1 v_1 + \cdots + r_n v_n = o_V$ nur wenn $r_1 = \cdots = r_n = 0$.
☐ Wenn $r_1 = \cdots = r_n = 0$, dann $r_1 v_1 + \cdots + r_n v_n = o_V$.
☐ $r_1 v_1 + \cdots + r_n v_n = o_V$ für alle $(r_1, \ldots, r_n) \in \mathbb{R}^n$.

Lösung:

×		

4.9 Geben Sie im Vektorraum $\mathbb{R}^n$ die natürliche Basis an.

Lösung: Die natürliche Basis ist $\big((1, 0, \ldots, 0), (0, 1, 0, \ldots, 0), \ldots, (0, \ldots, 0, 1)\big)$.

4.10 Beweisen Sie die folgende Aussage mithilfe der Vektorraumregeln. *Es ist V ein reeller Vektorraum, $v, w \in V$ mit $v + w = o$. Dann ist $v = -w$.*

Lösung: Die Gleichung $v + w = o$ wird von $v = -w$ erfüllt. Weil negative Vektoren in einem Vektorraum eindeutig bestimmt sind, ist $v = -w$ die einzige Lösung von $v + w = o$.

4.11 Beweisen Sie die folgende Aussage mithilfe der Vektorraumregeln. *Es ist V ein reeller Vektorraum, $v, w \in V$ mit $v + w = w$. Dann ist $v = o$.*

Lösung: Die Gleichung $v + w = w$ wird von $v = o$ erfüllt. Weil der Nullvektor in einem Vektorraum eindeutig bestimmt ist, ist $v = o$ die einzige Lösung von $v + w = w$.

4.12 Beweisen Sie die folgende Aussage mithilfe der Vektorraumregeln. *Es ist V ein reeller Vektorraum, $v, w \in V$ und $r, s \in \mathbb{R}$. Ist $v = rw$ und $w = sv$ mit $r \neq 0$ und $s \neq 0$, dann ist $s = 1/r$.*

Lösung: Es gilt: $v = rw$ genau dann, wenn $v = r(sv)$ ist, genau dann, wenn $v = (rs)v$ ist, genau dann, wenn $rs = 1$ ist, genau dann, wenn $s = 1/r$ ist. (Mit logischen Zeichen: $v = rw \leftrightarrow v = r(sv) \leftrightarrow v = (rs)v \leftrightarrow rs = 1 \leftrightarrow s = 1/r$.)

4.13 Beweisen Sie die folgende Aussage mithilfe der Vektorraumregeln. *Ist V ein reeller Vektorraum, $v \in V$, $r \in \mathbb{R}$ und ist $rv = o$, so ist $r = 0$ oder $v = o$.*

Lösung: Es ist $rv = o$. Ist $r \neq 0$, so folgt $v = 1v = (r^{-1}r)v = r^{-1}(rv) = r^{-1}o = o$. Ist $v \neq o$, so muss $r = 0$ sein, andernfalls ergibt sich nach dem eben geführten Beweis der Widerspruch $v = o$.

4.14 Beweisen Sie die folgende Aussage mithilfe der Vektorraumregeln. *Ist V ein reeller Vektorraum und $u, v, w \in V$ mit $v + u = w + u$, dann ist $v = w$.*

Lösung: Es ist $v = v + o = v + (u + (-u)) = (v + u) + (-u) = (w + u) + (-u) = w + (u + (-u)) = w + o = w$.

4.15 Beweisen Sie die folgende Aussage mithilfe der Vektorraumregeln. *Ist V ein reeller Vektorraum und $v, w \in V$ mit $rv = rw$ und $r \neq 0$, dann ist $v = w$.*

Lösung: Es ist $v = 1v = (1/r \cdot r)v = 1/r(rv) = 1/r(rw) = (1/r \cdot r)w = 1w = w$.

4.16 Beweisen Sie die folgende Aussage mithilfe der Vektorraumregeln. *Ist V ein reeller Vektorraum, $v \in V$ und $r \in \mathbb{R}$, dann ist $-(rv) = (-r)v = r(-v)$.*

Lösung: Zunächst ist $-(rv) = (-1)(rv) = ((-1)r)v = (-r)v$. Weiter ist $(-r)v = ((-1)r)v = (r(-1))v = r((-1)v) = r(-v)$.

4.17 Es ist V ein reeller Vektorraum; $v, w \in V$ und $r, s \in \mathbb{R}$. Kreuzen Sie die wahre(n) Aussage(n) an.

- ☐ $rv \in \mathbb{R}$
- ☐ $rv \in \mathbb{R}^n$
- ☐ $rv \in V$
- ☐ $rs + vw \in V$
- ☐ $rv + sw = sw + rv$
- ☐ Keine angegebene Aussage ist wahr

Lösung: | | | × | | × | | (spaltenweise)

4.18 Es ist V ein reeller Vektorraum; $v, w \in V$ und $r, s \in \mathbb{R}$. Kreuzen Sie die wahre(n) Aussage(n) an.

- ☐ $rv = sv$
- ☐ $rv + sw = o$
- ☐ $(r+s)v = rv + sv$
- ☐ $r(v+w) = rv + rw$
- ☐ $r + s = s + r$
- ☐ Keine angegebene Aussage ist wahr

Lösung: | | | × | × | × | | (spaltenweise)

4.19 Es ist V ein reeller Vektorraum; $v, w \in V$ und $r, s \in \mathbb{R}$. Kreuzen Sie die wahre(n) Aussage(n) an.

- ☐ $rv + (-rv) = 0$
- ☐ $1r = r$
- ☐ $1w = w$
- ☐ $v + o = v$
- ☐ $r + s = s + r$
- ☐ Keine angegebene Aussage ist wahr

Lösung: | | × | × | × | × | | (spaltenweise)

4.20 Es ist V ein reeller Vektorraum; $v, w \in V$ und $r, s \in \mathbb{R}$. Kreuzen Sie die wahre(n) Aussage(n) an.

- ☐ $rv + (-rv) = o$
- ☐ $-(rw) = (-r)w$
- ☐ $v + 0 = v$
- ☐ $r + o = r$
- ☐ $s + 0 = s$
- ☐ Keine angegebene Aussage ist wahr

Lösung: | × | × | | | × | | (spaltenweise)

4.21 Richtig oder falsch?

- ☐ Man kann je zwei Vektoren eines Vektorraums addieren.
- ☐ Man kann einen Vektor v durch einen Vektor $w \neq o$ dividieren.
- ☐ Jeder Vektorraum hat ein eindeutiges Nullelement.
- ☐ Jeder Vektorraum hat ein eindeutiges Einselement.
- ☐ $\mathbb{R}^n$ besteht aus allen n-Tupeln reeller Zahlen.
- ☐ $\mathbb{R}^n$ besteht aus n-Tupeln von Vektoren.
- ☐ Jeder Vektorraum hat endliche Dimension.

☐ Jeder Vektorraum hat endlich viele Basisvektoren.

Lösung: | r | | r | | r | | | |

4.22 Welche Objekte haben eine Dimension? Kreuzen Sie die wahre(n) Aussage(n) an.

☐ Ein Vektor,
☐ eine Linearkombination,
☐ eine Basis,
☐ ein Unterraum.

Lösung: | | | | × | (spaltenweise)

4.23 Welche Aussage ist keine Regel eines reellen Vektorraumes? Kreuzen das Richtige an.

☐ Für alle $v, w \in V$ gilt $v + w = w + v$.
☐ Für alle $u, v, w \in V$ gilt $(u + v) + w = u + (v + w)$.
☐ Für alle $u, v, w \in V$ gilt $(uv)w = u(vw)$.

Lösung: | | | × |

4.24 Welche Teilmenge $U \subset \mathbb{R}^3$ ist ein Unterraum von $\mathbb{R}^3$? Kreuzen Sie die wahre(n) Aussage(n) an.

☐ $U = \{(x_1, x_2, x_3) \mid x_3 = 0\}$.
☐ $U = \{(x_1, x_2, x_3) \mid x_1 = 0\}$.
☐ $U = \{(x_1, x_2, x_3) \mid x_1 \cdot x_3 = 0\}$.
☐ $U = \{(x_1, x_2, x_3) \mid x_1 \in \mathbb{N}\}$.
☐ $U = \{(x_1, x_2, x_3) \mid x_2 \in \mathbb{Z}\}$.
☐ $U = \{(x_1, x_2, x_3) \mid x_3 \in \mathbb{Q}\}$.

Lösung: | × | × | | | | | (spaltenweise)

4.25 Welche Teilmenge $U \subset \mathbb{R}^n$ ist ein Unterraum? Kreuzen Sie die wahre(n) Aussage(n) an.

☐ $U = \{x \in \mathbb{R}^n \mid x_1 = \cdots = x_n = 0\}$.
☐ $U = \{x \in \mathbb{R}^n \mid x_1^2 = x_2^2\}$.
☐ $U = \{x \in \mathbb{R}^n \mid x_1^2 = 1\}$.

Lösung: | × | | |

4.26 Wie viele Unterräume hat $\mathbb{R}^2$? Kreuzen Sie die wahre(n) Aussage(n) an.

☐ Zwei: $\{o_2\}$ und $\mathbb{R}^2$.
☐ Vier: $\{o_2\}$, $\mathbb{R}^2$ und die beiden Koordinatenachsen.
☐ Unendlich viele.

Lösung: | | | × |

4.27 Falls v_1, v_2 und v_3 linear unabhängige Vektoren in V sind, dann

☐ sind v_1 und v_2 linear abhängig,
☐ können v_1 und v_2 linear abhängig oder unabhängig sein,
☐ sind v_1 und v_2 stets linear unabhängig.

Lösung: | | | × |

4.28 Welche Aussage bedeutet die lineare Unabhängigkeit der Vektoren $v_1, v_2, \dots, v_n$ des Vektorraumes V:

☐ $c_1v_1 + c_2v_2 + \cdots + c_nv_n = o_V$, nur wenn $c_1 = c_2 = \cdots = c_n = 0$.
☐ Wenn $c_1 = c_2 = \cdots = c_n = 0$, dann $c_1v_1 + c_2v_2 + \cdots + c_nv_n = o_V$.
☐ $c_1v_1 + c_2v_2 + \cdots + c_nv_n = o_V$ für alle $c_i \in \mathbb{R}$, $i = 1, 2, \dots, n$.

Lösung: | × | | |

4.29 Es ist Rang(A) gleich

☐ Dim $N(A)$. ☐ Dim $S(A)$. ☐ Dim$(\mathbb{R}^m)$.

Lösung: | | × | |

4.30 Für $A \in \mathbb{R}^{m\times n}$ mit $m \leqslant n$ gilt stets

☐ Rang$(A) \leqslant m$ ☐ $m \leqslant$ Rang$(A) \leqslant n$ ☐ $n \leqslant$ Rang(A)

Lösung: | × | | |

4.31 Kreuzen Sie nur die wahre(n) Aussage(n) an. Gegeben ist das lineare Gleichungssystem $Ax = b$ mit $A \in \mathbb{R}^{m\times n}$ und $b \in \mathbb{R}^m$. Ferner gelte $b \in S(A)$. Dann folgt

☐ Das System $Ax = b$ ist eindeutig lösbar.
☐ Rang$(A) = m$.
☐ Das System $Ax = b$ ist lösbar.
☐ $N(A) = \{o_m\}$.
☐ Rang$(A) = n$.
☐ Das System $Ax = o_m$ hat nur die triviale Lösung.
☐ Die Spaltenvektoren von A sind linear unabhängig.

Lösung: | | | × | | | | |

4.32 Richtig oder falsch?

(a) Die Lösungsmenge eines linearen Systems $Ax = b$, $b \neq o$ bildet einen Vektorraum.
(b) Es ist $\text{Rang}(A) = \text{Rang}(A^T)$.

Lösung: (a) ist falsch. (b) ist richtig.

4.33 Welche Menge ist kein reeller Vektorraum?

(a) Die Menge der Vektoren $x \in \mathbb{R}^4$ mit $x_1 = 0$.
(b) Die Menge der regulären $(3,3)$-Matrizen mit der gewöhnlichen Matrizenaddition.
(c) Die Menge der Polynomfunktionen mit reellen Koeffizienten.
(d) Die Menge der $(2,2)$-Matrizen mit der gewöhnlichen Matrizenaddition.

Lösung: Die Menge in (b) ist kein reeller Vektorraum.

4.34 Es sind v_1, v_2, v_3 und v_4 Vektoren im $\mathbb{R}^3$. Dann gilt

(a) Die Vektoren v_1, v_2, v_3 und v_4 sind linear unabhängig.
(b) Die Vektoren v_1, v_2, v_3 und v_4 sind linear abhängig.
(c) Die Vektoren v_1, v_2, v_3 und v_4 sind linear unabhängig oder abhängig.
(d) Keine der obigen Antworten ist richtig.

Lösung: (b) ist richtig.

4.35 Ist der Rang der Matrix

$$\begin{bmatrix} 5 & 5 & 5 \\ 5 & 5 & 5 \\ 5 & 5 & 5 \end{bmatrix}$$

1 oder 3 oder 5?

Lösung: Die Matrix hat den Rang 1.

4.36 Es ist V ein reeller Vektorraum. Zeigen Sie, dass $-(-v) = v$ für alle $v \in V$ gilt, oder widerlegen Sie die Gleichheit durch ein Gegenbeispiel.

Lösung: Es gibt kein Gegenbeispiel. Die Gleichung $-(-v) = v$ ist richtig. Dies beweisen wir nun. Es ist $(-1) \odot v = -v$, damit gilt: $-(-v) = -((-1) \odot v) = (-1) \odot ((-1) \odot v) = ((-1) \cdot (-1)) \odot v = 1 \cdot \odot v = v$. Der Gegenvektor des Gegenvektors ist also gleich der Vektor selbst.

4.37 Beweisen Sie die folgende Aussage: *Ist V ein reeller Vektorraum. Für alle $a, b \in \mathbb{R}$ und alle $v \in V$ mit $v \neq o_V$ gilt $a \odot v = b \odot v$ genau dann, wenn $a = b$ ist.*

Lösung: Es ist $a \odot v = b \odot v$ genau dann, wenn $a \odot v - b \odot v = o_V$ ist. Es ist $a \odot v - b \odot v = o_V$ genau dann, wenn $(a - b) \odot v = o_V$ ist. Es ist $(a - b) \odot v = o_V$ genau dann, wenn $a - b = 0$ ist (Voraussetzung $v \neq o_V$). Es ist $a - b = 0$ genau dann, wenn $a = b$ ist.

4.38 Gegeben sind die Vektoren $v_1 = (0, 1/2)$ und $v_2 = (-1, 0)$ aus dem Vektorraum $\mathbb{R}^2$. Zeigen Sie, dass der Vektor $v = (2, 2)$ eine Linearkombination von v_1 und v_2 ist.

Lösung: Gesucht sind zwei reelle Zahlen r_1, r_2, sodass $v = r_1 v_1 + r_2 v_2$ gilt, also $(2, 2) = r_1(0, 1/2) + r_2(-1, 0)$ gilt. Ist $r_1 = 4$ und $r_2 = -2$, so gilt $(2, 2) = 4(0, 1/2) + (-2)(-1, 0)$. Also Ist $(2, 2)$ eine Linearkombination von $(0, 1/2)$, $(-1, 0)$. Wenn Sie wollen, können diese Aufgabe rein geometrisch lösen.

4.39 Wir betrachten die Gleichung $ax + by = 0$ in den Unbekannten x und y mit den reellen Parametern a, b. Für $b \neq 0$ ist $\{(x, -ax/b) \mid x \in \mathbb{R}\}$ die Lösungsmenge dieser Gleichung. Weisen Sie nach, dass die Menge dieser Paare einen Vektorraum bildet.

Lösung: Wir haben zu zeigen, dass $(x_1, y_1) + (x_2, y_2)$ und $c(x, y)$ jeweils eine Lösung ist, wenn (x, y), (x_1, y_1) und (x_2, y_2) Lösungen sind. Setzen wir $(x_1, y_1) + (x_2, y_2) = (x_1 + x_2, y_1 + y_2)$ in die linke Seite der Gleichung ein, so gilt: $a(x_1 + x_2) + b(y_1 + y_2) = ax_1 + ax_2 + by_1 + by_2 = ax_1 + by_1 + ax_2 + by_2 = 0 + 0 = 0$, also ist $(x_1, y_1) + (x_2, y_2)$ eine Lösung. Auch $c(x, y) = (cx, cy)$ ist eine Lösung, denn es ist: $a(cx) + b(cy) = acx + bcy = c(ax + by) = c0 = 0$.

4.40 Bestimmen Sie von der Matrix

$$A = \begin{bmatrix} 1 & 0 \\ 1 & 1 \\ 1 & 2 \end{bmatrix}$$

jeweils eine Basis der vier Fundamentalräume.

Lösung: Die Spalten der Matrix A sind linear unabhängig, also können wir die beiden Spalten als Basisvektoren für den Spaltenraum von A wählen. Es ist ein zweidimensionaler Unterraum im $\mathbb{R}^3$. Aber auch die beiden Vektoren $(1, 0, -1)$ und $(0, 1, 2)$ sind eine Basis. Der Nullraum von A besteht nur aus dem Nullvektor. Folglich ist der Zeilenraum der ganze $\mathbb{R}^2$. Eine Basis ist zum Beispiel $(1, 0)$ und $(0, 1)$. Der Nullraum von A^T ist eine Gerade im $\mathbb{R}^3$ und kann wie folgt parametrisiert werden: $t(1, -2, 1)$, $t \in \mathbb{R}$. Damit ist zum Beispiel $(1, -2, 1)$ eine Basis von $N(A^T)$.

4.41 Zeigen Sie, dass mehr als zwei Vektoren im Vektorraum $\mathbb{R}^2$ linear abhängig sind.

Lösung: Es sind $a = (a_1, a_2)$, $b = (b_1, b_2)$, $c = (c_1, c_2)$ drei beliebige Vektoren des $\mathbb{R}^2$. Ist $x_1 a + x_2 b + x_3 c = o_2$, so lautet diese Vektorgleichung ausgeschrieben

$$\begin{aligned} a_1 x_1 + b_1 x_2 + c_1 x_3 &= 0 \\ a_2 x_1 + b_2 x_2 + c_2 x_3 &= 0 \end{aligned}$$

Dies ist ein unterbestimmtes homogenes lineares Gleichungssystem mit drei Variablen x_1, x_2, x_3 und zwei Gleichungen. Ein solches System hat außer $(x_1, x_2, x_3) = (0, 0, 0)$ unendlich viele weitere nicht triviale Lösungen. Also sind die drei Vektoren a, b, c linear abhängig.

Hat man mehr als drei Vektoren etwa $a_1, \ldots, a_k$, so setzt man $a_1 = a$, $a_2 = b$, $a_3 = c$. Wie oben erhält man x_1, x_2, x_3 nicht alle gleich 0 mit $x_1 a + x_2 b + x_3 c = o_2$. Nun gilt auch $x_1 a_1 + x_2 a_2 + x_3 a_3 + 0a_4 + \cdots + 0a_k = o_2$, aber es sind nicht alle reellen Koeffizienten gleich 0, also sind $k > 3$ Vektoren $a_1, \ldots, a_k$ in $\mathbb{R}^2$ linear abhängig.

4.42 Beweisen Sie folgenden Satz: *Es ist V ein Vektorraum und $v_1, \ldots, v_r$ Vektoren aus V. Dann ist $\mathrm{Lin}(v_1, \ldots, v_r)$ der kleinste Unterraum von V, der die Vektoren $v_1, \ldots, v_r$ enthält, also der kleinste Unterraum von V mit $v_j \in \mathrm{Lin}(v_1, \ldots, v_r)$ für $j \in \{1, \ldots, r\}$.*

Lösung: Jeder Vektor v_j mit $j = 1 : r$ ist wegen $v_j = 0v_1 + \cdots + 1v_j + \cdots + 0v_r$ Linearkombination von $v_1, \ldots, v_r$ also in $\mathrm{Lin}(v_1, \ldots, v_r)$ enthalten. Es sei U ein Unterraum von V, der die Vektoren $v_1, \ldots, v_r$ enthält, also $v_j \in U$ für $j \in \{1, \ldots, r\}$. Da U unter den beiden Rechenoperationen in V abgeschlossen ist, liegen alle Linearkombinationen von $v_1, \ldots, v_r$, also alle Elemente von $\mathrm{Lin}(v_1, \ldots, v_r)$ bereits in U. Dies zeigt $\mathrm{Lin}(v_1, \ldots, v_r) \subseteq U$, womit $\mathrm{Lin}(v_1, \ldots, v_r)$ der kleinste Unterraum mit $v_j \in \mathrm{Lin}(v_1, \ldots, v_r)$ für $j \in \{1, \ldots, r\}$ ist.

4.43 Welche der folgenden Mengen von Vektoren $x = (x_1, \ldots, x_n) \in \mathbb{R}^n$, $n \geqslant 2$, bildet einen Unterraum von $\mathbb{R}^n$?

☐ Alle x mit $x_1 > 0$.
☐ Alle x mit $x_1 + x_2 = 0$.
☐ Alle x mit $x_1 + x_2 + 1 = 0$.
☐ Alle x mit $x_1 = 0$.
☐ Alle x mit $x_1 \in \mathbb{Z}$.

Lösung:

	×		×	

4.44 Welche der folgenden Mengen M sind Untervektorräume von $\mathbb{R}^3$? Kreuzen Sie die wahre(n) Aussage(n) an.

☐ $M = \{(x, y, 0) \mid x, y \in \mathbb{R}\}$.
☐ $M = \{(x, y) \mid x, y \in \mathbb{R}\}$.
☐ $M = \{(0, 0, 0)\}$.
☐ $M = \{(1, 1, 1)\}$.
☐ $M = \{(1, 0, 0), (0, 1, 0), (0, 0, 1)\}$.
☐ Kein angegebenes M ist Unterraum von $\mathbb{R}^3$.

Lösung:

×		×			

4.45 Kreuzen Sie nur die wahre(n) Aussage(n) an. Gegeben ist das lineare Gleichungssystem $Ax = b$ mit $A \in \mathbb{R}^{m \times n}$ und $b \in \mathbb{R}^m$. Ferner gelte $b \in S(A)$. Dann folgt

☐ Das System $Ax = b$ ist eindeutig lösbar.
☐ Das System $Ax = b$ ist lösbar.

☐ $N(A) = \{o\}$.
☐ Das System $Ax = o$ hat nur die triviale Lösung.
☐ Die Spaltenvektoren von A sind linear unabhängig.
☐ Keine angegebene Aussage ist wahr.

Lösung:

	×				

(zeilenweise)

4.46 Kreuzen Sie die wahre(n) Aussage(n) an. Gegeben ist die Matrix $A \in \mathbb{R}^{m\times n}$. Dann gilt:

☐ $S(A) \subseteq \mathbb{R}^m$	☐ $Z(A) \subseteq \mathbb{R}^m$	☐ $Z(A) = S(A^T)$
☐ $S(A) \subseteq \mathbb{R}^n$	☐ $Z(A) \subseteq \mathbb{R}^n$	☐ $S(A) = Z(A^T)$
☐ $N(A) \subseteq \mathbb{R}^m$	☐ $N(A^T) \subseteq \mathbb{R}^m$	☐ $N(A) = N(A^T)$
☐ $N(A) \subseteq \mathbb{R}^n$	☐ $N(A^T) \subseteq \mathbb{R}^n$	☐ $Z(A) = S(A)$

Lösung:

×		×
	×	×
	×	
×		

4.47 Es ist Abb$(M, \mathbb{R})$ die Menge aller reellwertigen Funktionen (Abbbildungen) von M nach $\mathbb{R}$, wobei M eine beliebige, nicht leere Menge ist (Zum Beispiel $M = \mathbb{R}$ oder $M = [0, 1]$ oder $M = \mathbb{N}$). Für $f, g \in$ Abb$(M, \mathbb{R})$ und $r \in \mathbb{R}$ sind $f \oplus g$ und $r \odot f$ die Funktionen in Abb$(M, \mathbb{R})$ mit $(f \oplus g)(x) = f(x) + g(x)$ und $(r \odot f)(x) = r \cdot f(x)$ für alle $x \in M$. Zeigen Sie, dass (Abb$(M, \mathbb{R}), \oplus, \odot, \mathbb{R})$ ein reeller Vektorraum ist.

Lösung: Weil M nicht leer ist, ist auch Abb$(M, \mathbb{R})$ nicht leer. Jetzt zeigen wir, dass alle acht Vektorraumaxiome erfüllt sind.

1. Es ist $f, g \in$ Abb$(M, \mathbb{R})$. Dann gilt:
$$(f \oplus g)(x) = f(x) + g(x) = g(x) + f(x) = (g \oplus f)(x)$$
für alle $x \in M$. Folglich ist $f \oplus g = g \oplus f$. (Beachten Sie, dass $f(x)+g(x) = g(x)+f(x)$ gilt, weil $f(x)$ und $g(x)$ reelle Zahlen sind, auf denen die Addition kommutativ ist).
2. Es ist $f, g, h \in$ Abb$(M, \mathbb{R})$. Dann gilt:
$$\begin{aligned}(f \oplus (g \oplus h))(x) &= f(x) + (g \oplus h)(x) = f(x) + (g(x) + h(x))\\ &= (f(x) + g(x)) + h(x) = (f \oplus g)(x) + h(x) = ((f \oplus g) \oplus h)(x\end{aligned}$$
für alle $x \in M$. Folglich ist $f \oplus (g \oplus h) = (f \oplus g) \oplus h$.
3. Es ist o die Nullfunktion, das heißt die Funktion $o : M \to \mathbb{R}$ mit $o(x) = 0$. Dann gilt:
$$(f \oplus o)(x) = f(x) + o(x) = f(x) + 0 = f(x)$$
für alle $x \in M$. Folglich ist $f \oplus o = f$. (Die Nullfunktion o ist der Nullvektor).

4. Für jede Funktion $f \in \text{Abb}(M, \mathbb{R})$ ist $-f$ die Funktion $-f : M \to \mathbb{R}$ mit $(-f)(x) = -f(x)$. Dann gilt:

$$(f \oplus (-f))(x) = f(x) + (-f)(x) = f(x) + (-f)(x) = f(x) - f(x) = 0 = o(x)$$

für alle $x \in M$. Folglich ist $f \oplus (-f) = o$. (Die Funktion $-f$ ist der Gegenvektor des Vektors f).
5. Es sind $f, g \in \text{Abb}(M, \mathbb{R})$ und $r \in \mathbb{R}$. Dann gilt:

$$\begin{aligned}(r \odot (f \oplus g))(x) &= r \cdot ((f \oplus g)(x)) = r \cdot (f(x) + g(x)) = r \cdot f(x) + r \cdot g(x) \\ &= (r \odot f)(x) + (r \odot g)(x) = ((r \odot f) \oplus (r \odot g))(x)\end{aligned}$$

für alle $x \in M$. Folglich ist $r \odot (f \oplus g) = (r \odot f) \oplus (r \odot g)$. (Beachten Sie, dass $r \cdot (f(x) + g(x)) = r \cdot f(x) + r \cdot g(x)$ aus der Tatsache folgt, dass r, $f(x)$ und $g(x)$ reelle Zahlen sind, wo diese Distributivregel gilt).
6. Es ist $f \in \text{Abb}(M, \mathbb{R})$ und $r, s \in \mathbb{R}$. Dann gilt:

$$\begin{aligned}((r + s) \odot f)(x) &= (r + s) \cdot f(x) = r \cdot f(x) + s \cdot f(x) = (r \odot f)(x) + (s \odot f)(x) \\ &= ((r \odot f) \oplus (s \odot f))(x)\end{aligned}$$

für alle $x \in M$. Folglich ist $(r + s) \odot f = (r \odot f) \oplus (s \odot f)$.
7. Es ist $f \in \text{Abb}(M, \mathbb{R})$ und $r, s \in \mathbb{R}$. Dann gilt:

$$(r \odot (s \odot f))(x) = r \cdot (s \odot f)(x) = r \cdot (s \cdot f(x)) = (r \cdot s) \cdot f(x) = ((r \cdot s) \odot f)(x)$$

für alle $x \in M$. Folglich ist $r \odot (s \odot f) = (r \cdot s) \odot f$.
8. Es ist $f \in \text{Abb}(M, \mathbb{R})$ und $1 \in \mathbb{R}$. Dann gilt:

$$(1 \odot f)(x) = 1 \cdot f(x) = f(x)$$

für alle $x \in M$. Folglich ist $1 \odot f = f$ für alle $f \in \text{Abb}(M, \mathbb{R})$.

Da alle acht Vektorraumaxiome erfüllt sind, ist $(\text{Abb}(M, \mathbb{R}), \oplus, \odot, \mathbb{R})$ ein reeller Vektorraum.

4.48 Gegeben ist der Vektorraum $\text{Abb}(M, \mathbb{R})$, wobei M eine beliebige nicht leere Menge ist. Schreiben Sie auf, wie der Nullvektor in $\text{Abb}(M, \mathbb{R})$ aussieht.

Lösung: Der Nullvektor in $\text{Abb}(M, \mathbb{R})$ ist die Abbildung $o : M \to \mathbb{R}$ mit $o(x) = 0$.

4.49 Beweisen Sie die Kommutativregel im reellen Vektorraum $(\mathbb{R}^n, \oplus, \odot, \mathbb{R})$ für $n \in \mathbb{N}$.

Lösung: Ist u, v aus $\mathbb{R}^n$ und $n \in \mathbb{N}$, dann gilt:

$$\begin{aligned}u \oplus v &= (u_1, \ldots, u_n) \oplus (v_1, \ldots, v_n) \\ &= (u_1 + v_1, \ldots, u_n + v_n) = (v_1 + u_1, \ldots, v_n + u_n) \\ &= (v_1, \ldots, v_n) \oplus (u_1, \ldots, u_n) = v \oplus u.\end{aligned}$$

Damit ist die Kommutativregel oder Vertauschungsregel im Vektorraum $(\mathbb{R}^n, \oplus, \odot, \mathbb{R})$ bewiesen.

4.50 Wie nennt man den Nullvektor in einem Vektorraum auch noch?

Lösung: Er heißt auch Nullelement oder neutrales Element der Vektoraddition.

4.51 Das neutrale Element der Vektoraddition ist der Nullvektor. Gibt es in einem Vektorraum auch ein neutrales Element der Skalarmultiplikation?

Lösung: Ja, die reelle Zahl 1. Denn es ist $1 \odot v = v$ für alle Elemente v des zugrunde liegenden Vektorraumes.

4.52 Geben Sie den Nullvektor im Vektorraum $(\mathbb{R}^{3\times 2}, +, \cdot, \mathbb{R})$ an.

Lösung: Der Nullvektor ist die Matrix

$$\begin{bmatrix} 0 & 0 \\ 0 & 0 \\ 0 & 0 \end{bmatrix}$$

Es ist die Nullmatrix in $\mathbb{R}^{3\times 2}$.

4.53 In der Menge $\mathbb{R}^2$ ist die Addition $\oplus$ wie gewohnt durch

$$(v_1, v_2) \oplus (w_1, w_2) = (v_1 + w_1, v_2 + w_2)$$

für $(v_1, v_2) \in \mathbb{R}^2$ und $(w_1, w_2) \in \mathbb{R}^2$ definiert, aber die Skalarmultiplikation $\odot$ durch

$$r \odot (v_1, v_2) = (r^2 \cdot v_1, r^2 \cdot v_2)$$

mit $r \in \mathbb{R}$. Untersuchen Sie, ob $(\mathbb{R}^2, \oplus, \odot, \mathbb{R})$ ein Vektorraum ist.

Lösung: Nein, $(\mathbb{R}^2, \oplus, \odot, \mathbb{R})$ ist kein Vektorraum. Ist zum Beispiel $r = 1$, $s = 2$ und $(v_1, v_2) = (3, 4)$, so ist einerseites $(r + s) \odot (v_1, v_2) = (1 + 2) \odot (3, 4) = 3 \odot (3, 4) = (3^2 \cdot 3, 3^2 \cdot 4) = (27, 36)$. Andererseits gilt aber: $r \odot (v_1, v_2) \oplus s \odot (v_1, v_2) = 1 \odot (3, 4) \oplus 2 \odot (3, 4) = (1^2 \cdot 3, 1^2 \cdot 4) \oplus (2^2 \cdot 3, 2^2 \cdot 4) = (3, 4) \oplus (12, 16) = (3 + 12, 4 + 16) = (15, 20)$. Also ist eine Distributivregel nicht erfüllt.

4.54 In der Menge $\mathbb{R}^2$ ist die Addition $\oplus$ wie folgt definiert

$$(v_1, v_2) \oplus (w_1, w_2) = (v_1, v_2)$$

für $(v_1, v_2) \in \mathbb{R}^2$ und $(w_1, w_2) \in \mathbb{R}^2$ und die Skalarmultiplikation $\odot$ wie gewohnt durch

$$r \odot (v_1, v_2) = (r \cdot v_1, r \cdot v_2)$$

mit $r \in \mathbb{R}$. Untersuchen Sie, ob $(\mathbb{R}^2, \oplus, \odot, \mathbb{R})$ ein Vektorraum ist.

Lösung: Nein, $(\mathbb{R}^2, \oplus, \odot, \mathbb{R})$ ist kein Vektorraum. Ist zum Beispiel $(v_1, v_2) = (1, 2)$ und $(w_1, w_2) = (3, 4)$, so ist einerseits $(1, 2) \oplus (3, 4) = (1, 2)$ und andererseits ist $(3, 4) \oplus (1, 2) = (3, 4)$. Also ist die Kommutativregel nicht erfüllt.

4.55 In der Menge $\mathbb{R}^2$ ist die Addition $\oplus$ wie gewohnt durch

$$(v_1, v_2) \oplus (w_1, w_2) = (v_1 + w_1, v_2 + w_2)$$

für $(v_1, v_2) \in \mathbb{R}^2$ und $(w_1, w_2) \in \mathbb{R}^2$ definiert, aber die Skalarmultiplikation $\odot$ durch

$$r \odot (v_1, v_2) = (0, 0)$$

mit $r \in \mathbb{R}$. Von den acht Vektorraumaxiomen ist genau eines verletzt. Welches?

Lösung: Verletzt ist das Vektorraumaxiom $1 \odot v = v$. Ist zum Beispiel $(v_1, v_2) = (1, 2)$, so ist $r \odot (v_1, v_2) = r \odot (1, 2) = (0, 0) \neq (1, 2) = (v_1, v_2)$. Somit ist $(\mathbb{R}^2, \oplus, \odot, \mathbb{R})$ kein Vektorraum.

4.56 Gegeben ist die Menge $\mathbb{R}^3$ und darauf die beiden Verknüpfungen

$$\oplus : \begin{cases} \mathbb{R}^3 \times \mathbb{R}^3 & \rightarrow & \mathbb{R}^3 \\ ((x, y, z), (x', y', z')) & \mapsto & (x, y, z) \oplus (x', y', z') = (x + x', y + y', z + z') \end{cases}$$

und

$$\odot : \begin{cases} \mathbb{R} \times \mathbb{R}^3 & \rightarrow & \mathbb{R}^3 \\ (r, (x, y, z)) & \mapsto & r \odot (x, y, z) = (x, 1, z) \end{cases}$$

Begründen Sie, warum das Quadrupel $(\mathbb{R}^3, \oplus, \odot, \mathbb{R})$ kein reeller Vektorraum ist.

Lösung: Das Quadrupel $(\mathbb{R}^3, \oplus, \odot, \mathbb{R})$ ist kein reeller Vektorraum, weil zum Beispiel die Vektorraumregel $c \odot (u \oplus v) = (c \odot u) \oplus (c \odot v)$ für alle $u, v \in \mathbb{R}^3$ und $c \in \mathbb{R}$ nicht erfüllt ist. Denn ist zum Beispiel $c = 2$, $u = (1, 2, 3)$, $v = (-1, -2, -3)$, so ist einerseits $c \odot (u \oplus v) = 2 \odot ((1, 2, 3) \oplus (-1, -2, -3)) = 2 \odot (0, 0, 0) = (0, 1, 0)$ und $(c \odot u) \oplus (c \odot v) = (2 \odot (1, 2, 3)) \oplus (2 \odot (-1, -2, -3)) = (1, 1, 3) \oplus (-1, 1, -3) = (0, 2, 0)$. andererseits

4.57 Geben Sie im Vektorraum $(\mathbb{R}^{2\times 3}, +, \cdot, \mathbb{R})$ den Gegenvektor zum Vektor

$$\begin{bmatrix} 1 & 0 & 2 \\ 0 & 1 & -1 \end{bmatrix}$$

an.

Lösung: Der Gegenvektor ist

$$\begin{bmatrix} -1 & 0 & -2 \\ 0 & -1 & 1 \end{bmatrix}$$

denn die Summe ergibt den Nullvektor. Das ist die Nullmatrix in $\mathbb{R}^{2\times 3}$.

4.58 Es ist M die Menge $M = \{(x, y, z) \in \mathbb{R}^3 \mid z = x + y\}$. M ist eine Teilmenge des Vektorraumes $V = \mathbb{R}^3$. Ist M auch ein Unterraum von $V = \mathbb{R}^3$?

Lösung: Nach dem Unterraumkriterium müssen wir prüfen, ob $u + v$ und rv in M liegt, wenn u und v aus M sind und r aus $\mathbb{R}$ ist. Hierzu ist $u = (u_1, u_2, u_1 + u_2) \in M$ und $v = (v_1, v_2, v_1 + v_2) \in M$, dann gilt $u + v = (u_1 + v_1, u_2 + v_2, (u_1 + u_2) + (v_1 + v_2)) = (u_1 + v_1, u_2 + v_2, (u_1 + v_1) + (u_2 + v_2))$, was zeigt, dass der Summenvektor $u + v$ in M liegt. Auch rv ist in M, denn $rv = r(v_1, v_2, (v_1 + v_2)) = (rv_1, rv_2, r(v_1 + v_2)) = (rv_1, rv_2, rv_1 + rv_2)$. Damit ist gezeigt, dass M ein Unterraum von $V = \mathbb{R}^3$ ist. Die Menge M ist geometrisch interpretiert die Ebene im Raum $\mathbb{R}^3$ mit der Koordinatengleichung $x + y - z = 0$.

4.59 Ist $I \subseteq \mathbb{R}$ ein Intervall und $V = \text{Abb}(I, \mathbb{R})$ der Vektorraum aller auf I definierten reellwertigen Funktionen. Von den vielen möglichen Untervektorräumen von V sind nur einige aufgeführt:

- $U_1 = \{f \in V \mid f \text{ ist beschränkt}\} \subset V$
- $U_2 = \{f \in V \mid f \text{ ist stetig}\} \subset V$
- $U_3 = \{f \in V \mid f \text{ ist integrierbar}\} \subset V$
- $U_4 = \{f \in V \mid f \text{ ist differenzierbar}\} \subset V$

Dass die beiden Bedingungen des Untervektorraumkriteriums erfüllt sind, lernt man im Analysisteil der mathematischen Ausbildung. Machen Sie sich das im Detail klar.

4.60 Ist die Menge $T = \{(x, y) \in \mathbb{R}^2 \mid y = x\}$ ein Unterraum von $\mathbb{R}^2$? Begründen Sie!

Lösung: Ja! Die Menge ist nicht leer, denn zum Beispiel ist $(0, 0)$ in T. Ist außerdem $(x_1, y_1) \in T$ und $(x_2, y_2) \in T$, dann ist $(x_1, y_1) + (x_2, y_2) = (x_1 + x_2, y_1 + y_2)$ auch in T. Ist $c \in \mathbb{R}$, so ist $c(x_1, y_1) = (cx_1, cy_1)$ auch in T. Damit ist T abgeschlossen gegenüber der Addition und skalaren Multiplikation und somit ein Unterraum von $\mathbb{R}^2$.

4.61 Ist die Menge $T = \{(x, y) \in \mathbb{R}^2 \mid y = x + 1\}$ ein Unterraum von $\mathbb{R}^2$? Begründen Sie!

Lösung: Nein, weil zum Beispiel der Nullvektor $(0, 0)$ nicht zu T gehört.

4.62 Ist die Menge $U = \{(x_1, x_2) \in \mathbb{R}^2 \mid x_1 \cdot x_2 \geqslant 0\}$ ein Unterraum von $\mathbb{R}^2$? Begründen Sie!

Lösung: Die Vektoren $(1, 2)$ und $(-2, -1)$ gehören beide zu U, aber der Summenvektor $(1, 2) + (-2, -1) = (-1, 1)$ gehört nicht zu U. Also ist U kein Unterraum.

4.63 Beweisen oder widerlegen Sie folgende Aussage: *Die Menge aller nichtnegativer reeller Zahlen ist ein Unterraum der reellen Zahlen* oder kurz: $\mathbb{R}_{\geqslant 0}$ *ist ein Unterraum von* $\mathbb{R}$.

Lösung: Zum Beispiel ist $2 \in \mathbb{R}_{\geqslant 0}$, aber $(-1)2 = -2 \notin \mathbb{R}_{\geqslant 0}$, also ist $\mathbb{R}_{\geqslant 0}$ kein Unterraum von $\mathbb{R}$.

4.64 Begründen Sie: *Ist U ein Untervektorraum von $\mathbb{R}$, so ist entweder $U = \{0\}$ oder $U = \mathbb{R}$.*

Lösung: Da U ein Unterraum ist, ist $0 \in U$. Hat U nur dieses Element, so ist $U = \{0\}$. Hat U noch ein weiteres Element $u \neq 0$, so muss auch ru für jede reelle Zahl r in U sein, also ist $U = \mathbb{R}$.

Die einzigen Untervektorräume von $\mathbb{R}$ sind also die beiden trivialen Unterräume $\{0\}$ und $\mathbb{R}$.

4.65 Entscheiden Sie, ob die folgenden Teilmengen Unterräume von $V = \mathbb{R}^{2\times 2}$ sind.

(a) Die Menge der Diagonalmatrizen aus $\mathbb{R}^{2\times 2}$.
(b) Die Menge der Matrizen $A \in \mathbb{R}^{2\times 2}$ mit $a_{12} = 1$.
(c) Die Menge der Matrizen $B \in \mathbb{R}^{2\times 2}$ mit $b_{11} = 0$.
(d) Die Menge der symmetrischen Matrizen aus $\mathbb{R}^{2\times 2}$.
(e) Die Menge der singulären Matrizen aus $\mathbb{R}^{2\times 2}$.

Lösung: (b) und (e) sind keine Unterräume von $\mathbb{R}^{2\times 2}$.

4.66 Die Menge der affin-lineare Funktionen von $\mathbb{R}$ nach $\mathbb{R}$ bilden einen reellen Vektorraum bezüglich der gewöhnlichen Addition und Multiplikation mit einer reellen Zahl. Begründen Sie dies.

Lösung: Es ist $\{f : \mathbb{R} \to \mathbb{R} \mid f(x) = ax + b \text{ und } a, b \in \mathbb{R}\}$ die Menge der affin-linearen Funktionen von $\mathbb{R}$ nach $\mathbb{R}$. Sie ist eine Teilmenge von $\mathrm{Abb}(\mathbb{R}, \mathbb{R})$. Also können wir das Untervektorraumkriterium verwenden, um zu begründen, dass die affin-linearen Funktionen einen Vektorraum bilden. Sind f, g affin-linear, dann ist auch $f + g$ affin-linear, denn mit $f : \mathbb{R} \to \mathbb{R}$, $f(x) = a_1x + b_1$ und $g : \mathbb{R} \to \mathbb{R}$, $g(x) = a_2x + b_2$ ist $f + g : \mathbb{R} \to \mathbb{R}$, $(f + g)(x) = (a_1 + a_2)x + (b_1 + b_2)$. Hierbei sind $a_1, a_2, b_1, b_2 \in \mathbb{R}$. Ist h affin-linear, dann ist auch rh mit $r \in \mathbb{R}$ affin-linear, denn mit $h : \mathbb{R} \to \mathbb{R}$, $h(x) = cx + d$ ist $(rh)(x) = (rc)x + (rd)$. Hierbei sind $c, d \in \mathbb{R}$.

4.67 Zeigen Sie: *Ist $(V, \oplus, \odot, \mathbb{R})$ ein Vektorraum, dann ist V nicht leer.*

Lösung: Jeder Vektorraum besitzt einen Nullvektor, also ist V nicht leer.

4.68 Wir betrachten den Vektorraum $(\mathbb{R}_{\leqslant 3}[x], +, \cdot, \mathbb{R})$, das heißt den Vektorraum der reellen Polynomfunktionen vom Grad kleiner oder gleich drei. Gegeben ist der Vektor $p : \mathbb{R} \to \mathbb{R}$ mit $p(x) = -3x^3 + 2x^2 - 1$. Wie lautet sein Gegenvektor $-p$?

Lösung: Der Gegenvektor lautet: $-p : \mathbb{R} \to \mathbb{R}$ mit $-p(x) = 3x^3 - 2x^2 + 1$, denn es gilt: $p(x) + (-p(x)) = (-3x^3 + 2x^2 - 1) + (3x^3 - 2x^2 + 1) = (-3 + 3)x^3 + (2 - 2)x^2 + (-1 + 1) = 0x^3 + 0x^2 + 0 = 0x^3 + 0x^2 + 0x + 0 = o(x)$. Hierbei ist $o : \mathbb{R} \to \mathbb{R}$ mit $o(x) = 0x^3 + 0x^2 + 0x + 0$ der Nullvektor (Nullpolynom).

4.69 Es sind $a_1, \ldots, a_n$ die Spaltenvektoren der Matrix A und diese Bilden eine Basis von $\mathbb{R}^n$. Kreuzen Sie die wahre(n) Aussage(n) an.

☐ $Ax = b$ ist lösbar.
☐ $Ax = b$ ist unlösbar.
☐ $Ax = b$ ist universell lösbar.
☐ $Ax = b$ ist nicht universell lösbar.
☐ $Ax = b$ ist manchmal lösbar, manchmal nicht.
☐ Es hängt von b ab, ob $Ax = b$ lösbar ist oder nicht.
☐ Keine angegebene Antwort ist richtig.

Lösung:

×		×				

4.70 Gegeben sind v, $w \in \mathbb{R}^n$. Erklären Sie den Unterschied zwischen den Mengen $M = \{v, w\}$ und $N = \text{Lin}(v, w)$.

Lösung: Ist v, $w \in \mathbb{R}^n$, so besteht die Menge M exakt aus den beiden Vektoren v und w. Die Menge N enthält unendlich viele Vektoren, nämlich alle möglichen Linearkombinationen von v und w. Im Spezialfall $v = w = o_n$ ist $M = N = \{o_n\}$.

4.71 Gegeben ist der Vektor $(2, 0)$ aus $\mathbb{R}^2$. Bestimmen Sie den Unterraum $\text{Lin}(2, 0)$. Welchem geometrischen Objekt entspricht dieser Unterraum?

Lösung: Es ist

$$\text{Lin}(2, 0) = \{v \in \mathbb{R}^2 \mid v = t(1, 0),\ t \in \mathbb{R}\}.$$

Die Menge entspricht einer Geraden, es handelt sich um die Abszisse in einem kartesischen Koordinatensystem.

4.72 Gegeben ist der Vektor $(0, 1)$ aus $\mathbb{R}^2$. Bestimmen Sie den Unterraum $\text{Lin}(0, 1)$. Welchem geometrischen Objekt entspricht dieser Unterraum?

Lösung: Es ist

$$\text{Lin}(0, 1) = \{v \in \mathbb{R}^2 \mid v = t(0, 1),\ t \in \mathbb{R}\}.$$

Die Menge entspricht einer Geraden, es handelt sich um die Ordinate in einem kartesischen Koordinatensystem.

4.73 Gegeben sind die Vektoren $(0, 1)$ und $(0, 2)$ aus $\mathbb{R}^2$. Bestimmen Sie den Unterraum $\text{Lin}((0, 1), (0, 2))$. Welchem geometrischen Objekt entspricht dieser Unterraum?

Lösung: Es ist

$$\begin{aligned}\text{Lin}((0, 1), (0, 2)) &= \{v \in \mathbb{R}^2 \mid v = t_1(0, 1) + t_2(0, 2), t_1, t_2 \in \mathbb{R}\} \\ &= \{v \in \mathbb{R}^2 \mid v = (0, s), s \in \mathbb{R}\}.\end{aligned}$$

Die Menge entspricht einer Geraden, es handelt sich um die Ordinate in einem kartesischen Koordinatensystem.

4.74 Gegeben sind $(0, 2, 7)$ und $(0, 0, 3)$ aus $\mathbb{R}^3$. Welchem geometrischen Objekt entspricht $\text{Lin}((0, 2, 7), (0, 0, 3))$?

Lösung: Es handelt sich um die y, z-Ebene (x_2, x_3-Ebene) in $\mathbb{R}^3$.

4.75 Schreiben Sie alle natürlichen Basisvektoren von $\mathbb{R}^4$ auf.

Lösung: Es ist $e_1 = (1, 0, 0, 0)$, $e_2 = (0, 1, 0, 0)$, $e_3 = (0, 0, 1, 0)$ und $e_4 = (0, 0, 0, 1)$.

4.76 Kreuzen Sie die wahre(n) Aussage(n) an.

- ☐ Der Vektor $(1, 2)$ ist im Vektorraum $\mathbb{R}^2$ linear unabhängig.
- ☐ Die Vektoren $(1, 2)$ und $(2, 4)$ sind im Vektorraum $\mathbb{R}^2$ linear unabhängig.
- ☐ Die Vektoren $(1, 2)$, $(2, 4)$ und $(4, 8)$ sind im Vektorraum $\mathbb{R}^2$ linear unabhängig.
- ☐ Die Vektoren $(1, 1, 1)$ und $(1, 1, 0)$ sind im Vektorraum $\mathbb{R}^3$ linear unabhängig.
- ☐ Keine Aussage ist richtig.

Lösung:

×			×	

4.77 Beschreiben Sie mengentheoretisch die Lösungsmenge $L(A, b)$ des linearen Gleichungssystems $Ax = b$ mit $A \in \mathbb{R}^{m \times n}$ und $b \in \mathbb{R}^m$. Ist $L(A, b)$ ein Vektorraum?

Lösung: Die Lösungsmenge von $Ax = b$ ist die Menge aller Lösungen von $Ax = b$, also $L(A, b) = \{x \in \mathbb{R}^n \mid Ax = b\}$. Es ist also $L(A, b) \subseteq \mathbb{R}^n$. $L(A, b)$ ist im Allgemeinen kein Vektorraum.

4.78 Geben Sie das neutrale Element der Addition im Vektorraum $(\mathbb{R}^5, +, \cdot, \mathbb{R})$ an.

Lösung: Das neutrale Element der Addition ist der Nullvektor. Das ist der Vektor $o = (0, 0, 0, 0, 0) \in \mathbb{R}^5$.

4.79 Gegeben sind die Vektoren $(0, 1/2)$ und $(0, 0)$. Zeigen Sie, dass der Vektor $(0, 1)$ eine Linearkombination von $(0, 1/2)$ und $(0, 0)$ ist.

Lösung: Es ist $(0, 1) = 2(0, 1/2) + 1(0, 0)$ oder $(0, 1) = 2(0, 1/2) + \pi(0, 0)$.

4.80 Gegeben sind die Vektoren $(0, 1/2)$ und $(0, 2)$. Zeigen Sie, dass der Nullvektor $(0, 0)$ eine Linearkombination von $(0, 1/2)$ und $(0, 2)$ ist.

Lösung: Es ist $(0, 0) = 0(0, 1/2) + 0(0, 2)$ oder $(0, 1) = 2(0, 1/2) + (-1)(0, 2)$.

4.81 Gegeben sind die Vektoren $(1, 1)$ und $(2, -1)$. Zeigen Sie, dass der Nullvektor $(0, 3)$ eine Linearkombination von $(1, 1)$ und $(2, -1)$ ist.

Lösung: Es ist $(0, 3) = 2(1, 1) + (-1)(2, -1)$. Machen Sie sich eine Zeichnung!

4.82 Stellen Sie den Vektor $(2,5,5)$ als Linearkombination der Vektoren $(1,2,3)$, $(-1,0,1)$, $(1,1,0)$ dar.

Lösung: Damit dies möglich ist, müssen wir (x_1, x_2, x_3) so finden können, dass

$$x_1(1,2,3) + x_2(-1,0,1) + x_3(1,1,0) = (2,5,5)$$

gilt. Dies ist genau dann der Fall, wenn das lineare Gleichungssystem

$$\begin{aligned} x_1 - x_2 + x_3 &= 2 \\ 2x_1 + x_3 &= 5 \\ 3x_1 + x_2 &= 5 \end{aligned}$$

lösbar ist. Die eindeutige Lösung des linearen Gleichungssystems ist $(x_1, x_2, x_3) = (1,2,3)$. Also gilt

$$1(1,2,3) + 2(-1,0,1) + 3(1,1,0) = (2,5,5)$$

und wir haben eine gesuchte Linearkombination. Eine andere Linearkombination ist nicht möglich. Da das lineare Gleichungssystem eindeutig lösbar ist, gibt es genau eine Linearkombination.

4.83 Wir betrachten den Vektorraum $(\mathbb{R}^{2\times 2}, +, \cdot, \mathbb{R})$. Zeigen Sie, dass die Vektoren

$$\begin{bmatrix} 1 & 0 \\ 0 & 1 \end{bmatrix}, \quad \begin{bmatrix} 0 & 1 \\ 1 & 0 \end{bmatrix}, \quad \begin{bmatrix} 0 & 1 \\ -1 & 0 \end{bmatrix}$$

linear unabhängig sind.

Lösung: Es ist die Gleichung (Matrizengleichung)

$$x_1 \begin{bmatrix} 1 & 0 \\ 0 & 1 \end{bmatrix} + x_2 \begin{bmatrix} 0 & 1 \\ 1 & 0 \end{bmatrix} + x_3 \begin{bmatrix} 0 & 1 \\ -1 & 0 \end{bmatrix} = \begin{bmatrix} 0 & 0 \\ 0 & 0 \end{bmatrix}$$

nur dann erfüllbar oder das lineare Gleichungssystem

$$\begin{aligned} x_1 &= 0 \\ x_2 + x_3 &= 0 \\ x_2 - x_3 &= 0 \end{aligned}$$

nur dann lösbar, wenn $x_1 = 0$, $x_2 = 0$ und $x_3 = 0$ ist. Die normierte Zeilenstufenform der Koeffizientenmatrix des linearen Gleichungssystems ist die Einheitsmatrix E_3. Eine Bestätigung in MATLAB:

```
>> rref([1 0 0; 0 1 1; 0 1 -1])
ans =
     1     0     0
     0     1     0
     0     0     1
```

Da es nur die triviale Lösung gibt, sind die Vektoren linear unabhängig.

4.84 Es ist die Matrix $A \in \mathbb{R}^{2\times 2}$ gegeben. Wir betrachten den Vektorraum $\mathbb{R}^{2\times 2}$. Entscheiden Sie, ob die folgenden Teilmengen Unterräume von $\mathbb{R}^{2\times 2}$ sind: $U_1 = \{B \in \mathbb{R}^{2\times 2} \mid AB = BA\}$, $U_2 = \{B \in \mathbb{R}^{2\times 2} \mid AB \neq BA\}$ und $U_3 = \{B \in \mathbb{R}^{2\times 2} \mid BA = O\}$.

Lösung: Die Teilmenge U_1 ist ein Unterraum von $\mathbb{R}^{2\times 2}$. Ist B, C aus U_1, so ist $A(B + C) = AB + AC = BA + CA = (B + C)A$, also ist $B + C$ aus U_1. Außerdem ist $A(cB) = cAB = cBA = (cB)A$, also cB aus U_1 für jedes $c \in \mathbb{R}$. Wir haben also gezeigt: Ist eine Matrix gegeben, so ist die Menge der Matrizen, die mit dieser Matrix kommutieren ein Untervektorraum.

U_2 ist kein Unterraum von $\mathbb{R}^{2\times 2}$. Denn $O \in \mathbb{R}^{2\times 2}$ liegt nicht in U_2.

U_3 ist ein Unterraum von $\mathbb{R}^{2\times 2}$. Ist $B, C \in U_3$, so ist $(B+C)A = BA+CA = O+O = O$, also $B + C \in U_3$. Außerdem ist $(cB)A = c(BA) = cO = O$, also $cB \in U_3$ für jedes $c \in \mathbb{R}$.

4.85 Wir betrachten den reellen Vektorraum $(\text{Abb}(\mathbb{N}, \mathbb{R}), \oplus, \odot, \mathbb{R})$, das heißt die Menge der reellen Folgen von $\mathbb{N}$ nach $\mathbb{R}$ mit der gewohnten elementweisen Addition $\oplus$ und der elementweisen skalaren Multiplikation $\odot$, also $(a_n) \oplus (b_n) = (a_n + b_n)$ und $c \odot (a_n) = (c \cdot a_n)$. Zeigen Sie, dass die Teilmenge der Nullfolgen einen Unterraum von $(\text{Abb}(\mathbb{N}, \mathbb{R}), \oplus, \odot, \mathbb{R})$ bildet.

Lösung: Sind (a_n) und (b_n) zwei Nullfolgen und c eine reelle Zahl, so ist mithilfe der Rechenregeln der Grenzwertrechnung für konvergente Folgen

$$\lim_{n\to\infty}(a_n + b_n) = \lim_{n\to\infty} a_n + \lim_{n\to\infty} b_n = 0 + 0 = 0, \lim_{n\to\infty}(c \cdot a_n) = c \cdot \lim_{n\to\infty} a_n = c \cdot 0 = 0.$$

Damit ist sowohl $(a_n + b_n)$ als auch $(c \cdot a_n)$ eine Nullfolge. Somit ist die Teilmenge der reellen Nullfolgen ein Unterraum von $(\text{Abb}(\mathbb{N}, \mathbb{R}), \oplus, \odot, \mathbb{R})$.

4.86 Wir betrachten den reellen Vektorraum $(\text{Abb}(\mathbb{N}, \mathbb{R}), \oplus, \odot, \mathbb{R})$. Warum ist die Teilmenge $T = \{(a_n) \in \text{Abb}(\mathbb{N}, \mathbb{R}) \mid \lim_{n\to\infty} a_n = 1\}$ von $\text{Abb}(\mathbb{N}, \mathbb{R})$ kein Unterraum von $(\text{Abb}(\mathbb{N}, \mathbb{R}), \oplus, \odot, \mathbb{R})$?

Lösung: Die Menge T ist kein Unterraum, weil die Summe zweier Folgen mit dem Grenzwert 1 den Grenzwert 2 hat und damit nicht Element der Menge T ist.

4.87 Wir betrachten den reellen Vektorraum $(\text{Abb}(\mathbb{N}, \mathbb{R}), \oplus, \odot, \mathbb{R})$. Warum ist die Teilmenge T der divergenten Folgen von $\text{Abb}(\mathbb{N}, \mathbb{R})$ kein Unterraum von $(\text{Abb}(\mathbb{N}, \mathbb{R}), \oplus, \odot, \mathbb{R})$?

Lösung: Die Menge T ist kein Unterraum, weil die Summe zweier divergenter Folgen nicht notwendigerweise divergent sein muss.

4.88 Wir betrachten den Vektorraum der symmetrischen Matrizen aus $\mathbb{R}^{2\times 2}$. Sind die drei Vektoren

$$\begin{bmatrix} 1 & 0 \\ 0 & -1 \end{bmatrix}, \quad \begin{bmatrix} 3 & -1 \\ -1 & 2 \end{bmatrix}, \quad \begin{bmatrix} -2 & 1 \\ 1 & -3 \end{bmatrix}$$

linear abhängig oder linear unabhängig?

Lösung: Um dies festzustellen, betrachten wir die Gleichung (Vektorgleichung oder Matrizengleichung)

$$x_1 \begin{bmatrix} 1 & 0 \\ 0 & -1 \end{bmatrix} + x_2 \begin{bmatrix} 3 & -1 \\ -1 & 2 \end{bmatrix} + x_3 \begin{bmatrix} -2 & 1 \\ 1 & -3 \end{bmatrix} = \begin{bmatrix} 0 & 0 \\ 0 & 0 \end{bmatrix}.$$

Diese Gleichung ist gleichwertig zu dem homogenen linearen Gleichungssystem

$$\begin{aligned} x_1 + 3x_2 - 2x_3 &= 0 \\ -x_2 + x_3 &= 0 \\ -x_2 + x_3 &= 0 \\ -x_1 + 2x_2 - x_3 &= 0 \end{aligned}$$

Die Lösungsmenge des homogenen linearen Gleichungssystems ist $L = \{(x_1, x_2, x_3) \in \mathbb{R}^3 \mid (x_1, x_2, x_3) = t(-1, 1, 1), t \in \mathbb{R}\}$. Da das homogene lineare Gleichungssystem außer der trivialen Lösung $(0, 0, 0)$ noch weitere (unendlich viele) Lösungen hat, sind die drei Vektoren linear abhängig. Zum Beispiel gilt für $t = 1$

$$-1 \begin{bmatrix} 1 & 0 \\ 0 & -1 \end{bmatrix} + 1 \begin{bmatrix} 3 & -1 \\ -1 & 2 \end{bmatrix} + 1 \begin{bmatrix} -2 & 1 \\ 1 & -3 \end{bmatrix} = \begin{bmatrix} 0 & 0 \\ 0 & 0 \end{bmatrix}$$

oder für $t = 2$

$$-2 \begin{bmatrix} 1 & 0 \\ 0 & -1 \end{bmatrix} + 2 \begin{bmatrix} 3 & -1 \\ -1 & 2 \end{bmatrix} + 2 \begin{bmatrix} -2 & 1 \\ 1 & -3 \end{bmatrix} = \begin{bmatrix} 0 & 0 \\ 0 & 0 \end{bmatrix}.$$

Der Nullvektor lässt sich nicht trivial linear kombinieren oder es gibt nicht triviale Linearkombinationen. Ja, die drei Vektoren sind linear abhängig.

4.89 Wir betrachten den Vektorraum der symmetrischen Matrizen aus $\mathbb{R}^{2\times 2}$. Welche Dimension hat dieser Vektorraum? Geben Sie eine Basis an.

Lösung: Die Dimension dieses Vektorraumes ist drei. Hier ist eine Basis:

$$\begin{bmatrix} 1 & 0 \\ 0 & 0 \end{bmatrix}, \quad \begin{bmatrix} 0 & 1 \\ 1 & 0 \end{bmatrix}, \quad \begin{bmatrix} 0 & 0 \\ 0 & 1 \end{bmatrix}.$$

Diese drei Vektoren sind linear unabhängig und sie spannen den ganzen Raum auf. Wir begründen dies. Die Vektoren sind linear unabhängig, denn die Gleichung

$$x_1 \begin{bmatrix} 1 & 0 \\ 0 & 0 \end{bmatrix} + x_2 \begin{bmatrix} 0 & 1 \\ 1 & 0 \end{bmatrix} + x_3 \begin{bmatrix} 0 & 0 \\ 0 & 1 \end{bmatrix} = \begin{bmatrix} 0 & 0 \\ 0 & 0 \end{bmatrix}$$

ist nur für $x_1 = 0$, $x_2 = 0$ und $x_3 = 0$ lösbar, also nur trivial. Ist

$$\begin{bmatrix} a & b \\ b & c \end{bmatrix}$$

eine beliebige symmetrische Matrix, so gilt

$$\begin{bmatrix} a & b \\ b & c \end{bmatrix} = x_1 \begin{bmatrix} 1 & 0 \\ 0 & 0 \end{bmatrix} + x_2 \begin{bmatrix} 0 & 1 \\ 1 & 0 \end{bmatrix} + x_3 \begin{bmatrix} 0 & 0 \\ 0 & 1 \end{bmatrix}$$

für $x_1 = a$, $x_2 = b$ und $x_3 = c$. Also kann jede symmetrische Matrix mit diesen drei Matrizen linear kombiniert werden. Die drei Matrizen spannen somit den ganzen Raum der symmetrischen Matrizen auf.

4.90 Zeigen Sie, dass die Funktionen eins, cos, sin aus dem Vektorraum aller differenzierbarer Funktionen von $\mathbb{R}$ nach $\mathbb{R}$ linear unabhängig sind. Hierbei ist eins die konstante Funktion eins : $\mathbb{R} \to \mathbb{R}$ mit $\text{eins}(x) = 1$.

Lösung: Angenommen es ist

$$c_1 \cdot \text{eins} + c_2 \cdot \cos + c_3 \cdot \sin = o$$

wobei o der Nullvektor ist, das heißt die Nullfunktion $o : \mathbb{R} \to \mathbb{R}$ mit $o(x) = 0$. Die Gleichung zwischen Funktionen bedeutet, dass

$$c_1 \cdot \text{eins}(x) + c_2 \cdot \cos(x) + c_3 \cdot \sin(x) = o(x)$$

für alle $x \in \mathbb{R}$ ist. Nun genügt es für x geeignete Werte einzusetzen:

$$\begin{aligned} x = 0: &\quad c_1 \cdot 1 + c_2 \cdot 1 + c_3 \cdot 0 = 0 \\ x = \pi/2: &\quad c_1 \cdot 1 + c_2 \cdot 0 + c_3 \cdot 1 = 0 \\ x = \pi: &\quad c_1 \cdot 1 + c_2 \cdot (-1) + c_3 \cdot 0 = 0 \end{aligned}$$

Das ergibt ein homogenes lineares Gleichungssystem für c_1, c_2, c_3 mit der Koeffizientenmatrix

$$A = \begin{bmatrix} 1 & 1 & 0 \\ 1 & 0 & 1 \\ 1 & -1 & 0 \end{bmatrix}.$$

Umgeformt in normierter Zeilenstufenform

$$Z_A = \begin{bmatrix} 1 & 0 & 0 \\ 0 & 1 & 0 \\ 0 & 0 & 1 \end{bmatrix}.$$

Also ist $c_1 = 0$, $c_2 = 0$, $c_3 = 0$ die einzige Lösung.

4.91 Im Vektorraum der stetigen Funktionen betrachten wir spezielle *Hütchenfunktionen* f_1, f_2, usw., f_n. Dabei ist f_1 gegeben durch

$$f_1(x) = \begin{cases} 0 & \text{für } x \leqslant 0.5 \\ 2x - 1 & \text{für } 0.5 \leqslant x \leqslant 1 \\ -2x + 3 & \text{für } 1 \leqslant x \leqslant 1.5 \\ 0 & \text{für } x \geqslant 1.5 \end{cases}$$

und allgemein

$$f_k(x) = \begin{cases} 0 & \text{für } x \leqslant k - 0.5 \\ 2x - 2k + 1 & \text{für } k - 0.5 \leqslant x \leqslant k \\ -2x + 2k + 1 & \text{für } k \leqslant x \leqslant k + 0.5 \\ 0 & \text{für } x \geqslant k + 0.5 \end{cases}$$

Offensichtlich sind alle Funktionen f_k, $k = 1, 2, \ldots, n$, stetig mit $f_k(k) = 1$. Zeigen Sie nun, dass $(f_1, f_2, \ldots, f_n)$ für beliebiges $n \in \mathbb{N}$ linear unabhängig ist.

Lösung: Angenommen $c_1 f_1 + \cdots + c_n f_n = o$, wobei o die Nullfunktion ist, also $o : \mathbb{R} \to \mathbb{R}$ mit $o(x) = 0$. Dann gilt

$$c_1 f_1(x) + \cdots + c_n f_n(x) = 0$$

für alle $x \in \mathbb{R}$. Setzt man $x = 1$ ein, so folgt $c_1 \cdot 1 + 0 + \cdots + 0 = 0$, also ist $c_1 = 0$, denn $f_2(1) = \cdots = f_n(1) = 0$. Analog folgt $c_2 = \cdots = c_n = 0$.

4.92 Ist es möglich, dass ein überbestimmtes lineares Gleichungssystem unlösbar ist? Ist es möglich, dass ein unterbestimmtes lineares Gleichungssystem unlösbar ist?

Lösung: Ja. Ja.

4.93 Ist es möglich, dass ein überbestimmtes lineares Gleichungssystem universell lösbar ist? Ist es möglich, dass ein unterbestimmtes lineares Gleichungssystem universell lösbar ist?

Lösung: Nein. Ja.

4.94 Ist es möglich, dass ein überbestimmtes lineares Gleichungssystem universell eindeutig lösbar ist? Ist es möglich, dass ein unterbestimmtes lineares Gleichungssystem universell eindeutig lösbar ist?

Lösung: Nein. Nein.

4.95 Ist es möglich, dass ein überbestimmtes lineares Gleichungssystem eindeutig lösbar ist? Ist es möglich, dass ein unterbestimmtes lineares Gleichungssystem eindeutig lösbar ist?

Lösung: Ja. Nein.

4.96 Ist es möglich, dass ein überbestimmtes lineares Gleichungssystem lösbar ist? Ist es möglich, dass ein unterbestimmtes lineares Gleichungssystem lösbar ist?

Lösung: Ja. Ja.

4.97 Es sind $a_1, \ldots, a_n$ die Spaltenvektoren der Matrix A. Kreuzen Sie die wahre(n) Aussage(n) an.

☐ Ist $b \in \text{Lin}(a_1, \ldots, a_n)$, so ist das lineare Gleichungssystem $Ax = b$ eindeutig lösbar.
☐ Ist $b \in \text{Lin}(a_1, \ldots, a_n)$, so ist das lineare Gleichungssystem $Ax = b$ lösbar.
☐ Ist $b \in \text{Lin}(a_1, \ldots, a_n)$, so ist das lineare Gleichungssystem $Ax = b$ universell lösbar.
☐ Ist $b \in \text{Lin}(a_1, \ldots, a_n)$, so ist das lineare Gleichungssystem $Ax = b$ unlösbar.
☐ Keine angegebene Aussage ist richtig.

Lösung:

	×			

4.98 Verifizieren Sie die Aussage, dass elementare Zeilenumformungen den Nullraum und den Zeilenraum einer Matrix nicht ändern, an einem Beispiel Ihrer Wahl.

Lösung: Ich wähle

$$A = \begin{bmatrix} 1 & 2 & 4 \\ 3 & 6 & 12 \end{bmatrix}$$

Dann ist $Z(A) = \text{Lin}((1,2,4),(3,6,12)) = \text{Lin}(1,2,4)$. Ferner ist

$$Z = \begin{bmatrix} 1 & 2 & 4 \\ 0 & 0 & 0 \end{bmatrix}$$

und $Z(Z) = \text{Lin}((1,2,4),(0,0,0)) = \text{Lin}(1,2,4)$. Also ist $Z(A) = Z(Z)$.

Außerdem ist $N(A) = \{(-2s - 4t, s, t) \in \mathbb{R}^3 \mid s, t \in \mathbb{R}\} = N(Z)$.

4.99 Begründen Sie, warum $S(A) \neq S(Z)$ ist, wobei $A \in \mathbb{R}^{m\times n}$ und $Z \in \mathbb{R}^{m\times n}$ eine Zeilenstufenmatrix von A ist.

Lösung: Ein Beispiel genügt. Ich wähle

$$A = \begin{bmatrix} 1 & 2 \\ 3 & 6 \end{bmatrix}.$$

Dann ist $S(A) = \text{Lin}((1,3),(2,6)) = \text{Lin}(1,3)$. Außerdem ist

$$Z = \begin{bmatrix} 1 & 2 \\ 0 & 0 \end{bmatrix}.$$

die normierte Zeilenstufenmatrix von A mit $S(Z) = \text{Lin}((1,0),(2,0)) = \text{Lin}(1,0)$. Da $\text{Lin}(1,3) \neq \text{Lin}(1,0)$, ist $S(A) \neq S(Z)$.

4.100 Welche Dimension hat der Spaltenraum von

$$A = \begin{bmatrix} 1 & 2 & 2 & 3 \\ 2 & 5 & 4 & 8 \\ -1 & -3 & -2 & -5 \\ 0 & 2 & 0 & 4 \end{bmatrix}.$$

Lösung: Die normierte Zeilenstufenform von A ist

$$\begin{bmatrix} 1 & 0 & 2 & -1 \\ 0 & 1 & 0 & 2 \\ 0 & 0 & 0 & 0 \\ 0 & 0 & 0 & 0 \end{bmatrix}.$$

Also ist $\text{Dim}(S(A)) = 2$. Eine Bestätigung in MATLAB

```
>> rref([1 2 2 3;2 5 4 8;-1 -3 -2 -5;0 2 0 4])
ans =
     1     0     2    -1
     0     1     0     2
     0     0     0     0
     0     0     0     0
```

oder direkt

```
>> rank([1 2 2 3;2 5 4 8;-1 -3 -2 -5;0 2 0 4])
ans =
     2
```

4.101 Beweisen Sie folgende Aussage: *Es ist $Z \in \mathbb{R}^{m\times n}$ eine Matrix in Zeilenstufenform. Die Nichtnullzeilen von Z bilden eine Basis vom Zeilenraum von Z.* Hinweis: Betrachten Sie vor dem Beweis ein Beispiel.

Lösung: Vor dem Beweis ist es gut, ein Beispiel zu betrachten, etwa

$$Z = \begin{bmatrix} 1 & 2 & 3 & 4 & 5 \\ 0 & 1 & 3 & 4 & 5 \\ 0 & 0 & 0 & 1 & 5 \\ 0 & 0 & 0 & 0 & 0 \end{bmatrix}$$

An diesem Beispiel lässt sich schön erkennen, wie der (allgemeine) Beweis funktioniert. Zu zeigen ist hier, dass die drei Vektoren $(1, 2, 3, 4, 5)$, $(0, 1, 3, 4, 5)$ und $(0, 0, 0, 1, 5)$ in $\mathbb{R}^5$ linear unabhängig sind. Wir nehmen an, $c_1z_1 + c_2z_2 + c_3z_3 = o_5$, also $c_1(1, 2, 3, 4, 5) + c_2(0, 1, 3, 4, 5) + c_3(0, 0, 0, 1, 5) = (0, 0, 0, 0, 0)$. Erste Spalte: $c_1 \cdot 1 + c_2 \cdot 0 + c_3 \cdot 0 = 0$, $c_1 \cdot 1 = 0$, also $c_1 = 0$. Zweite Spalte: $c_1 \cdot 2 + c_2 \cdot 1 + c_3 \cdot 0 = 0 \cdot 2 + c_2 \cdot 1 + c_3 \cdot 0 = 0$, $c_2 \cdot 1 = 0$, also $c_2 = 0$. Vierte Spalte: $c_1 \cdot 4 + c_2 \cdot 4 + c_3 \cdot 1 = 0 \cdot 4 + 0 \cdot 4 + c_3 \cdot 1 = 0$, $c_3 \cdot 1 = 0$, also $c_3 = 0$.

Ist $Z \in \mathbb{R}^{m\times n}$ eine Zeilenstufenmatrix, so besteht Z aus m Zeilen, die wir als Vektoren z_1, usw., z_m aus $\mathbb{R}^n$ auffassen. Es ist $Z(Z) = \text{Lin}(z_1, \ldots, z_m)$. Angenommen Z hat $r \leqslant m$ Nichtnullzeilen, so gilt $Z(Z) = \text{Lin}(z_1, \ldots, z_m) = \text{Lin}(z_1, \ldots, z_r)$, denn die Nullvektoren tragen zum Zeilenraum nichts bei. Wir zeigen, dass diese r Vektoren linear unabhängig sind, und somit eine Basis von $Z(Z)$ bilden. Wir nehmen an,

$$c_1z_1 + \cdots + c_rz_r = o_n$$

mit $c_j \in \mathbb{R}$. Das bedeutet in der Spalte j_1 (j_1 bis j_r sind die Spalten, wo eine führende Eins steht): $c_1 \cdot 1 + c_2 \cdot 0 + \cdots + c_r \cdot 0 = 0$, also $c_1 = 0$, in der Spalte j_2: $c_2 \cdot 1 = 0$, da $c_1 = 0$ ist, also $c_2 = 0$, usw., und in der Spalte j_r: $c_r \cdot 1 = 0$, da $c_1 = \cdots = c_{r-1} = 0$ ist, also $c_r = 0$. Insgesamt ist $c_1 = c_2 = \cdots = c_r$. Also sind die Vektoren z_1 bis z_r linear unabhängig, bilden also eine Basis von $Z(Z)$.

4.102 Begründen Sie: Ist $B \in \mathbb{R}^{1\times n}$, $n \in \mathbb{N}$, so ist $0 \leqslant \text{Rang}(B) \leqslant 1$.

Lösung: Stets gilt $0 \leqslant \text{Rang}(A) \leqslant \min\{m, n\}$ für $A \in \mathbb{R}^{m\times n}$. Nun ist $m = 1$, also ist $0 \leqslant \text{Rang}(B) \leqslant 1$. Ist $B = O$, so ist $\text{Rang}(B) = 0$. Ist $B \neq O$, so ist $\text{Rang}(B) = 1$.

4.103 Bestimmen Sie vom Nullraum der Matrix

$$A = \begin{bmatrix} 1 & 2 \\ 2 & 4 \end{bmatrix}$$

eine Basis.

Lösung: Es ist $N(A) = \{x \in \mathbb{R}^2 \mid x = t(-2, 1), t \in \mathbb{R}\}$. Also ist zum Beispiel der Vektor $b = (-2, 1)$ eine Basis des eindimensionalen Nullraumes. Eine Bestätigung in MATLAB:

```
>> null(sym([1 2; 2 4]))
ans =
 -2
  1
```

4.104 Bestimmen Sie vom Nullraum der Matrix

$$A = \begin{bmatrix} 1 & 1 & 4 & 1 & 2 \\ 0 & 1 & 2 & 1 & 1 \\ 0 & 0 & 0 & 1 & 2 \\ 1 & -1 & 0 & 0 & 2 \\ 2 & 1 & 6 & 0 & 1 \end{bmatrix}$$

eine Basis.

Lösung: Es ist $N(A) = \{x \in \mathbb{R}^5 \mid x = s(-2,-2,1,0,0) + t(-1,1,0,-2,1), s,t \in \mathbb{R}\}$. Also sind zum Beispiel die Vektoren $b_1 = (-2,-2,1,0,0)$ und $b_2 = (-1,1,0,-2,1)$ eine Basis des zweidimensionalen Nullraumes. Eine Bestätigung in MATLAB:

```
>> null(sym([1 1 4 1 2;0 1 2 1 1;0 0 0 1 2;1 -1 0 0 2;2 1 6 0 1]))
ans =
[ -2, -1]
[ -2,  1]
[  1,  0]
[  0, -2]
[  0,  1]
```

4.105 Zeigen Sie, dass die Menge $M = \{(x,y,z) \in \mathbb{R}^3 \mid x + y - z = 0\}$ ein Unterraum von $\mathbb{R}^3$ ist und bestimmen Sie von diesem Unterraum eine Basis.

Lösung: Die Menge M beschreibt in Koordinatenform eine Ebene in $\mathbb{R}^3$ (Jede Ebene im $\mathbb{R}^3$ kann durch $ax + by + cz + d = 0$ dargestellt werden, wobei die Gleichung die Koordinatengleichung der Ebene genannt wird). Nun gilt $x = (x,y,z) = (x,y,x+y) = (x,0,x)+(0,y,y) = x(1,0,1)+y(0,1,1)$. Mit $s = x$ und $t = y$ kann M in Parameterform angeben werden:

$$M = \{x \in \mathbb{R}^3 \mid x = s(1,0,1) + t(0,1,1),\ s,t \in \mathbb{R}\}.$$

Da M die lineare Hülle der beiden Vektoren $(1,0,1)$, $(0,1,1)$ ist, ist M ein Unterraum von $\mathbb{R}^3$. (Man kann auch mit dem Unterraumkriterium zeigen, dass M ein Unterraum ist.

Die Vektoren $(1,0,1)$, $(0,1,1)$ bilden eine Basis, denn sie spannen M auf, und sind linear unabhängig. Dass sie M aufspannen, sieht man an der Parameterdarstellung von M und die lineare Unabhängigkeit gilt, weil $c_1(1,0,1) + c_2(0,1,1) = (0,0,0)$ genau dann gilt, wenn $c_1 = c_2 = 0$ ist.

4.106 Geben Sie von dem Vektorraum $(\mathbb{R}^1, +, \cdot, \mathbb{R})$ eine Basis an.

Lösung: Zum Beispiel ist der Vektor $b = (1)$ ein Basisvektor. Jeder Vektor b aus $\mathbb{R}^1 \backslash \{0\}$ ist ein Basisvektor von $(\mathbb{R}^1, +, \cdot, \mathbb{R})$.

4.107 Zeigen Sie, dass die Vektoren $u_1 = (1)$ und $u_2 = (-2)$ im Vektorraum $\mathbb{R}^1$ linear abhängig sind.

Lösung: Es ist $c_1u_1 + c_2u_2 = o_1$, also $c_1(1) + c_2(-2) = 0$ zum Beispiel für $c_1 = 2$, $c_2 = 1$ oder für $c_1 = -2$, $c_2 = -1$.

4.108 Geben Sie zwei Basen für den Vektorraum $\mathbb{R}^1$ an.

Lösung: Der Vektor $b_1 = (1)$ bildet eine Basis für den Vektorraum $\mathbb{R}^1$, denn es ist $\text{Lin}(1) = \mathbb{R}^1$ und $b_1 = (1)$ ist linear unabhängig, weil $c(1) = 0$ genau dann, wenn $c = 0$ ist. Der Vektor $b_2 = (-2)$ ist ebenfalls eine Basis für den Vektorraum $\mathbb{R}^1$.

4.109 Begründen Sie die Aussage: *Gegeben ist der Vektorraum $\mathbb{R}^n$. Dann sind die Vektoren x und o_n aus $\mathbb{R}^n$ linear abhängig.*

Lösung: Erste Begründung: Ist $v \in \text{Lin}(x, o_n)$ so gilt einerseits $v = c_1x + c_2o_n$ und andererseits $v = c_1x + c_3o_n$ für c_1, c_2, c_3 aus $\mathbb{R}$ und $c_2 \neq c_3$. Damit ist die Darstellung von v nicht eindeutig.

Zweite Begründung: Die Gleichung $c_1x + c_2o_n = o_n$ ist nicht nur für $c_1 = c_2 = 0$ lösbar, statt $c_2 = 0$ kann jede reelle Zahl gewählt werden.

4.110 Gegeben ist ein Vektorraum V und $v, w \in V$. Beschreiben Sie $\text{Lin}(v)$ und $\text{Lin}(v, w)$.

Lösung: Ist $v \in V$, so ist $\text{Lin}(v) = \{rv \mid r \in \mathbb{R}\}$ die lineare Hülle von v. Ist $v, w \in V$, so ist $\text{Lin}(v, w) = \{rv + sw \mid r, s \in \mathbb{R}\}$ die lineare Hülle von v und w.

4.111 Gegeben sind b_1 und b_2 aus $\mathbb{R}$. Geben Sie eine Begründung, warum das lineare Gleichungssystem

$$\begin{aligned} x_1 + x_2 &= b_1 \\ x_2 &= b_2 \end{aligned}$$

universell eindeutig lösbar ist. Geben Sie die Lösung an.

Lösung: Die Vektoren $(1, 0)$ und $(1, 1)$ (die Spalten er Koeffizientenmatrix) bilden eine Basis von $\mathbb{R}^2$, deshalb ist das lineare Gleichungssystem universell eindeutig lösbar. Die Lösung ist $x = (x_1, x_2) = (b_1 - b_2, b_2)$.

Eine weitere Begründung ist: Die Matrix

$$A = \begin{bmatrix} 1 & 1 \\ 0 & 1 \end{bmatrix} \quad \text{ist invertierbar und} \quad A^{-1} = \begin{bmatrix} 1 & -1 \\ 0 & 1 \end{bmatrix}$$

ist die Inverse. Es ist

$$x = A^{-1}b = \begin{bmatrix} 1 & -1 \\ 0 & 1 \end{bmatrix} \begin{bmatrix} b_1 \\ b_2 \end{bmatrix} = \begin{bmatrix} b_1 - b_2 \\ b_2 \end{bmatrix}$$

die eindeutig bestimmte Lösung.

4.112 Beweisen Sie folgenden Satz: *Gegeben ist eine symmetrische Matrix* $A \in \mathbb{R}^{n \times n}$, *dann gilt:* $Z(A) = S(A)$ *und* $N(A) = N(A^T)$.

Lösung: Weil A symmetrisch ist, ist $A = A^T$. Also ist: $Z(A) = Z(A^T) = S(A)$ und $N(A) = N(A^T)$.

Eine symmetrische Matrix hat nur zwei Fundamentalräume. Beide Räume $Z(A) = S(A)$ und $N(A) = N(A^T)$ liegen in $\mathbb{R}^n$.

4.113 Verifizieren Sie den letzten Satz an einem Beispiel Ihrer Wahl.

Lösung: Ich wähle die symmetrische Matrix

$$A = \begin{bmatrix} 3 & -1 \\ -1 & 3 \end{bmatrix}.$$

Dann ist $Z(A) = S(A) = \mathbb{R}^2$ und $N(A) = N(A^T) = \{(0,0)\} = \{o_2\}$.

4.114 Entwerfen Sie ein Verfahren zur Konstruktion einer Basis für die lineare Hülle zu einer Menge von gegebenen Vektoren.

Lösung: Angenommen die Menge habe m Vektoren aus $\mathbb{R}^n$, dann schreiben wir diese in eine reelle (m, n)-Matrix, transformieren die Matrix mit elementaren Zeilenumformungen in normierte Zeilenstufenform und lesen die Basisvektoren des Zeilenraumes ab.

Wir zeigen dieses Verfahren an einem kleinen Beispiel. Es soll eine Basis für die lineare Hülle der drei Vektoren $v_1 = (1,0)$, $v_2 = (1,1)$ und $v_3 = (1,2)$ bestimmt werden.

Klar ist zunächst, dass eine Basis höchstens aus zwei Vektoren besteht. Die Vektoren v_1, v_2 und v_3 spannen den Zeilenraum der Matrix

$$\begin{bmatrix} 1 & 0 \\ 1 & 1 \\ 1 & 2 \end{bmatrix} \quad \text{auf. Die Matrix hat die normierte Zeilenstufenform} \quad \begin{bmatrix} 1 & 0 \\ 0 & 1 \\ 0 & 0 \end{bmatrix}.$$

Die vom Nullvektor verschiedenen Zeilenvektoren sind $(1,0)$ und $(0,1)$. Diese Vektoren bilden eine Basis des Zeilenraumes und damit eine Basis der linearen Hülle der drei gegebenen Vektoren.

4.115 Das lineare Gleichungssystem

$$\begin{bmatrix} 0 & 0 \\ 1 & 2 \end{bmatrix} \begin{bmatrix} x_1 \\ x_2 \end{bmatrix} = \begin{bmatrix} 1 \\ 1 \end{bmatrix}$$

ist unlösbar. Geben Sie eine Begründung.

Lösung: Eine Begründung ist: Das lineare Gleichungssystem ist unlösbar, weil der Vektor $(1, 1)$ keine Linearkombination der Vektoren $(0, 1)$, $(0, 2)$ ist.

4.116 Es ist $\mathbb{R}_{\leqslant n}[x]$ der Vektorraum der Polynomfunktionen vom Grad kleiner oder gleich n. Zeigen Sie, dass die Menge $\{1, x, x^2, \ldots, x^n\}$ eine Basis von $\mathbb{R}_{\leqslant n}[x]$ ist. Bestimmen Sie auch die Dimension von $\mathbb{R}_{\leqslant n}[x]$.

Lösung: Es ist

$$\text{Lin}(1, x, x^2, \ldots, x^n) = \mathbb{R}_{\leqslant n}[x],$$

denn ist $v = p(x)$ eine beliebige Polynomfunktion aus $\mathbb{R}_{\leqslant n}[x]$, so gilt: $v = p(x) = a_0 1 + a_1 x + a_1 x^2 + \cdots + a_n x^n = a_0 b_1 + a_1 b_2 + \cdots + a_n b_{n+1}$ für irgendwelche reelle Zahlen a_i, wobei wir $b_1 = 1$, $b_2 = x$, …, $b_{n+1} = x^n$ definiert haben. Die Vektoren $b_1 = 1$, $b_2 = x$, $b_3 = x^2$, …, $b_{n+1} = x^n$ sind linear unabhängig, denn der Vektor $a_0 b_1 + a_1 b_2 + \cdots + a_n b_{n+1} = a_0 1 + a_1 x + a_1 x^2 + \cdots + a_n x^n$ kann nur dann der Nullvektor (Nullpolynomfunktion) sein, also

$$o = a_0 b_1 + a_1 b_2 + \cdots + a_n b_{n+1} = a_0 1 + a_1 x + a_1 x^2 + \cdots + a_n x^n$$

wenn alle Koeffizienten null sind, also $a_i = 0$ für alle i von $i = 1, 2, \ldots, n$. Damit bilden die Vektoren $b_1 = 1$, $b_2 = x$, $b_3 = x^2$, …, $b_{n+1} = x^n$ eine Basis von $\mathbb{R}_{\leqslant n}[x]$. Man nennt $\{1, x, x^2, \ldots, x^n\}$ die *natürliche Basis von* $\mathbb{R}_{\leqslant n}[x]$. Da es $n + 1$ Basisvektoren gibt, ist die Dimension des Vektorraumes $\mathbb{R}_{\leqslant n}[x]$ folglich $n + 1$. Beachten Sie, dass der Vektorraum der Polynomfunktionen $\mathbb{R}[x]$ (ohne Beschränkung an den Grad) keine endliche Dimension hat; es ist ein unendlich dimensionaler Vektorraum.

4.117 Beweisen Sie folgenden Satz: *Für Vektoren v, w aus $\mathbb{R}^3$ gilt: v, w sind linear unabhängig genau dann, wenn $v \times w \neq o_3$ ist.*

Lösung: Wir zeigen: v, w linear abhängig genau dann ist $v \times w = o_3$. v, w linear abhängig genau dann ist $v = rw$ für ein $r \in \mathbb{R}$ (oder $w = sv$ für ein $s \in \mathbb{R}$) genau dann ist $v \times (rv) = r(v \times v) = ro_3 = o_3$.

4.118 Ein Vektorraum V ist *endlich dimensionaler Vektorraum endlich dimensional*, wenn eine Basis für V aus nur endlich vielen Vektoren besteht; sonst ist V *unendlich dimensional*. Bearbeiten Sie das folgende Beispiel.

Beispiel 4.1 Der Vektorraum Abb($\mathbb{N}, \mathbb{R}$) aller reellen Zahlenfolgen (a_n) ist unendlich dimensional. Wäre seine Dimension nämlich endlich, so müsste eine Zahl $k \in \mathbb{N}$ existieren, so dass der Vektorraum eine Basis mit k Vektoren besitzt. Dann kann es aber keine Menge linear unabhängiger Vektoren geben, die mehr als k Elemente hat. Jedoch gelingt es (wie groß k auch immer gewählt sein möge) mühelos, $k + 1$ linear unabhängige Vektoren von Abb($\mathbb{N}, \mathbb{R}$) anzugeben, nämlich die reellen Zahlenfolgen:

$$(a_n) = (\underset{1}{1}, 0, \ldots), \quad (b_n) = (0, \underset{2}{1}, 0, \ldots), \quad \ldots,$$
$$(k_n) = (0, \ldots, 0, \underset{k}{1}, 0, \ldots), \quad (l_n) = (0, \ldots, 0, \underset{k+1}{1}, 0, \ldots).$$

Somit gibt es keine Begrenzung der Anzahl linear unabhängiger Vektoren und daher keine endliche Basis des Vektorraumes Abb($\mathbb{N}, \mathbb{R}$) aller reellen Zahlenfolgen. Der Vektorraum Abb($\mathbb{N}, \mathbb{R}$) ist unendlich dimensional. □

4.119 Gegeben ist $A \in \mathbb{R}^{m \times n}$, dann wissen wir, dass das lineare Gleichungssystem $Ax = b$ für $b \in \mathbb{R}^m$ im quadratischen Fall ($m = n$) unlösbar oder auch lösbar sein kann, das lineare Gleichungssystem $Ax = b$ im unterbestimmten Fall $m < n$ aber nie eindeutig lösbar ist. Ergänzen Sie entsprechend die Tabelle 4.1.

	$m = n$	$m > n$	$m < n$
unlösbar	möglich		
lösbar	möglich		
eindeutig lösbar			unmöglich
universell lösbar			
universell eindeutig lösbar			

Tabelle 4.1: Zu Aufgabe 4.119

Lösung: Siehe Tabelle 4.2.

	$m = n$	$m > n$	$m < n$
unlösbar	möglich	möglich	möglich
lösbar	möglich	möglich	möglich
eindeutig lösbar	möglich	möglich	unmöglich
universell lösbar	möglich	unmöglich	möglich
universell eindeutig lösbar	möglich	unmöglich	unmöglich

Tabelle 4.2: Zur Lösung von Aufgabe 4.119

4.120 Beweisen Sie folgenden Satz und geben Sie danach ein Beispiel, um diesen Satz zu bestätigen. *Die Vektoren a_1, a_2, …, a_r aus $\mathbb{R}^m$ sind linear unabhängig genau dann*

dann, wenn die Matrix

$$\begin{bmatrix} | & | & & | \\ a_1 & a_2 & \cdots & a_r \\ | & | & & | \end{bmatrix} \in \mathbb{R}^{m \times r}$$

den Rang r hat.

Lösung: Genau dann, wenn die Vektoren a_1, a_2, ..., a_r aus $\mathbb{R}^m$ linear unabhängig sind, ist $N(A) = \{o_m\}$, wobei a_j die Spalten von A sind. Genau dann ist Dim $S(A) = \text{Rang}(A) = r$.

Hier ist ein Beispiel zur Verifikation. Die Vektoren $a_1 = (1, 1, 1)$, $a_2 = (0, 1, 2)$ sind im Vektorraum $\mathbb{R}^3$ linear unabhängig, weil die Matrix

$$\begin{bmatrix} 1 & 0 \\ 1 & 1 \\ 1 & 2 \end{bmatrix} \text{ den Rang zwei hat und umgekehrt.}$$

4.121 Bestimmen Sie von der Matrix

$$A = \begin{bmatrix} 1 & 1 & 4 & 1 & 2 \\ 0 & 1 & 2 & 1 & 1 \\ 0 & 0 & 0 & 1 & 2 \\ 1 & -1 & 0 & 0 & 2 \\ 2 & 1 & 6 & 0 & 1 \end{bmatrix}$$

eine Basis für alle vier Fundamentalräume und diskutieren Sie deren Dimensionen.

Lösung: Die normierte Zeilenstufenmatrix Z_A von A ist

$$Z_A = \begin{bmatrix} 1 & 0 & 2 & 0 & 1 \\ 0 & 1 & 2 & 0 & -1 \\ 0 & 0 & 0 & 1 & 2 \\ 0 & 0 & 0 & 0 & 0 \\ 0 & 0 & 0 & 0 & 0 \end{bmatrix}.$$

Die drei Vektoren $(1, 0, 2, 0, 1)$, $(0, 1, 2, 0, -1)$ und $(0, 0, 0, 1, 2)$ bilden eine Basis von $Z(A)$. Die Dimension von $Z(A)$ ist daher drei. Die beiden Vektoren $(-2, -2, 1, 0, 0)$, $(-1, 1, 0, -2, 1)$ bilden eine Basis von $N(A)$. Die Dimension von $N(A)$ ist somit zwei. Die normierte Zeilenstufenmatrix Z_{A^T} von A^T ist

$$Z_{A^T} = \begin{bmatrix} 1 & 0 & 0 & 1 & 2 \\ 0 & 1 & 0 & -2 & -1 \\ 0 & 0 & 1 & 1 & -1 \\ 0 & 0 & 0 & 0 & 0 \\ 0 & 0 & 0 & 0 & 0 \end{bmatrix}.$$

Tabelle 4.3: Dimensionen der vier Fundamentalräume von A

Fundamentalraum	*Dimension*
Zeilenraum von A	$r = 3$
Spaltenraum von A	$r = 3$
Nullraum von A	$n - r = 5 - 3 = 2$
Nullraum von A^T	$m - r = 5 - 3 = 2$

Also bilden die drei Vektoren $(1, 0, 0, 1, 2)$, $(0, 1, 0, -2, 1)$, $(0, 0, 1, 1, -1)$ eine Basis von $Z(A^T) = S(A)$. Die beiden Vektoren $(-1, 2, -1, 1, 0)$, $(-2, 1, 1, 0, 1)$ bilden eine Basis für $N(A^T)$, sie sind spezielle Lösungen. Die Matrix A hat fünf Zeilen und fünf Spalten, also ist $A \in \mathbb{R}^{5\times 5}$. Der Zeilenraum und Spaltenraum hat die Dimension drei: $\text{Dim } S(A) = \text{Dim } Z(A) = r = 3$. Der Nullraum von A hat die Dimension $\text{Dim } N(A) = 2 = 5 - 3 = \text{Dim}(\mathbb{R}^5) - \text{Dim } S(A)$. Die Anzahl der führenden Einsen von Z_A ist 3 und die der freien Variablen ist 2. Wegen $\text{Dim } N(A^T) = 2 = 5 - 3 = \text{Dim}(\mathbb{R}^5) - \text{Dim } S(A)$. Die Anzahl der führenden Einsen von Z_{A^T} ist 3 und die der freien Variablen ist 2. Zusammenfassend gilt Tabelle 4.3.

Es ist $\text{Rang}(A) = \text{Rang}(A^T) = 3$. Eine Bestätigung in MATLAB:

```
>> A=sym([1 1 4 1 2;0 1 2 1 1;0 0 0 1 2;1 -1 0 0 2;2 1 6 0 1]);
>> null(A)
ans =
[ -2, -1]
[ -2,  1]
[  1,  0]
[  0, -2]
[  0,  1]
>> null(A')
ans =
[ -1, -2]
[  2,  1]
[ -1,  1]
[  1,  0]
[  0,  1]
>> colspace(A)
ans =
[ 1,  0,  0]
[ 0,  1,  0]
[ 0,  0,  1]
[ 1, -2,  1]
[ 2, -1, -1]
>> colspace(A')
ans =
[ 1, 0, 0]
[ 0, 1, 0]
[ 2, 2, 0]
```

```
[ 0,  0, 1]
[ 1, -1, 2]
```

4.122 Gegeben sind Unterräume U, W des Vektorraumes V. Zeigen Sie, dass $U \cap W$ ein Unterraum von V ist.

Lösung: Weil U, W Unterräume von V sind, ist $o \in U$ und $o \in W$. Also ist $o \in U \cap W$. Sind u, w aus $U \cap W$, dann sind $u, w \in U$ und $u, w \in W$. Da U, W Unterräume sind, gilt für jede reelle Zahl c, d: $cu + dw \in U$ und $cu + dw \in W$. Somit gilt $cu + dw \in U \cap W$. Damit ist $U \cap W$ ein Unterraum von V.

4.123 Gegeben sind Unterräume U, W des Vektorraumes V. Ist $U \cup W$ ein Unterraum von V?

Lösung: Nein, $U \cup W$ ist im Allgemeinen kein Unterraum von V. Hier sind zwei Begründungen. Erstens: $V = \mathbb{R}^2$, $U = \{(x, y) \mid y = 0\}$ und $W = \{(x, y) \mid x = 0\}$. Dann sind $u = (1, 0)$, $w = (0, 1)$ in $U \cup W$, nicht aber deren Summe $u + w = (1, 1)$. Zweitens: Ist $u \in U$, $u \neq W$, $w \in W$, $w \neq U$, dann ist $u \in U \cup W$, $w \in U \cup W$, aber $u + w \neq U \cup W$.

4.124 Es ist v und w aus $\mathbb{R}^n$. Zeigen Sie $\text{Lin}(v) + \text{Lin}(w) = \text{Lin}(v, w)$.

Lösung: Da $\text{Lin}(v)$ aus allen Vektoren der Form cv und $\text{Lin}(w)$ aus allen Vektoren der Form dw besteht, folgt $\text{Lin}(v) + \text{Lin}(w) = \{x + y \mid x \in \text{Lin}(v), y \in \text{Lin}(w)\} = \{cv + dw \mid c, d \in \mathbb{R}\} = \text{Lin}(v, w)$.

4.125 Gegeben sind die linear unabhängigen Vektoren v, w aus $\mathbb{R}^n$. Dann ist die Summe $\text{Lin}(v, w) = \text{Lin}(v) + \text{Lin}(w)$ direkt, das heißt $\text{Lin}(v, w) = \text{Lin}(v) \oplus \text{Lin}(w)$. Zeigen Sie die Wahrheit dieser Aussage.

Lösung: Wir wissen aus Aufgabe 4.124, dass $\text{Lin}(v, w) = \text{Lin}(v) + \text{Lin}(w)$ gilt. Da die beiden Vektoren v, w linear unabhängig sind, lässt sich jeder Vektor aus $\text{Lin}(v, w)$ eindeutig als Summe von v, w schreiben. Das bedeutet, die Summe ist direkt.

4.126 Beweisen Sie: *Ist $b_1, \ldots, b_n$ eine Basis von $\mathbb{R}^n$, so gilt* $\mathbb{R}^n = \text{Lin}(b_1) \oplus \cdots \oplus \text{Lin}(b_n)$.

Lösung: Da $b_1, \ldots, b_n$ eine Basis von $\mathbb{R}^n$ ist, lässt sich jeder Vektor v aus $\mathbb{R}^n$ als $v = c_1 b_1 + \cdots + c_n b_n$ schreiben. Es ist also $\mathbb{R}^n = \text{Lin}(b_1) + \cdots + \text{Lin}(b_n)$. Da in der Darstellung $v = c_1 b_1 + \cdots + c_n b_n$ jeder Summand eindeutig bestimmt ist, ist die Summe sogar direkt.

4.127 Geben Sie eine Matrix $A \in \mathbb{R}^{2\times 2}$ an mit $S(A) = Z(A)$ und $N(A) = N(A^T)$.

Lösung: Es ist

$$A = \begin{bmatrix} 1 & 1 \\ 1 & 1 \end{bmatrix} \quad \text{oder} \quad A = \begin{bmatrix} 1 & 0 \\ 0 & 0 \end{bmatrix}$$

oder irgendeine andere symmetrische Matrix.

4.128 Gegeben ist der Vektorraum $C^2(\mathbb{R}, \mathbb{R})$ der zweimal stetig differenzierbaren Funktionen von $\mathbb{R}$ nach $\mathbb{R}$. Zeigen Sie, dass $U = \{f \in C^2(\mathbb{R}, \mathbb{R}) \mid f'' + f = o\}$ ein Unterraum von $C^2(\mathbb{R}, \mathbb{R})$ ist.

Lösung: Die Menge U ist nicht leer, denn die Nullfunktion gehört zu ihr, also $o \in U$.

Sind g, h aus U, dann gilt: $(g+h)'' + (g+h) = g'' + h'' + g + h = (g'' + g) + (h'' + h) = o + o = o$. Also ist auch die Funktion $g + h$ in U.

Ist $g \in U$ und $r \in \mathbb{R}$, dann gilt: $(rg)'' + (rg) = rg'' + rg = r(g'' + g) = ro = o$. Also ist auch die Funktion rg in U.

Mit dem Unterraumkriterium ist somit U ein Unterraum von $C^2(\mathbb{R}, \mathbb{R})$.

Ergänzung: Die trigonometrischen Funktionen sin und cos sind in U. Somit ist auch jede Funktion der Form $r_1 \sin + r_2 \cos$ in U. Bestätigen Sie, dass diese Funktionen Lösungen der *Differenzialgleichung* $f'' + f = o$ sind.

4.129 Gegeben ist der Vektorraum $C^0(\mathbb{R}, \mathbb{R})$ der stetigen Funktionen von $\mathbb{R}$ nach $\mathbb{R}$. Sowohl die Teilmenge $C^1(\mathbb{R}, \mathbb{R})$ der einmal stetig differenzierbaren Funktionen von $\mathbb{R}$ nach $\mathbb{R}$ als auch die Teilmenge $C^2(\mathbb{R}, \mathbb{R})$ der zweimal stetig differenzierbaren Funktionen von $\mathbb{R}$ nach $\mathbb{R}$ sind Untervektorräume von $C^0(\mathbb{R}, \mathbb{R})$. Zeigen Sie, dass $C^1(\mathbb{R}, \mathbb{R})$ ein eigentlicher Unterraum von $C^0(\mathbb{R}, \mathbb{R})$ ist und $C^2(\mathbb{R}, \mathbb{R})$ ein eigentlicher Unterraum von $C^0(\mathbb{R}, \mathbb{R})$ und $C^1(\mathbb{R}, \mathbb{R})$.

Lösung: Die Funktion $f : \mathbb{R} \to \mathbb{R}$ mit $f(x) = |x|$ gehört zu $C^0(\mathbb{R}, \mathbb{R})$, nicht aber zu $C^1(\mathbb{R}, \mathbb{R})$. Die Funktion $g : \mathbb{R} \to \mathbb{R}$ mit $g(x) = x|x|$ gehört zu $C^1(\mathbb{R}, \mathbb{R})$ (somit auch zu $C^0(\mathbb{R}, \mathbb{R})$), nicht aber zu $C^2(\mathbb{R}, \mathbb{R})$.

4.130 Beschreiben Sie den Spalten- und Zeilenraum der Matrix

$$A = \begin{bmatrix} 1 & -1 \\ 2 & 3 \\ 4 & 5 \end{bmatrix} \in \mathbb{R}^{3 \times 2}.$$

Lösung: Der Spaltenraum ist die lineare Hülle der Vektoren $(1, 2, 4)$, $(-1, 3, 5)$; er ist ein Unterraum im Vektorraum $\mathbb{R}^3$ und beschreibt eine Ebene durch den Ursprung. Der Zeilenraum ist die lineare Hülle der Vektoren $(1, -1)$, $(2, 3)$, $(4, 5)$; er ist der ganze Vektorraum $\mathbb{R}^2$.

4.131 Stellen Sie den Vektor $(2, 11) \in \mathbb{R}^2$ als Linearkombination der folgenden Vektoren dar: (a) $(1, 0)$, $(0, 1)$, (b) $(3, 4)$, $(7, 1)$, (c) $(4, 3)$, $(2, 1)$, (d) $(3, 4)$, $(-4, 3)$. Wenn Sie wollen, können Sie die Aufgabe auch geometrisch lösen.

Lösung: Es ist (a) $(2, 11) = 2(1, 0) + 11(0, 1)$, (b) $(2, 11) = 3(3, 4) + (-1)(7, 1)$, (c) $(2, 11) = 4(3, 4) + (-5)(2, 1)$, (d) $(2, 11) = 2(3, 4) + (-4, 3)$.

4.132 Es ist $A \in \mathbb{R}^{n \times n}$. Ein Unterraum U von $\mathbb{R}^n$ heißt *invariant* unter A, wenn aus $u \in U$ folgt $Au \in U$. Es ist $A \in \mathbb{R}^{n \times n}$. Beweisen Sie, dass die folgenden Unterräume von $\mathbb{R}^n$ jeweils invariant unter A sind.

(a) $\{o_n\}$. (b) $\mathbb{R}^n$. (c) $N(A)$. (d) $S(A)$.

Lösung: Beweise lassen sich wie folgt führen.

(a) Ist $u \in \{o_n\}$, dann ist $u = o_n$, und somit $Au = Ao_n = o_n \in \{o_n\}$. Also ist $\{o_n\}$ invariant unter A.
(b) Ist $u \in \mathbb{R}^n$, dann ist $Au \in \mathbb{R}^n$. Also ist $\mathbb{R}^n$ invariant unter A.
(c) Ist $u \in N(A)$, dann ist $Au = o_n$, und somit $Au \in N(A)$. Also ist $N(A)$ invariant unter A.
(d) Ist $u \in S(A)$, dann ist $Au \in S(A)$. Also ist $S(A)$ invariant unter A.

4.133 Geben Sie eine Matrix A aus $\mathbb{R}^{m\times n}$ $(m \neq n)$ an mit $Z(A) = \mathbb{R}^m$.

Lösung: Nicht möglich.

4.134 Geben Sie eine Matrix A aus $\mathbb{R}^{m\times n}$ $(m \neq n)$ an mit $Z(A) = \{o_m\}$.

Lösung: Nicht möglich.

4.135 Geben Sie eine Matrix A aus $\mathbb{R}^{m\times n}$ $(m \neq n)$ an mit $S(A) = \mathbb{R}^n$.

Lösung: Nicht möglich.

4.136 Geben Sie eine Matrix A aus $\mathbb{R}^{m\times n}$ $(m \neq n)$ an mit $N(A^T) = \{o_n\}$.

Lösung: Nicht möglich.

4.137 Geben Sie jeweils eine Matrix A aus $\mathbb{R}^{m\times n}$ an mit

(a) $S(A) = \mathbb{R}^m$.
(b) $Z(A) = \mathbb{R}^n$.
(c) $S(A) = Z(A)$.
(d) $S(A) = Z(A) = \mathbb{R}^n$.

Lösung: Die Aufgaben können wir zum Beispiel wie folgt lösen.

(a) $A = [1 \quad 2] \in \mathbb{R}^{1\times 2}$. Es ist $S(A) = \mathbb{R}$.
(b) $A = [1 \quad 2]^T \in \mathbb{R}^{2\times 1}$. Es ist $Z(A) = \mathbb{R}$.
(c) Zum Beispiel

$$A = \begin{bmatrix} 1 & 0 & 0 \\ 0 & 1 & 0 \\ 0 & 0 & 0 \end{bmatrix} \in \mathbb{R}^{3\times 3}.$$

Es ist $S(A) = Z(A) = \{(x, y, 0) \in \mathbb{R}^3\}$.
(d) Zum Beispiel

$$A = \begin{bmatrix} 1 & 0 & 0 \\ 0 & 1 & 0 \\ 0 & 0 & 1 \end{bmatrix} \in \mathbb{R}^{3\times 3}.$$

Es ist $S(A) = Z(A) = \mathbb{R}^3$. Oder $B = [1]$. Dann ist $S(B) = Z(B) = \mathbb{R}$.

4.138 Geben Sie jeweils eine Matrix A aus $\mathbb{R}^{m\times n}$ an mit

(a) $N(A) = \mathbb{R}^n$. (b) $N(A) = \{o_n\}$. (c) $N(A^T) = \mathbb{R}^m$. (d) $N(A^T) = \{o_m\}$.

Lösung: Die Aufgaben können wir zum Beispiel wie folgt lösen.

(a) $A = [0] \in \mathbb{R}^{1\times 1}$. Es ist $N(A) = \mathbb{R}$.
(b) $A = [1] \in \mathbb{R}^{1\times 1}$. Es ist $N(A) = \{0\}$.
(c) $A = [0] \in \mathbb{R}^{1\times 1}$. Es ist $N(A^T) = \mathbb{R}$.
(d) $A = [1 \quad 0]^T \in \mathbb{R}^{2\times 1}$. Es ist $N(A^T) = \{o_2\}$.

4.139 Gegeben ist der reelle Vektorraum $\text{Abb}(\mathbb{R}, \mathbb{R})$ der reellen Funktionen von $\mathbb{R}$ nach $\mathbb{R}$ sowie die Teilmenge $U \subset \text{Abb}(\mathbb{R}, \mathbb{R})$ definiert durch $U = \{y \in \text{Abb}(\mathbb{R}, \mathbb{R}) \mid y \text{ ist zweimal differenzierbar und } y'' + y = 0\}$. Zeigen Sie, dass U ein Unterraum von $\text{Abb}(\mathbb{R}, \mathbb{R})$ ist.

Lösung: Offensichtlich ist die Menge U nicht leer, denn zum Beispiel ist die Nullfunktion $o \in \text{Abb}(\mathbb{R}, \mathbb{R})$ auch in U, weil $o'' + o = o \in U$ gilt.

Sind nun y_1, y_2 aus U, dann folgt mit den Regeln der Differenziation $(y_1 + y_2)'' + (y_1 + y_2) = y_1'' + y_2'' + y_1 + y_2 = (y_1'' + y_1) + (y_2'' + y_2) = o + o = o$. Also ist $y_1 + y_2 \in U$.

Ist $y_3 \in U$ und $r \in \mathbb{R}$, dann gilt mit den Regeln der Differenziation $(ry_3)'' + ry_3 = ry_3'' + ry_3 = r(y_3'' + y_3) = r \cdot o = o$. Also ist auch $ry_3 \in U$.

Nach dem Unterraumkriterium ist die Teilmenge U ein Unterraum von $\text{Abb}(\mathbb{R}, \mathbb{R})$.

Somit ist U auch selbst ein Vektorraum. Allgemein kann gezeigt werden, dass die Lösungsmenge einer beliebigen homogenen linearen Differenzialgleichung auf $\mathbb{R}$ ein Unterraum von $\text{Abb}(\mathbb{R}, \mathbb{R})$ ist.

4.140 Gegeben ist die Matrix

$$A = \begin{bmatrix} 1 & 1 & 1 \\ 2 & 1 & 1 \\ 3 & 1 & 1 \end{bmatrix} \in \mathbb{R}^{3\times 3}.$$

Geben Sie von A alle vier Fundamentalräume an.

Lösung: Es ist $S(A) = \text{Lin}\big((1,2,3),(1,1,1)\big)$, $S(A)^\perp = N(A^T) = \text{Lin}(1,-2,1)$, $N(A) = \text{Lin}(0,1,-1)$ und $Z(A) = N(A)^\perp = \text{Lin}\big((1,0,0),(0,1,1)\big)$.

4.141 Geben Sie den Wörtern *linear abhängig* eine verständliche Erklärung.

Lösung: Sind die Vektoren v_1, v_2, …, v_r linear abhängig, so ist die Gleichung $c_1 v_1 + \cdots +_r v_r = o$ erfüllt und nicht alle Zahlen c_j sind gleich Null. Ist zum Beispiel $c_1 \neq 0$, so folgt aus obiger Gleichung $v_1 = -(c_2/c_1)v_2 - \cdots - (c_r/c_1)v_r$. Der Vektor v_1 kann somit als Linearkombination aus den Vektoren $v_2, \ldots, v_r$ gewonnen werden. Es gibt eine Abhängigkeit der Vektoren, die linear ist, also eine *lineare Abhängigkeit*.

4.142 Geben Sie einen Beweis für folgende Aussage: *Ein einzelner Vektor in einem Vektorraum ist genau dann linear abhängig, wenn er der Nullvektor ist.* Geben Sie auch ein Beispiel.

Lösung: Ich gebe zuerst ein Beispiel. Der Nullvektor in $\mathbb{R}^2$ ist $(0,0)$. Dieser ist linear abhängig, denn ist $(0,0) \in \text{Lin}(0,0)$, dann ist zum Beispiel $(0,0) = 1(0,0)$ und $(0,0) = 2(0,0)$. Ist umgekehrt v_1 aus $\mathbb{R}^2$ linear abhängig, dann gibt es für $v \in \text{Lin}(v_1)$ eine reelle r_1 mit $v = r_1 v_1$, aber auch eine zweite reelle Zahl r_2 mit $v = r_2 v_1$ und $r_1 \neq r_2$, weil die Darstellung nicht eindeutig ist. Dies ist aber nur möglich, wenn $v_1 = (0,0)$ ist.

Wir müssen zwei Richtungen beweisen. Zunächst nehmen wir an, dass der Vektor v aus V linear abhängig ist. Dann gibt es eine reelle Zahl $r \neq 0$ mit $r \cdot v = o$. Es folgt $o = 1/r \cdot o = 1/r \cdot r \cdot v = v$. Also ist v der Nullvektor o. Nun die Umkehrung. Ist $v = o$. Dann gilt $1 \cdot v = v = o$. Also ist $v = o$ linear abhängig.

4.143 Geben Sie einen Beweis für folgende Aussage: *Die Vektoren $v_1, \ldots, v_r$ aus V sind linear abhängig. Ist $w \in V$, dann sind die Vektoren $w, v_1, \ldots, v_r$ ebenfalls linear abhängig.* Geben Sie auch ein Beispiel. (Jedes *Obersystem* eines linear abhängigen Systems ist also wieder linear abhängig.)

Lösung: Ich gebe zuerst ein Beispiel. Die beiden Vektoren $(1,1)$, $(2,2)$ sind in $\mathbb{R}^2$ linear abhängig. Ist $(1,0)$ ein dritter Vektor aus $\mathbb{R}^2$, so sind die drei Vektoren $(1,1)$, $2,2$, $(1,0)$ auch linear abhängig. Es gilt zum Beispiel für $(3,3) \in \text{Lin}((1,1),(2,2),(1,0))$ die Darstellung $(3,3) = 3(1,1) + 0(2,2) + 0(1,0)$ und die Darstellung $(3,3) = 1(1,1) + 1(2,2) + 0(1,0)$. Anders ausgedrückt: Es ist zum Beispiel $-2(1,1) + 1(2,2) + 0(1,0) = (0,0)$ und $2(1,1) + (-1)(2,2) + 0(1,0) = (0,0)$.

Nun ein Beweis. Sind die Vektoren $v_1, \ldots, v_r$ aus V linear abhängig, dann gibt es reelle Zahlen $c_1, \ldots, c_r$ mit $c_1 v_1 + \cdots + c_r v_r = o$, wobei mindestens ein $c_j \neq 0$ ist. Ist $c = 0$, dann ist $cw + c_1 v_1 + \cdots + c_r v_r = o$. Also sind die Vektoren $w, v_1, \ldots, v_r$ linear abhängig.

4.144 Geben Sie einen Beweis für folgende Aussage: *Sind die Vektoren $v_1, \ldots, v_r$ aus V sind linear unabhängig und sind Zahlen $1 \leqslant i_1 < i_2 < \cdots < i_k \leqslant r$ gegeben. Dann sind auch die Vektoren $v_{i_1}, \ldots, v_{i_k}$ mit $k \leqslant r$ linear unabhängig.* Geben Sie auch ein Beispiel. (Jedes *Untersystem* eines linear unabhängigen Systems ist also wieder linear unabhängig.)

Lösung: Ich gebe zuerst ein Beispiel. Die drei Vektoren $(1,0,0)$, $(0,1,0)$, $(0,0,1)$ sind im Vektorraum $\mathbb{R}^3$ linear unabhängig. Dann sind aber auch die beiden Vektoren $(1,0,0)$, $(0,0,1)$ linear unabhängig. Ist $v = (v_1, v_2, v_3) \in \text{Lin}((1,0,0),(0,1,0),(0,0,1))$, so ist $(v_1, v_2, v_3) = c_1(1,0,0) + c_2(0,1,0) + c_3(0,0,1)$ nur für $c_1 = v_1$, $c_2 = v_2$, $c_3 = v_3$. Ist $v = (a,0,b) \in \text{Lin}((1,0,0),(0,0,1))$, so ist $(a,0,b) = c_1(1,0,0) + c_2(0,0,1)$ nur für $c_1 = a$, $c_2 = b$.

Nun ein Beweis. Ist $c_{i_1} v_{i_1} + \cdots + c_{i_k} v_{i_k} = o$ für reelle Zahlen $c_{i_1}, \ldots, c_{i_k}$. Für $j = 1, \ldots, r$ definieren wir

$$d_j = \begin{cases} 0 & \text{falls } j \notin \{i_1, \ldots, i_k\} \\ c_{i_l} & \text{falls } j = i_l \text{ für ein } l \in \{1, \ldots, r\} \end{cases}$$

dann gilt $d_1v_1 + \cdots + d_rv_r = c_{i_1}v_{i_1} + \cdots + c_{i_k}v_{i_k} = o$. Die lineare Unabhängigkeit von $v_1, \ldots, v_r$ ergibt $d_j = 0$ für $j = 1, \ldots, r$. Folglich ist auch $c_{i_l} = 0$ für $l = 1, \ldots, r$. Also sind die Vektoren $v_{i_1}, \ldots, v_{i_k}$ mit $k \leqslant r$ linear unabhängig.

4.145 Kreuzen Sie die wahre(n) Aussage(n) an. Es ist $(V, +, \cdot, \mathbb{R})$ ein reeller Vektorraum. Dann gilt:

☐ $v + w = w + v$ für alle $v, w \in V$.
☐ $v \cdot w$ ist für $v, w \in V$ nicht definiert.
☐ $0 \cdot v = 0$ für alle $v \in V$.
☐ $r \cdot v \in V$ für $v \in V$ und $r \in \mathbb{R}$.
☐ $r \cdot v \in \mathbb{R}$ für $v \in V$ und $r \in \mathbb{R}$.
☐ $u \cdot (v + w)$ ist für $u, v, w \in V$ nicht definiert.
☐ $(-1) \cdot v = -v$ für alle $v \in V$.
☐ $0 \cdot v = o_V$ für alle $v \in V$.

Lösung:

×	×		×		×	×	×

4.146 Warum ist der Vektorraum $\mathbb{R}^2$ kein Unterraum von $\mathbb{R}^3$?

Lösung: Der Vektorraum $\mathbb{R}^2$ ist kein Unterraum von $\mathbb{R}^3$, weil $\mathbb{R}^2$ keine Teilmenge von $\mathbb{R}^3$ ist. Die Vektoren von $\mathbb{R}^2$ haben zwei Koordinaten, die von $\mathbb{R}^3$ haben drei Koordinaten.

4.147 Die Aufgabe zeigt die Konstruktion eines neuen Vektorraumes aus gegebenen Vektorräumen. Anschließend wird ein Beispiel besprochen.

Gegeben sind die beiden reellen Vektorräume $(V, \oplus, \odot, \mathbb{R})$ und $(W, \boxplus, \boxdot, \mathbb{R})$. Zeigen Sie, dass $(V \times W, +, \cdot, \mathbb{R})$ ein Vektorraum ist mit $(v, w) + (\hat{v}, \hat{w}) = (v \oplus \hat{v}, w \boxplus \hat{w})$ und $r \cdot (v, w) = (r \odot v, r \boxdot w)$ für alle $v, \hat{v} \in V$, $w, \hat{w} \in W$, $r \in \mathbb{R}$. Diesen Vektorraum nennt man den *Produktvektorraum* von V und W.

Wählen Sie für $(V, \oplus, \odot, \mathbb{R})$ den Vektorraum $(\mathbb{R}^2, +, \cdot, \mathbb{R})$ und für $(W, \boxplus, \boxdot, \mathbb{R})$ den Vektorraum $(\mathbb{R}^{1\times 3}, +, \cdot, \mathbb{R})$. Geben Sie in dem Produktvektorraum $(\mathbb{R}^2 \times \mathbb{R}^{1\times 3}, +, \cdot, \mathbb{R})$ zwei (beliebige) Vektoren (v, w), $(\hat{v}, \hat{w})$ an und berechnen Sie deren Summe $(v, w) + (\hat{v}, \hat{w})$. Berechnen Sie auch $r \cdot (v, w)$ für $r = 2$.

Lösung: Um zu zeigen, dass $(V \times W, +, \cdot, \mathbb{R})$ ein Vektorraum ist, muss man die Definition eines Vektorraumes heranziehen. Es ist also zu überprüfen, dass die Verknüpfungen $+$ und $\cdot$ abgeschlossen sind, das heißt, dass die Summe zweier Elemente aus der Trägermenge $V \times W$ wieder in der Trägermenge $V \times W$ ist und analog auch für die reelle Multiplikation. Außerdem muss nachgerechnet werden, dass alle acht Vektorraumaxiome erfüllt sind.

Die Addition ist abgeschlossen, denn ist $(v, w) \in V \times W$ und $(\hat{v}, \hat{w}) \in V \times W$, so ist $(v, w) + (\hat{v}, \hat{w}) = (v \oplus \hat{v}, w \boxplus \hat{w}) \in V \times W$. Auch die reelle Multiplikation ist abgeschlossen, denn ist $(v, w) \in V \times W$ und $r \in \mathbb{R}$, so ist $r \cdot (v, w) = (r \odot v, r \boxdot w) \in V \times W$.

In dem (neuen) Vektorraum $V \times W$ gelten alle acht Vektorraumaxiome. Kommutativaxiom: $(v,w)+(\hat{v},\hat{w}) = (v\oplus\hat{v}, w\boxplus\hat{w}) = (\hat{v}\oplus v, \hat{w}\boxplus w) = (\hat{v},\hat{w})+(v,w)$ für alle $v,\hat{v} \in V$ und für alle $w,\hat{w} \in W$, weil das Kommutativaxiom sowohl in V als auch in W gilt. Analog begründet man das Assoziativaxiom. Der Nullvektor ist (o_V, o_W), wobei o_V der Nullvektor in V und o_W der Nullvektor in W ist. Der zu (v,w) negative Vektor ist $(-v,-w)$, wobei $-v$ der negative Vektor von v in V und $-w$ der negative Vektor von w in W ist. Das Distributivaxiom $r \cdot ((v,w)+(\hat{v},\hat{w})) = (r\cdot(v,w)) + (r\cdot(\hat{v},\hat{w}))$ lässt sich wie folgt beweisen: $r\cdot((v,w)+(\hat{v},\hat{w})) = r\cdot(v\oplus\hat{v}, w\boxplus\hat{w}) = ((r\odot v)\oplus(r\odot\hat{v}), (r\boxdot w)\boxplus(r\boxdot\hat{w})) = (r\odot v, r\boxdot w) + (r\odot\hat{v}, r\boxdot\hat{w}) = (r\cdot(v,w)) + (r\cdot(\hat{v},\hat{w}))$ für alle $v,\hat{v}\in V$, für alle $w,\hat{w}\in W$ und für alle $r \in \mathbb{R}$. Das andere Distributivaxiom und das Assoziativaxiom beweist man analog. Schließlich ist $1\cdot(v,w) = (1\odot v, 1\odot w) = (v,w)$ für alle $v\in V$ und $w \in W$. Insgesamt ist somit $(V\times W, +, \cdot, \mathbb{R})$ ein reeller Vektorraum.

Zwei (beliebige) Vektoren aus $\mathbb{R}^2 \times \mathbb{R}^{1\times 3}$ sind zum Beispiel $\big((1,-2),[-1,0,2]\big)$ und $\big((-1,3),[2,1,-3]\big)$. Damit ist $\big((1,-2),[-1,0,2]\big) + \big((-1,3),[2,1,-3]\big) = \big((0,1),[1,1,-1]\big)$ und $2\cdot\big((1,-2),[-1,0,2]\big) = \big((2,-4),[-2,0,4]\big)$.

4.148 Sind $(V,\oplus,\odot,\mathbb{R})$ und $(W,\boxplus,\boxdot,\mathbb{R})$ zwei reelle Vektorräume und gibt es eine bijektive Abbildung $\phi: V \to W$, die linear (verknüpfungstreu, verträglich, strukturerhaltend) ist, das heißt $\phi(u\oplus v) = \phi(u)\boxplus\phi(v)$ und $\phi(r\odot v) = r\boxdot\phi(v)$ für alle $u,v\in V$ und $r\in\mathbb{R}$, so nennt man die Vektorräume *strukturgleich* oder *isomorph*.

Sind die reellen Vektorräume $(\mathbb{R}^2\times\mathbb{R}^3, +, \cdot, \mathbb{R})$ und $(\mathbb{R}^5, +, \cdot, \mathbb{R})$ gleich? Sind sie strukturgleich? Dabei ist der Vektorraum $\mathbb{R}^2\times\mathbb{R}^3$ nach Aufgabe 4.147 konstruiert und $\mathbb{R}^5$ ist der bekannte natürliche Vektorraum.

Lösung: Die Vektorräume $\mathbb{R}^2\times\mathbb{R}^3$ und $\mathbb{R}^5$ sind nicht gleich, denn die Trägermengen $\mathbb{R}^2\times\mathbb{R}^3$ und $\mathbb{R}^5$ sind ungleich. Zum Beispiel ist $\mathbb{R}^2\times\mathbb{R}^3 \ni ((1,2),(3,4,5)) \neq (1,2,3,4,5) \in \mathbb{R}^5$, denn $((1,2),(3,4,5))$ ist ein Paar, wobei die erste Koordinate ein reelles Zahlenpaar ist und die zweite Koordinate ein reelles Zahlentripel. Dagegen ist das mathematische Objekt $(1,2,3,4,5)$ ist ein reelles 5-Tupel. Strukturgleich sind die Vektorräume, denn zum Beispiel ist die (natürliche) Abbildung

$$\phi: \begin{cases} \mathbb{R}^2\times\mathbb{R}^3 & \to & \mathbb{R}^5 \\ ((v_1,v_2),(w_1,w_2,w_3)) & \mapsto & (v_1,v_2,w_1,w_2,w_3) \end{cases}$$

linear und bijektiv.

Die Vektorräume $\mathbb{R}^m\times\mathbb{R}^n$ und $\mathbb{R}^{m+n}$ sind zwar nicht gleich, aber strukturgleich.

4.149 Geben Sie von dem Vektorraum $\mathbb{R}^5$ und von dem Vektorraum $\mathbb{R}^2\times\mathbb{R}^3$ jeweils eine Basis an.

Lösung: Die natürlichen Einheitsvektoren $e_1 = (1,0,0,0,0)$, $e_2 = (0,1,0,0,0)$, $e_3 = (0,0,1,0,0)$, $e_4 = (0,0,0,1,0)$, $e_5 = (0,0,0,0,1)$ bilden eine Basis von $\mathbb{R}^5$. Es ist die natürliche Basis von $\mathbb{R}^5$. Die fünf Vektoren $((1,0),(0,0,0))$, $((0,1),(0,0,0))$, $((0,0),(1,0,0))$, $((0,0),(0,1,0))$, $((0,0),(0,0,1))$ bilden eines Basis von $\mathbb{R}^2\times\mathbb{R}^3$, denn sie sind linear unabhängig und spannen den Vektorraum $\mathbb{R}^2\times\mathbb{R}^3$ auf.

4.150 Geben Sie eine Matrix A aus $\mathbb{R}^{2\times 2}$ an, für die $N(A) = S(A)$ gilt. Geben Sie anschließend eine Matrix B aus $\mathbb{R}^{3\times 3}$ an, für die $N(B) = S(B)$ gilt. (Vergleiche Aufgabe 5.117.)

Lösung: Für die Matrix

$$A = \begin{bmatrix} 0 & 1 \\ 0 & 0 \end{bmatrix}$$

gilt $N(A) = \{(z, 0) \mid z \in \mathbb{R}\} = S(A)$.

Eine Matrix B aus $\mathbb{R}^{3\times 3}$ mit $N(B) = S(B)$ existiert nicht. Denn ist $N(B) = S(B)$, dann ist $\operatorname{Dim} N(B) = \operatorname{Dim} S(B)$. Nun ist $n = \operatorname{Dim} N(B) + \operatorname{Dim} S(B)$ für jede Matrix B mit n Spalten. Also muss n gerade sein. Insbesondere gibt es also keine Matrix aus $\mathbb{R}^{3\times 3}$.

4.151 Gegeben ist der Koordinatenvektor $v = (2, 0)$ und die Basis $B = ((1, 1), (1, -1))$ im Vektorraum $\mathbb{R}^2$. Bestimmen Sie den Koordinatenvektor v_B von v bezüglich der Basis B, und interpretieren Sie die Situation geometrisch.

Lösung: Es ist $r_1(1, 1) + r_2(1, -1) = (2, 0)$ genau dann, wenn $r_1 = 1$, $r_2 = 1$ ist. Also ist $v_B = (1, 1)$ der Koordinatenvektor von v in der Basis B. Das Bild 4.1 zeigt

Bild 4.1: Geometrische Interpretation zu Aufgabe 4.151

die Situation geometrisch. Im Bild links ist $v = (2, 0)$ als Punkt in dem kartesischen Koordinatensystem dargestellt, das durch die natürliche Basis $e_1 = (1, 0)$, $e_2 = (0, 1)$ bestimmt ist. Im Bild rechts ist der Koordinatenvektor $v_B = (1, 1)$ als Punkt im neuen senkrechten Koordinatensystem dargestellt, das durch die Basisvektoren $b_1 = (1, 1)$, $b_2 = (1, -1)$ bestimmt ist.

4.152 Die Vektoren $(1, 3)$ und $(-2, 2)$ bilden eine Basis von $\mathbb{R}^2$. Gegeben ist der Vektor $(1, 11)$ (bezüglich der natürlichen Basis). Bestimmen Sie die Koordinaten und damit den Koordinatenvektor von $(1, 11)$ bezüglich der Basis $B = ((1, 3), (-2, 2))$.

Lösung: Es ist $r_1(1,3) + r_2(-2,2) = (1,11)$ oder in Matrizenform

$$r_1 \begin{bmatrix} 1 \\ 3 \end{bmatrix} + r_2 \begin{bmatrix} -2 \\ 2 \end{bmatrix} = \begin{bmatrix} 1 \\ 11 \end{bmatrix} \quad \text{oder} \quad \begin{bmatrix} 1 & -2 \\ 3 & 2 \end{bmatrix} \begin{bmatrix} r_1 \\ r_2 \end{bmatrix} = \begin{bmatrix} 1 \\ 11 \end{bmatrix}.$$

Die Lösung dieses linearen Gleichungssystems ist $r_1 = 3$, $r_2 = 1$. Somit sind $r_1 = 3$ und $r_2 = 1$ die Koordinaten von $(1,11)$ in der Basis $B = ((1,3),(-2,2))$. Also ist $(1,11)_B = (3,1)$ der Koordinatenvektor von $(1,11)$ in der Basis $B = ((1,3),(-2,2))$. (Ebenso ist $(1,3)_B = (1,0) = e_1$ und $(-2,2)_B = (0,1) = e_2$.)

4.153 Bestimmen Sie den Vektor $v \in \mathbb{R}^3$ für den Koordinatenvektor $v_B = (-1,3,2)$, wenn die Basis $B = ((1,2,1),(2,0,0),(3,3,4))$ ist.

Lösung: Es ist $v = -1(1,2,1) + 3(2,9,0) + 2(3,3,4) = (11,31,7)$ für den Koordinatenvektor $v_B = (-1,3,2)$, wenn die Basis B ist.

4.154 Geben Sie den Koordinatenvektor von $(4,-3,2)$ bezüglich der Basis $B = ((1,1,1),(1,1,0),(1,0,0))$ von $\mathbb{R}^3$ an.

Lösung: Es ist $(4,-3,2)_B = (2,-5,7)$.

4.155 Geben Sie den Koordinatenvektor von

$$\begin{bmatrix} 4 & -11 \\ -11 & -7 \end{bmatrix}$$

im Vektorraum der symmetrischen Matrizen bezüglich der Basis

$$B = \left(\begin{bmatrix} 1 & -2 \\ -2 & 1 \end{bmatrix}, \begin{bmatrix} 2 & 1 \\ 1 & 3 \end{bmatrix}, \begin{bmatrix} 4 & -1 \\ -1 & -5 \end{bmatrix} \right)$$

an.

Lösung: Es ist

$$\begin{bmatrix} 4 & -11 \\ -11 & -7 \end{bmatrix}_B = (4,-2,1).$$

4.156 Geben Sie den Koordinatenvektor von $v = 2t^2 - 5t + 9$ im Vektorraum der reellen Polynomfunktionen bezüglich der Basis $B = (t+1, t-1, (t-1)^2)$ an.

Lösung: Es ist zunächst $2t^2 - 5t + 9 = x(t+1) + y(t-1) + z(t^2 - 2t + 1) = xt + x + yt - y + zt^2 - 2zt + z = zt^2 + (x + y - 2z)t + (x - y + z)$. Koeffizientenvergleich liefert das lineare Gleichungssystem $z = 2$, $x + y - 2z = 5$, $x - y + z = 9$. Die Lösung ist $x = 3$, $y = -4$, $z = 2$. Also ist $(2t^2 - 5t + 9)_B = (3,-4,2)$.

4.157 Gegeben ist der Vektor $v = (1, 2, 3, 4)$ und die FOURIER-Basis $F = ((1, 1, 1, 1), (1, 0, -1, 1), (1, -1, 1, -1), (0, 1, 0, -1))$ im Vektorraum $\mathbb{R}^4$. Bestimmen Sie den Koordinatenvektor v_F von v bezüglich der FOURIER-Basis F.

Lösung: Es ist $r_1(1, 1, 1, 1) + r_2(1, 0, -1, 1) + r_3(1, -1, 1, -1) + r_4(0, 1, 0, -1) = (1, 2, 3, 4)$ genau dann, wenn $r_1 = 5/2$, $r_2 = -1$, $r_3 = -1/2$, $r_4 = -1$ ist. Somit ist $v_F = (5/2, -1, -1/2, -1)$ der Koordinatenvektor von v bezüglich der FOURIER-Basis F.

4.158 Gegeben ist der Vektor (Polynomfunktion) $v = 1 + 2t + 4t^2$ und die Basis $B = ((1), (2t), (4t^2 - 2))$ im Vektorraum der Polynomfunktionen vom Grad kleiner oder gleich drei. Bestimmen Sie den Koordinatenvektor v_B von v bezüglich der Basis B.

Lösung: Es ist $r_1(1) + r_2(2t) + r_3(4t^2 - 2) = 1 + 2t + 4t^2$ genau dann, wenn $r_1 = 3$, $r_2 = 1$, $r_3 = 1$ ist. Somit ist $v_B = (3, 1, 1)$ der Koordinatenvektor von v bezüglich der Basis B.

4.159 Gegeben ist der Vektor $v = (3, 12, 7)$ und die Basis $B = ((3, 6, 2), (-1, 0, 1))$ für $\mathrm{Lin}((3, 6, 2), (-1, 0, 1))$ im Vektorraum $\mathbb{R}^3$. Ist v in $\mathrm{Lin}((3, 6, 2), (-1, 0, 1))$? Falls ja, dann bestimmen Sie v_B, das heißt den Koordinatenvektor von v in dieser Basis B.

Lösung: Es ist $r_1(3, 6, 2) + r_2(-1, 0, 1) = (3, 12, 7)$ genau dann, wenn $r_1 = 2$, $r_2 = 3$ ist. (Das überbestimmte lineare Gleichungssystem ist eindeutig lösbar.) Also ist $v \in \mathrm{Lin}((3, 6, 2), (-1, 0, 1))$. Außerdem ist $v_B = (2, 3)$. Geometrische Interpretation: Der Punkt von $v = (3, 12, 7)$ liegt in der Ebene von $\mathrm{Lin}((3, 6, 2), (-1, 0, 1))$ und hat in dem neuen Koordinatensystem die Koordinaten 2 und 3. (Ergänzung: Die Matrix

$$\begin{bmatrix} 5/97 & 12/97 & 5/97 \\ -46/97 & 6/97 & 51/97 \end{bmatrix}$$

ist eine linke Inverse der Koeffizientenmatrix des obigen linearen Gleichungssystems.)

4.160 Gegeben sind die Vektoren $v = (1, -1, 0, 2)$ und $w = (0, -1, 2, 3)$ aus dem Vektorraum $\mathbb{R}^4$. Berechnen Sie den Vektor $v - w$.

Lösung: Es ist $-w$ der Vektor $(0, 1, -2, -3)$. Wegen $v - w = v + (-w)$ ist $v - w$ der Vektor $v - w = v + (-w) = (1, -1, 0, 2) + (0, 1, -2, -3) = (1, 0, -2, -1)$.

4.161 Gegeben sind die Vektoren $f : \mathbb{R} \to \mathbb{R}$, $f(x) = x^2$ und $g : \mathbb{R} \to \mathbb{R}$, $g(x) = x^2 - \sin(x)$ aus dem Vektorraum $\mathrm{Abb}(\mathbb{R}, \mathbb{R})$. Berechnen Sie den Vektor $f - g$.

Lösung: Es ist $-g$ der Vektor $(-g) : \mathbb{R} \to \mathbb{R}$, $(-g)(x) = -x^2 + \sin(x)$. Wegen $f - g = f + (-g)$ ist $f - g$ der Vektor $(f - g) : \mathbb{R} \to \mathbb{R}$ mit $(f - g)(x) = \sin(x)$.

4.162 Es ist V ein Vektorraum. Zeigen Sie, dass $-v = (-1)v$ ist für jeden Vektor v aus V.

Lösung: Ist $v \in V$, so gilt: $v + (-1)v = 1v + (-1)v = (1 + (-1))v = 0v = o$. Also ist $(-1)v$ der Gegenvektor von v. Somit ist $-v = (-1)v$.

4.163 Begründen Sie zunächst die folgende Aussage: *Die beiden Vektoren v und* $(0,0)$ *aus dem Vektorraum* $\mathbb{R}^2$ *sind linear abhängig.* Beweisen Sie dann die folgende Aussage: *Wenn einer der Vektoren $v_1,\dots,v_n$ aus einem Vektorraum V der Nullvektor o_V ist, dann sind die Vektoren linear abhängig.*

Lösung: Es ist zum Beispiel $0 \cdot v + 2 \cdot (0,0) = (0,0)$. Also sind die beiden Vektoren v und $(0,0)$ aus $\mathbb{R}^2$ linear abhängig.

Nun beweisen wir die Aussage *Wenn einer der Vektoren $v_1,\dots,v_n$ aus einem Vektorraum V der Nullvektor o_V ist, dann sind die Vektoren linear abhängig.* Wir weisen nach, dass die Vektorgleichung $r_1v_1 + \cdots + r_nv_n = o_V$ eine Lösung $\mathbb{R}^n \ni (r_1,\dots,r_n) \neq (0,\dots,0)$ besitzt. Ohne Beschränkung der Allgemeinheit[1] können wir annehmen, dass v_1 der Nullvektor ist, also $v_1 = o_V$. Dann ist das Tupel $(r_1,0,\dots,0) \in \mathbb{R}^n$ mit $r_1 \neq 0$ eine Lösung der Vektorgleichung $r_1v_1 + \cdots + r_nv_n = o_V$. Also sind die Vektoren $v_1,\dots,v_n$ linear abhängig.

4.164 Es ist V ein Vektorraum und v, w aus V. Zeigen Sie, dass die drei Vektoren linear abhängig sind.

Lösung: Wir zeigen, dass die Vektorgleichung $r_1v + r_2(v+w) + r_3(v-w) = o_V$ eine nichttriviale Lösung $(r_1,r_2,r_3) \in \mathbb{R}^3$ besitzt. Fall 1: Ist $v = o_V$ oder $w = o_V$, dann sind die drei Vektoren offensichtlich linear abhängig. Fall 2: Sind $v \neq o_V$, $w \neq o_v$ und v, w linear abhängig. Dann gilt $v = kw$ mit $r \in \mathbb{R}$. Damit folgt aus der Vektorgleichung $r_1v+r_2(v+w)+r_3(v-w) = o_V$ die Vektorgleichung $r_1kw+r_2(kw+w)+r_3(kw-w) = o_V$ oder $(r_1k + r_2(k+1) + r_3(k-1))w = o_V$. Weil $w \neq o_V$ ist, muss gelten $r_1k + r_2(k+1) + r_3(k-1) = 0$. Eine Lösung dieser Gleichung ist etwa $(r_1,r_2,r_3) = (-2,1,1)$. Demnach sind die drei Vektoren v, $v+w$, $v-w$ linear abhängig. Fall 3: v und w sind linear unabhängig. Die Vektorgleichung $r_1v + r_2(v+w) + r_3(v-w) = o_V$ können wir auch schreiben als $(r_1+r_2+r_3)v + (r_2-r_3)w = o_V$. Weil v, w linear unabhängig sind muss gelten $r_1+r_2+r_3 = 0$ und $r_2 - r_3 = 0$. Dieses lineare Gleichungssystem hat die allgemeine Lösung $\{(-2t,t,t) \mid t \in \mathbb{R}\}$. Da nicht alle Koordinaten Null sein müssen, sind die drei Vektoren v, $v+w$, $v-w$ linear abhängig. Damit ist alles gezeigt.

4.165 Spannen die drei Vektoren $v_1 = (2,1,3)$, $v_2 = (1,0,-2)$, $v_3 = (3,1,1)$ den Vektorraum $\mathbb{R}^3$ auf?

Lösung: Wir geben zwei Möglichkeiten an, um die Frage zu beantworten.

Erste Möglichkeit. Offensichtlich ist $v_3 = v_1 + v_2$. Demnach sind v_1, v_2, v_3 linear abhängig. Sie können also den $\mathbb{R}^3$ nicht aufspannen. (Zum Aufspannen des Vektorraumes $\mathbb{R}^3$ braucht man mindestens drei linear unabhängige Vektoren.)

[1] In Beweisen wird manchmal der Ausdruck *Ohne Beschränkung der Allgemeinheit* verwendet. Oft abgekürzt als O.B.d.A. Diesen Ausdruck verwendet man, wenn man eine Annahme oder Voraussetzung einführt, aufgrund derer die neue Aussage wie eine Spezialisierung *aussieht*, es aber tatsächlich nicht ist, denn der Grad der Allgemeinheit bleibt erhalten. Wenn wir zum Beispiel eine Aussage haben, die mit *Für zwei verschiedene reelle Zahlen x und y gilt ...* beginnt, dann können wir ohne Beschränkung der Allgemeinheit annehmen, dass $x < y$ ist. Denn wäre dies nicht richtig, dann könnten wir die Bezeichnung einfach umdrehen.

Zweite Möglichkeit. Es ist $r_1(2,1,3) + r_2(1,0,-2) + r_3(3,1,1) = o_3$ genau dann, wenn

$$\begin{aligned} 2r_1 + r_2 + 3r_3 &= 0 \\ r_1 + r_3 &= 0 \\ 3r_1 - 2r_2 + r_3 &= 0 \end{aligned}$$

gilt. Die Lösungsmenge dieses linearen Gleichungssystems ist $\{t(-1,-1,1) \mid t \in \mathbb{R}\}$. Zum Beispiel ist $(r_1, r_2, r_3) = (-1,-1,1)$ eine nichttriviale Lösung. Demnach sind die drei Vektoren $v_1 = (2,1,3)$, $v_2 = (1,0,-2)$, $v_3 = (3,1,1)$ linear abhängig. Sie können also den Vektorraum $\mathbb{R}^3$ nicht aufspannen.

4.166 Im Vektorraum $\mathbb{R}^3$ sind die Vektoren $a_1 = (0,1,1)$, $a_2 = (1,2,3)$, $a_3 = (1,4,5)$, $b = (1,0,1)$ gegeben. Kreuzen Sie die wahre(n) Aussage(n) an.

- ☐ Der Vektor b ist als Linearkombination von a_1, a_2, a_3 darstellbar.
- ☐ Der Vektor b ist eindeutig als Linearkombination von a_1, a_2, a_3 darstellbar.
- ☐ Der Vektor b ist nicht als Linearkombination von a_1, a_2, a_3 darstellbar.
- ☐ Keine der Aussagen ist wahr.

Lösung:

×			

Es ist $(1,0,1) = r_1(0,1,1) + r_2(1,2,3) + r_3(1,4,5)$ genau dann, wenn

$$\begin{aligned} r_2 + r_3 &= 1 \\ r_1 + 2r_2 + 4r_3 &= 0 \\ r_1 + 3r_2 + 5r_3 &= 1 \end{aligned}$$

gilt. Die Lösungsmenge dieses linearen Gleichungssystems ist $\{(-2,1,0) + t(-2,-1,1) \mid t \in \mathbb{R}\}$. Da es unendlich viele Lösungen gibt, ist b eine Linearkombination von a_1, a_2, a_3. Zum Beispiel ist $b = -4a_1 + a_3$ $(t = 1)$ oder $b = 2a_2 - a_3$ $(t = -1)$.

4.167 Gegeben sind die Vektoren $(1,0,0)$ und $(0,1,1)$ im Vektorraum $\mathbb{R}^3$. Welchen Unterraum U spannen sie auf? Geben Sie eine Parameterdarstellung und eine parameterfrei Darstellung von U an.

Lösung: Eine Parameterdarstellung von U ist $U = \{(x_1, x_2, x_3) \in \mathbb{R}^3 \mid (x_1, x_2, x_3) = s(1,0,0) + t(0,1,1), s, t \in \mathbb{R}\}$. Der Unterraum U ist zweidimensional. Es ist $x_1 = s$, $x_2 = t$, $x_3 = t$ oder $s = x_1$, $t = x_2 = x_3$, also ist $U = \{\{(x_1, x_2, x_3) \in \mathbb{R}^3 \mid x_2 - x_3 = 0\}$ eine parameterfreie Darstellung von U. (Geometrische Interpretation: Es handelt sich um die Ursprungsebene mit der Koordinatengleichung $x_2 - x_3 = 0$.)

4.168 Es ist $A \in \mathbb{R}^{n \times n}$. Zeigen Sie, dass die Vektoren $v \in \mathbb{R}^n$ mit $Av = v$ einen Unterraum von $\mathbb{R}^n$ bilden.

Lösung: Wir können diese Aussage mit dem Untervektorraumkriterium beweisen. Es geht jedoch auch so. Es ist $Av = v$ gleichwertig zu $(A - E_n)v = o$. Nun wissen wir, dass der Nullraum jeder Matrix ein Untervektorraum von $\mathbb{R}^n$ ist, also ist $N(A - E_n)$ ein Unterraum von $\mathbb{R}^n$. Der Unterraum $N(A - E_n)$ besteht genau aus den Vektoren v mit $Av = v$. Das war zu zeigen.

4.169 Sind die folgenden Aussagen wahr oder falsch?

(a) Die Menge, die nur aus dem Nullvektor o_n besteht, ist ein Unterraum von $\mathbb{R}^n$.
(b) Der $\mathbb{R}^n$ ist ein Unterraum von $\mathbb{R}^n$.
(c) Sind v, w aus $\mathbb{R}^3$, dann entspricht der Menge $\text{Lin}(v, w)$ eine Ebene in $\mathbb{R}^3$.
(d) Sind $v_1, \ldots, v_k$ Vektoren aus $\mathbb{R}^n$. Ist $k \geqslant n$, dann ist $\text{Lin}(v_1, \ldots, v_n) = \mathbb{R}^n$.

Lösung: Wir können wie folgt antworten.

(a) Wahr.
(b) Wahr.
(c) Falsch. Sind v und w Vielfache, so entspricht der Menge $\text{Lin}(v, w)$ eine Ursprungsgerade. Ist $v = w = o_n$, so ist $\text{Lin}(v, w) = \{o_n\}$.
(d) Falsch.Gegenbeispiel: $v_1 = (1, 1)$, $v_2 = (2, 2)$, dann ist $\text{Lin}(v_1, v_2) \neq \mathbb{R}^2$.

4.170 Bestimmen Sie von der Matrix

$$A = \begin{bmatrix} 0 & 0 & 0 \\ 0 & 1 & 2 \\ 0 & 0 & 0 \end{bmatrix}$$

jeweils eine Basis für alle vier Fundamentalräume.

Lösung: Wie man Basen für die vier Fundamentalräume konstruiert, können Sie zum Beispiel in [8] nachlesen. Es ist zunächst

$$A = \begin{bmatrix} 0 & 0 & 0 \\ 0 & 1 & 2 \\ 0 & 0 & 0 \end{bmatrix} \xrightarrow{\text{Normierte Zeilenstufenmatrix}} Z_A = \begin{bmatrix} 0 & 1 & 2 \\ 0 & 0 & 0 \\ 0 & 0 & 0 \end{bmatrix}.$$

Die Nichtnullzeilen von Z_A bilden, aufgefasst als Vektoren in $\mathbb{R}^3$, eine Basis vom Zeilenraum von A. Also bildet der Vektor $(0, 1, 2)$ eine Basis von $Z(A)$. Um eine Basis von $N(A)$ zu bestimmen, lösen wir zunächst nach den führenden Variablen auf. Es ist x_2 eine führende Variable, aufgelöst nach ihr ergibt $x_2 = -2x_3$. Die freie Variable x_1 wird auf 1 gesetzt und die andere freie Variable x_3 auf 0, dann umgekehrt. Das ergibt die Vektoren $(1, 0, 0)$, $(0, -2, 1)$, welche eine Basis für $N(A)$ bilden.

Um eine Basis für $S(A) = Z(A^T)$ und $N(A^T)$ zu finden, gehen wir analog vor, aber anstatt mit A arbeiten wir mit A^T. Es ist zunächst

$$A^T = \begin{bmatrix} 0 & 0 & 0 \\ 0 & 1 & 0 \\ 0 & 2 & 0 \end{bmatrix} \xrightarrow{\text{Normierte Zeilenstufenmatrix}} Z_{A^T} = \begin{bmatrix} 0 & 1 & 0 \\ 0 & 0 & 0 \\ 0 & 0 & 0 \end{bmatrix}.$$

Dann ist $(0, 1, 0)$ eine Basis für $S(A)$ und $(1, 0, 0)$, $(0, 0, 1)$ eine Basis für $N(A^T)$. Damit haben wir für alle vier Fundamentalräume von A eine Basis konstruiert.

4.171 Bestimmen Sie von der Matrix

$$A = \begin{bmatrix} 1 & 0 \\ 0 & 2 \\ 0 & 1 \end{bmatrix}$$

jeweils eine Basis für alle vier Fundamentalräume.

Lösung: Es ist

$$A = \begin{bmatrix} 1 & 0 \\ 0 & 2 \\ 0 & 1 \end{bmatrix} \xrightarrow{\text{Normierte Zeilenstufenmatrix}} Z_A = \begin{bmatrix} 1 & 0 \\ 0 & 1 \\ 0 & 0 \end{bmatrix}$$

und

$$A^T = \begin{bmatrix} 1 & 0 & 0 \\ 0 & 2 & 1 \end{bmatrix} \xrightarrow{\text{Normierte Zeilenstufenmatrix}} Z_{A^T} = \begin{bmatrix} 1 & 0 & 0 \\ 0 & 1 & 1/2 \end{bmatrix}.$$

Wie in Aufgabe 4.170 erhält man: Die Vektoren $(1,0)$, $(0,1)$ bilden eine Basis für $Z(A)$, der Unterraum $N(A)$ hat keine Basis, denn es ist $N(A) = \{(0,0)\}$, die Vektoren $(1,0,0)$, $(0,1,1/2)$ bilden eine Basis von $S(A)$ und der Vektor $(0,-1,2)$ ist eine Basis für $N(A^T)$.

4.172 Bestimmen Sie von der Matrix

$$A = \begin{bmatrix} 1 & 2 & 0 & 3 & 0 \\ 0 & 0 & 1 & -1 & 0 \\ 0 & 0 & 0 & 0 & 1 \end{bmatrix}$$

jeweils eine Basis für alle vier Fundamentalräume.

Lösung: Die Matrix A ist schon eine normierte Zeilenstufenmatrix und

$$A^T = \begin{bmatrix} 1 & 0 & 0 \\ 2 & 0 & 0 \\ 0 & 1 & 0 \\ 3 & -1 & 0 \\ 0 & 0 & 1 \end{bmatrix} \xrightarrow{\text{Normierte Zeilenstufenmatrix}} Z_{A^T} = \begin{bmatrix} 1 & 0 & 0 \\ 0 & 1 & 0 \\ 0 & 0 & 1 \\ 0 & 0 & 0 \\ 0 & 0 & 0 \end{bmatrix}.$$

Wie in Aufgabe 4.170 erhält man: Die Vektoren $(1,2,0,3,0)$, $(0,0,1,-1,0)$, $(0,0,0,0,1)$ bilden eine Basis für $Z(A)$, die Vektoren $(-2,1,0,0,0)$, $(-3,0,1,1,0)$ bilden eine Basis für $N(A)$, die Vektoren $(1,0,0)$, $(0,1,0)$, $(0,0,1)$ bilden eine Basis von $S(A)$ und $N(A^T)$ hat keine Basis, weil $N(A^T) = \{(0,0,0,0,0)\}$ ist.

4.173 Bestimmen Sie von der Matrix

$$A = \begin{bmatrix} 0 & -4 & 0 & 2 & 1 \\ -1 & 2 & 1 & 2 & 1 \\ -2 & 0 & 2 & 6 & 3 \end{bmatrix}$$

jeweils eine Basis für alle vier Fundamentalräume.

Lösung: Es ist

$$A = \begin{bmatrix} 0 & -4 & 0 & 2 & 1 \\ -1 & 2 & 1 & 2 & 1 \\ -2 & 0 & 2 & 6 & 3 \end{bmatrix} \xrightarrow{\text{Normierte Zeilenstufenmatrix}} Z_A = \begin{bmatrix} 1 & 0 & -1 & -3 & -3/2 \\ 0 & 1 & 0 & -1/2 & -1/4 \\ 0 & 0 & 0 & 0 & 0 \end{bmatrix}$$

und

$$A^T = \begin{bmatrix} 0 & -1 & -2 \\ -4 & 2 & 0 \\ 0 & 1 & 2 \\ 2 & 2 & 6 \\ 1 & 1 & 3 \end{bmatrix} \xrightarrow{\text{Normierte Zeilenstufenmatrix}} Z_{A^T} = \begin{bmatrix} 1 & 0 & 1 \\ 0 & 1 & 2 \\ 0 & 0 & 0 \\ 0 & 0 & 0 \\ 0 & 0 & 0 \end{bmatrix}.$$

Wie in Aufgabe 4.170 erhält man: Die Vektoren $(1, 0, -1, -3, -3/2)$, $(0, 1, 0, -1/2, -1/4)$ bilden eine Basis für $Z(A)$, die Vektoren $(1, 0, 1, 0, 0)$, $(3, 1/2, 0, 1, 0)$, $(3/3, 1/4, 0, 0, 1)$ bilden eine Basis von $N(A)$ die Vektoren $(1, 0, 1)$, $(0, 1, 2)$ bilden eines Basis von $S(A)$ und der Vektor $(-1, -2, 1)$ ist eine Basis für $N(A^T)$.

4.174 Operationen von Untervektorräumen. Zwei verschiedene Ebenen im Raum durch den Koordinatenursprung haben eine Gerade durch den Koordinatenursprung als Schnittmenge. Den beiden Ebenen entsprechen zwei Untervektorräume im Vektorraum $\mathbb{R}^3$ und der Geraden entspricht ebenfalls ein Untervektorraum in $\mathbb{R}^3$. Diese Beobachtung gilt allgemein: *Sind U, W Untervektorräume von einem Vektorraum V, so ist auch die Schnittmenge $U \cap W$ ein Untervektorraum von V.* Beweisen Sie diese Aussage. Eine analoge Aussage für die Vereinigung ist nicht wahr. Geben Sie ein Beispiel.

Lösung: Wir können die Aussage wie folgt beweisen. Da o in U und W enthalten ist, ist o auch in $U \cap W$ enthalten, also ist zunächst $U \cap W \neq \{\}$. Sind nun u, w aus $U \cap W$, so ist $u, w \in U$ und $u, w \in W$, also ist $u + w \in U$ und $u + w \in W$, und somit ist $u + w \in U \cap W$. Ebenso folgt aus $r \in \mathbb{R}$ und $v \in U \cap W$, dass $r \cdot v \in U \cap W$ ist.

Die Vereinigungsmenge zweier Untervektorräume ist im Allgemeinen kein Untervektorraum. Hier ist ein Beispiel. Die Menge $U = \{(x, 0) \in \mathbb{R}^2\}$ und die Menge $W = \{(x, 0) \in \mathbb{R}^2\}$ sind Untervektorräume in dem Vektorraum $\mathbb{R}^2$. Für $(1, 0) \in U$ und $(0, 1) \in W$ ist $(1, 0) + (0, 1) = (1, 1)$. Aber der Vektor $(1, 1)$ gehört nicht zu U oder W, also nicht zu $U \cup W$.

4.175 Beweisen Sie folgenden Satz: *Gegeben ist* $A \in \mathbb{R}^{m\times n}$, *dann ist* $\mathbb{R}^n = Z(A) \oplus N(A)$, *wobei* $Z(A)$ *der Zeilenraum und* $N(A)$ *der Nullraum von* A *ist.* Jeder Vektor x aus $\mathbb{R}^n$ lässt sich eindeutig als $x = x_Z + x_N$ schreiben mit $x_Z \in Z(A)$ und $x_N \in N(A)$. (Später werden wir sogar $\mathbb{R}^n = Z(A) \ominus N(A)$ beweisen.)

Lösung: Der Zeilenraum $Z(A)$ von A ist ein Untervektorraum von $\mathbb{R}^n$ der Dimension r mit $r \leqslant n$, besitzt also eine Basis $b_1, \ldots, b_r$. Der Nullraum $N(A)$ von A ist ein Untervektorraum von $\mathbb{R}^n$ der Dimension $n - r$, besitzt also eine Basis $b_{r+1}, \ldots, b_n$. Somit ist $b_1, \ldots, b_n$ eine Basis von $\mathbb{R}^n$. Ist nun v aus $\mathbb{R}^n$, dann ist $v = c_1b_1 + \cdots + c_rb_r + c_{r+1}b_{r+1} + \cdots + c_nb_n$ mit $c_1b_1 + \cdots + c_rb_r$ aus $Z(A)$ und $c_{r+1}b_{r+1} + \cdots + c_nb_n$ aus $N(A)$. Also ist $\mathbb{R}^n = Z(A) + N(A)$. Da es sich um Basen handelt, sind die Darstellungen jeweils eindeutig, also ist $\mathbb{R}^n = Z(A) \oplus N(A)$.

4.176 Verifizieren Sie den letzten Satz an einem Beispiel Ihrer Wahl.

Lösung: Ich wähle die Matrix

$$A = \begin{bmatrix} 1 & 2 \\ 3 & 6 \end{bmatrix}.$$

Dann ist $Z(A) = \{z \mid z = s(1,2), s \in \mathbb{R}\}$ und $N(A) = \{n \mid n = t(-2,1), t \in \mathbb{R}\}$. Damit gilt $\mathbb{R}^2 = \{z \mid z = s(1,2), s \in \mathbb{R}\} \oplus \{n \mid n = t(-2,1), t \in \mathbb{R}\}$. Zum Beispiel ist $(-1,3) = (1,2) \oplus (-2,1)$ oder $(-4,7) = 2(1,2) \oplus 3(-2,1)$.

4.177 Kreuzen Sie die wahre(n) Aussage(n) an. Es ist $A \in \mathbb{R}^{n\times n}$ symmetrisch. Dann gilt:

☐ $\mathbb{R}^n = S(A) \oplus N(A)$.
☐ $\mathbb{R}^n = Z(A) \oplus N(A)$.
☐ $\mathbb{R}^n = S(A) \oplus N(A^T)$.
☐ $\mathbb{R}^n = Z(A) \oplus N(A^T)$.
☐ Keine angegebene Aussage ist wahr.

Lösung: Alle angegebenen Gleichungen sind richtig. Nur die letzte Aussage ist (somit) falsch.

4.178 Beweisen Sie folgenden Satz: *Es sind* U, W *Unterräume eines Vektorraumes. Es ist* $U \oplus W$ *dann und nur dann, wenn* $U + W$ *und* $U \cap W = \{o\}$ *gilt.*

Lösung: Wir müssen zwei Richtungen zeigen. Zuerst nehmen wir $U \oplus W$ an. Ist $v \in U \oplus W$, dann gibt es eindeutige Vektoren $u \in U$ und $w \in W$ mit $v = u + w$. Also ist $v \in U + W$. Ist $v \in U \cap W$, dann ist $v = v + o$ mit $v \in U$, $o \in W$, und $v = o + v$ mit $o \in U$, $v \in W$. Somit ist $v = o$, weil eine solche Summe eindeutig sein muss. Damit ist $U \cap W = \{o\}$.

Jetzt zeigen wir die Umkehrung und nehmen an, dass $U + W$ und $U \cap W = \{o\}$ gilt. Ist $v \in U + W$, dann gibt es ein $u \in U$ und ein $w \in W$ mit $v = u + w$. Wir müssen zeigen, dass diese Darstellung eindeutig ist. Angenommen $v = u' + w'$ mit $u' \in U$, $w' \in W$. Dann ist $u + w = u' + w'$ oder gleichbedeutend $u - u' = w - w'$. Nun ist $u - u' \in U$ und $w - w' \in W$. Weil nach Voraussetzung $U \cap W = \{o\}$ ist, ist $u - u' = o$ und $w - w' = o$ und somit $u = u'$ und $w = w'$. Somit ist die Darstellung $v = u + w$ eindeutig. Also ist $V = U \oplus W$.

4.179 Wahr oder falsch: Sind U_1 und U_2 Unterräume eines Vektorraumes V, dann ist auch $U_1 \cup U_2$ ein Unterraum von V.

Lösung: Falsch.

4.180 Wahr oder falsch: Sind U_1 und U_2 Unterräume eines Vektorraumes V, dann ist auch $U_1 \cap U_2$ ein Unterraum von V.

Lösung: Wahr.

4.181 Gegeben ist die Matrix

$$A = \begin{bmatrix} 3 & 3 \\ 3 & 3 \end{bmatrix}.$$

Stellen Sie den Vektor $(0, 4) \in \mathbb{R}^2$ als $(0, 4) = x \oplus y$ mit $x \in S(A)$, $y \in N(A)$ dar.

Lösung: Beachten Sie, die Matrix A ist symmetrisch, also ist $Z(A) = S(A)$. Es ist $S(A) = \{t(1, 1,) \mid t \in \mathbb{R}\}$ und $N(A) = \{s(-1, 1) \mid s \in \mathbb{R}\}$. Also ist $t(1, 1) + s(-1, 1) = 0.4$ genau dann, wenn $s = t = 2$ ist. Daher ist $x = (2, 2) \in S(A)$ und $y = (-2, 2) \in N(A)$, also $(0, 4) = (2, 2) \oplus (-2, 2)$.

4.182 Gegeben ist die Matrix

$$A = \begin{bmatrix} 1 & 1 & 0 \\ 1 & 1 & 0 \\ 0 & 0 & 0 \end{bmatrix} \in \mathbb{R}^{3\times 3}.$$

Stellen Sie den Vektor $(0, 4, 1) \in \mathbb{R}^3$ als $(0, 4, 1) = x \oplus y$ mit $x \in S(A)$, $y \in N(A)$ dar.

Lösung: Beachten Sie, die Matrix A ist symmetrisch, also ist $Z(A) = S(A)$. Es ist $(0, 4, 1) = (2, 2, 0) \oplus (-2, 2, 1)$ mit $x = (2, 2, 0) \in S(A)$ und $y = (-2, 2, 1) \in N(A)$. Begründung. Es ist $S(A) = \{t(1, 1, 0) \mid t \in \mathbb{R}\}$ und $N(A) = \{s_1(-1, 1, 0) + s_2(0, 0, 1) \mid s_1, s_2 \in \mathbb{R}\}$. Damit ist $t(1, 1, 0) + s_1(-1, 1, 0) + s_2(0, 0, 1)$ genau dann, wenn $t = 2$, $s_1 = 2$, $s_2 = 1$. Also ist $x = 2(1, 1, 0) = (2, 2, 0) \in S(A)$ und $y = 2(-1, 1, 0) + 1(0, 0, 1) = (-2, 2, 1) \in N(A)$.

4.183 Geben Sie ein Beispiel für eine direkte Summe $U \oplus W$ mit $U \subseteq \mathbb{R}^2$ und $W \subseteq \mathbb{R}^2$.

Lösung: Ist $U = \mathrm{Lin}(1, 0) = \{(u, 0) \mid u \in \mathbb{R}\}$ und $W = \mathrm{Lin}(1, 1) = \{(w, w) \mid w \in \mathbb{R}\}$, dann ist $U \oplus W = \mathrm{Lin}(1, 0) \oplus \mathrm{Lin}(1, 1) = \{(x, y) \in \mathbb{R}^2\} = \mathbb{R}^2$. Zum Beispiel ist $(2, 1) = (1, 0) \oplus (1, 1)$ und $(-2, 3) = (-5, 0) \oplus (3, 3)$. (Geometrische Interpretation:

U entspricht der x-Geraden und W entspricht der Winkelhalbierenden. Die Summe $U + W$ ist direkt, aber nicht *orthogonal direkt*. Der Begriff *orthogonal direkt* wird später definiert.)

4.184 Geben Sie ein Beispiel für eine direkte Summe $U \oplus W$ mit $U \subseteq \mathbb{R}^{2\times 2}$ und $W \subseteq \mathbb{R}^{2\times 2}$.

Lösung: Ist

$$U = \operatorname{Lin}\left(\begin{bmatrix} 1 & 0 \\ 0 & 0 \end{bmatrix}\right) = \left\{\begin{bmatrix} u & 0 \\ 0 & 0 \end{bmatrix} \mid u \in \mathbb{R}\right\}$$

und

$$W = \operatorname{Lin}\left(\begin{bmatrix} 1 & 0 \\ 1 & 0 \end{bmatrix}\right) = \left\{\begin{bmatrix} w & 0 \\ w & 0 \end{bmatrix} \mid w \in \mathbb{R}\right\}$$

dann gilt

$$U \oplus W = \left\{\begin{bmatrix} a & 0 \\ b & 0 \end{bmatrix} \mid a, b \in \mathbb{R}\right\} \subsetneq \mathbb{R}^{2\times 2}.$$

Zum Beispiel ist

$$\begin{bmatrix} 1 & 0 \\ 2 & 0 \end{bmatrix} = \begin{bmatrix} -1 & 0 \\ 0 & 0 \end{bmatrix} \oplus \begin{bmatrix} 2 & 0 \\ 2 & 0 \end{bmatrix}.$$

Die Darstellung ist eindeutig, eine andere Darstellung ist nicht möglich.

4.185 Beachten Sie den Unterschied zwischen $U + W$ und $U \cup W$. Die Menge $U \cup W$ ist im Allgemeinen kein Unterraum. Zeigen Sie: Sind U und W zwei Unterräume von $\mathbb{R}^n$, dann ist $U \cup W$ nicht notwendigerweise ein Unterraum von $\mathbb{R}^n$.

Lösung: Ist zum Beispiel $n = 2$, $U = \{(x, 0) \in \mathbb{R}^2\}$ und $W = \{(0, y) \in \mathbb{R}^2\}$, so ist $(1, 0)$ in $U \cup W$ und $(0, 1)$ in $U \cup W$, der Vektor $(1, 0) + (0, 1) = (1, 1)$ ist aber nicht in $U \cup W$.

4.186 Gegeben ist ein Untervektorraum von $\mathbb{R}^n$ und die Elemente $v, w \in \mathbb{R}^n$. Welche Aussagen sind wahr? Begründen Sie!

(a) Sind v und w nicht in U, so ist auch $v + w$ nicht in U.
(b) Sind v und w nicht in U, so ist $v + w$ in U.
(c) Ist v in U, nicht aber w, so ist $v + w$ nicht in U.

Lösung: Wir können wie folgt antworten und begründen.

(a) Die Aussage ist falsch. Zum Beispiel liegen die beiden Vektoren $(1,1)$ und $(-1,-1)$ nicht im Untervektorraum $\mathrm{Lin}(1,0)$, ihre Summe, das ist der Nullvektor $(0,0)$ des $\mathbb{R}^2$, jedoch schon.

(b) Die Aussage ist falsch. Zum Beispiel liegen die beiden Vektoren $(1,1)$ und $(2,2)$ nicht in $\mathrm{Lin}(1,0)$, und ihre Summe $(3,3)$ auch nicht.

(c) Die Aussage ist wahr. Angenommen $v + w \in U$. Dann ist $v + w - v = w \in U$. Das ist ein Widerspruch zur Voraussetzung $w \notin U$. Also kann $v + w \in U$ nicht gelten, wenn $v \in U$ und $w \notin U$ sind.

5 Lineare Abbildungen von $\mathbb{R}^n$ nach $\mathbb{R}^m$

5.1 Welche der folgenden Abbildungen f von $\mathbb{R}^2$ nach $\mathbb{R}^2$ sind lineare Abbildungen? Kreuzen Sie an, wenn f linear ist.

☐ $f: \mathbb{R}^2 \to \mathbb{R}^2$ mit $f(x,y) = (y,x)$
☐ $f: \mathbb{R}^2 \to \mathbb{R}^2$ mit $f(x,y) = (2x+3y, x-5y)$
☐ $f: \mathbb{R}^2 \to \mathbb{R}^2$ mit $f(x,y) = (26, y^2)$
☐ $f: \mathbb{R}^2 \to \mathbb{R}^2$ mit $f(x,y) = (xy, 3x+2y)$
☐ $f: \mathbb{R}^2 \to \mathbb{R}^2$ mit $f(x,y) = (3y, 0)$
☐ $f: \mathbb{R}^2 \to \mathbb{R}^2$ mit $f(x,y) = (5x, 1)$
☐ $f: \mathbb{R}^2 \to \mathbb{R}^2$ mit $f(x,y) = (3x+y, 2x-y+1)$
☐ $f: \mathbb{R}^2 \to \mathbb{R}^2$ mit $f(x,y) = (3x+y+1, 2x-y)$

Lösung:

×	×			×			

5.2 Kreuzen Sie die wahre(n) Aussage(n) an. Die linearen Abbildungen von $\mathbb{R}^2$ nach $\mathbb{R}$ sind gegeben durch:

☐ $(x_1, x_2) \mapsto ax_1 + bx_2$ mit $a, b \in \mathbb{R}$
☐ $(x_1, x_2) \mapsto ax_1 + bx_2 + cx_3$ mit $a, b, c \in \mathbb{R}$
☐ $(x_1, x_2, x_3) \mapsto ax_1 + bx_2$ mit $a, b \in \mathbb{R}$
☐ $(x, y) \mapsto ax + by$ mit $a, b \in \mathbb{R}$
☐ $(x, y) \mapsto ax^2 + by^2$ mit $a, b \in \mathbb{R}$
☐ $(x, y) \mapsto x/y,\ y \neq 0$
☐ $x \mapsto ax$ mit $a \in \mathbb{R}$
☐ $x \mapsto ax^2 + bx + c$ mit $a, b, c \in \mathbb{R}$
☐ $(x, y) \mapsto ax + by + 1$ mit $a, b \in \mathbb{R}$
☐ $(x, y) \mapsto ax + by - 1$ mit $a, b \in \mathbb{R}$

Lösung:

×			×						

(spaltenweise)

5.3 Kreuzen Sie an, wenn die Abbildung linear ist.

☐ $F: \mathbb{R} \to \mathbb{R},\ F(x) = 2x$
☐ $F: \mathbb{R}^3 \to \mathbb{R}^2,\ F(x,y,z) = (3x-z, x+z)$
☐ $F: \mathbb{R}^3 \to \mathbb{R}^2,\ F(x,y,z) = (x,y)$
☐ $F: \mathbb{R}^3 \to \mathbb{R}^2,\ F(x,y,z) = (y,z)$
☐ $F: \mathbb{R}^3 \to \mathbb{R}^2,\ F(x,y,z) = (x^2-y, y+z)$
☐ $F: \mathbb{R}^3 \to \mathbb{R}^2,\ F(x,y,z) = (\sin(xyz), 0)$
☐ $F: \mathbb{R}^3 \to \mathbb{R}^2,\ F(x,y,z) = (x, 4x)$
☐ $F: \mathbb{R} \to \mathbb{R}^2,\ F(x) = (x, 4x)$
☐ $F: \mathbb{R}^2 \to \mathbb{R},\ F(x,y) = x^2 + y$
☐ $F: \mathbb{R}^2 \to \mathbb{R},\ F(x,y) = 2x + 3y$
☐ $F: \mathbb{R}^2 \to \mathbb{R},\ F(x,y) = x$
☐ $F: \mathbb{R} \to \mathbb{R}^2,\ F(t) = (2t, 3t)$
☐ $F: \mathbb{R} \to \mathbb{R}^2,\ F(t) = (t, 2t^2)$
☐ $F: \mathbb{R} \to \mathbb{R}^2,\ F(t) = (\cos t, \sin t)$
☐ $F: \mathbb{R} \to \mathbb{R},\ F(x) = x + 2$
☐ $F: \mathbb{R} \to \mathbb{R},\ F(x) = 1$

- ☐ $F : \mathbb{R} \to \mathbb{R}$, $F(x) = 0$
- ☐ $F : \mathbb{R} \to \mathbb{R}^2$, $F(x) = (x, 0)$
- ☐ $F : \mathbb{R} \to \mathbb{R}^2$, $F(x) = (x, 1)$

Lösung: (spaltenweise)

×	×	×	×			×	×		×	×	×					×		×

5.4 Kreuzen Sie die wahre(n) Aussage(n) an. Die linearen Abbildungen von $\mathbb{R}^2$ nach $\mathbb{R}^2$ sind gegeben durch:

- ☐ $(x_1, x_2) \mapsto x_1(1,0) + x_2(0,1)$
- ☐ $(x_1, x_2) \mapsto x_1(1,1) + x_2(1,1)$
- ☐ $(x_1, x_2) \mapsto x_1(a,b) + x_2(c,d)$ mit $a, b, c, d \in \mathbb{R}$
- ☐ $(x_1, x_2) \mapsto x_1(a,c) + x_2(b,d)$ mit $a, b, c, d \in \mathbb{R}$
- ☐ $(x_1, x_2, x_3) \mapsto x_1(1,0,0) + x_2(0,1,0) + x_3(0,0,1)$
- ☐ $(x, y) \mapsto x(1,0) + y(0,1)$
- ☐ $(x, y) \mapsto x(a,b) + x(c,d)$ mit $a, b, c, d \in \mathbb{R}$
- ☐ $(x, y) \mapsto x(a,b) + x(c,d) + (1,1)$ mit $a, b, c, d \in \mathbb{R}$
- ☐ $(x, y) \mapsto x(a,b) + x(c,d)$ mit $a, b, c, d \in \mathbb{R}$
- ☐ $(x, y) \mapsto x(a,c) + y(b,d)$ mit $a, b, c, d \in \mathbb{R}$

Lösung:

		×	×						×

5.5 Kreuzen Sie die wahre(n) Aussage(n) an. Die linearen Abbildungen von $\mathbb{R}^3$ nach $\mathbb{R}^2$ sind gegeben durch:

- ☐ $(x_1, x_2, x_3) \mapsto (ax_1 + bx_2, cx_1 + dx_2)$ mit $a, b, c, d \in \mathbb{R}$
- ☐ $(x_1, x_2, x_3) \mapsto (ax_1 + ax_2, bx_1 + bx_2)$ mit $a, b \in \mathbb{R}$
- ☐ $(x_1, x_2, x_3) \mapsto x_1(a,b) + x_2(c,d) + x_3(e,f)$ mit $a, b, c, d, e, f \in \mathbb{R}$
- ☐ $(x_1, x_2, x_3) \mapsto (ax_1 + bx_2 + cx_3, dx_1 + ex_2 + fx_3)$ mit $a, b, c, d, e, f \in \mathbb{R}$
- ☐ $(x_1, x_2, x_3) \mapsto (ax_1 + bx_2 + x_3, cx_1 + dx_3)$ mit $a, b, c, d \in \mathbb{R}$
- ☐ $(x_1, x_2, x_3) \mapsto (x_1 + x_2 + x_3, x_1 + x_2 + x_3)$
- ☐ $(x_1, x_2, x_3) \mapsto (x_1 + x_2 + x_3, x_3 + x_2 + x_1)$
- ☐ $(x_1, x_2, x_3) \mapsto (x_1 + 2x_2 + 3x_3, 3x_3 + 2x_2 + x_1)$
- ☐ $(x_1, x_2, x_3) \mapsto (x_1 - x_2 - x_3, x_3 - x_2 - x_1)$
- ☐ $(x, y, z) \mapsto (a_1x + a_2y + a_3z, a_4x + a_5y + a_6z)$ mit $a_1, a_2, a_3, a_4, a_5, a_6 \in \mathbb{R}$

Lösung:

		×	×						×

5.6 Kreuzen Sie an, wenn die Abbildung linear ist.

- ☐ $F : \mathbb{R}^3 \to \mathbb{R}^6$, $F(x_1, x_2, x_3) = (x_1, x_2, x_3, x_1, x_2, x_3)$
- ☐ $F : \mathbb{R}^3 \to \mathbb{R}^6$, $F(x_1, x_2, x_3) = (x_1, x_2, x_3, x_3, x_2, x_1)$

☐ $F : \mathbb{R}^6 \to \mathbb{R}^6$, $F(x_1, x_2, x_3, x_4, x_5, x_6) = (x_6, x_5, x_4, x_3, x_2, x_1)$

☐ $F : \mathbb{R}^4 \to \mathbb{R}$, $F(x_1, x_2, x_3, x_4) = x_1 - 2x_2 + 3x_3 - 4x_4$

☐ $F : \mathbb{R}^3 \to \mathbb{R}$, $F(x_1, x_2, x_3) = 2.3 - 2x_1 + 1.3x_2 - x_3$

☐ $F : \mathbb{R}^4 \to \mathbb{R}^3$, $F(x_1, x_2, x_3, x_4) = (x_2 - x_1, x_3 - x_2, x_4 - x_3)$

☐ $F : \mathbb{R}^n \to \mathbb{R}^n$, $n \in \mathbb{N}$, $F(x) = -x$

☐ $F : \mathbb{R}^n \to \mathbb{R}^n$, $n \in \mathbb{N}$, $F(x_1, \ldots, x_n) = (x_n, x_{n-1}, \ldots, x_1)$

☐ $F : \mathbb{R}^n \to \mathbb{R}^n$, $n \in \mathbb{N}$, $F(x_1, \ldots, x_n) = (x_1, x_1+x_2, x_1+x_2+x_3, \ldots, x_1+x_2+\cdots+x_n)$

☐ $F : \mathbb{R}^n \to \mathbb{R}$, $n \in \mathbb{N}$, $F(x_1, \ldots, x_n) = (x_1 + x_2 + \cdots + x_n)/n$

☐ $F : \mathbb{R}^n \to \mathbb{R}^n$, $n \in \mathbb{N}$, $F(x_1, \ldots, x_n) = (|x_1|, |x_2|, \ldots, |x_n|)$

☐ $F : \mathbb{R}^5 \to \mathbb{R}^5$, $F(x_1, x_2, x_3, x_4, x_5) = (x_1 - x_2, x_2 - x_3, x_3 - x_4, x_4 - x_5, x_5)$

☐ $F : \mathbb{R}^5 \to \mathbb{R}^5$, $F(x_1, x_2, x_3, x_4, x_5) = (1/2x_1+1/2x_2, 1/2x_2+1/2x_3, 1/2x_3+1/2x_4, 1/2x_4+1/2x_5, x_5)$

☐ $F : \mathbb{R}^5 \to \mathbb{R}^5$, $F(x_1, x_2, x_3, x_4, x_5) = x_1(1/2, 0, 0, 0, 0)+x_2(1/2, 1/2, 0, 0, 0)+x_3(0, 1/2, 1/2, 0, 0) + x_4(0, 0, 1/2, 1/2, 0) + x_5(0, 0, 0, 1/2, 1)$

☐ $F : \mathbb{R}^5 \to \mathbb{R}^5$, $F(x_1, x_2, x_3, x_4, x_5) = x_1(1, 0, 0, 0, 0)+x_2(-1, 1, 0, 0, 0)+x_3(0, -1, 1, 0, 0)+ x_4(0, 0, -1, 1, 0) + x_5(0, 0, 0, -1, 1)$

Lösung:

×	×	×	×	×	×	×	×	×	×		×	×	×	×

5.7 Es ist L eine lineare Abbildung von $V = \mathbb{R}^n$ nach $W = \mathbb{R}^m$. Dann gilt:

☐ $L(o) = o$.

☐ $L(1) = 1$.

☐ $L(-v) = -L(v)$ für alle $v \in V$.

☐ $L(-v) = -L \cdot v$ für alle $v \in V$.

☐ $L(cv) = L(c) + L(v)$ für alle $c \in \mathbb{R}$ und alle $v \in V$.

☐ $L(c \cdot v) = L(c) \cdot L(v)$ für alle $c \in \mathbb{R}$ und alle $v \in V$.

Kreuzen Sie die wahre(n) Aussage(n) an.

Lösung:

×		×			

5.8 Es ist U der Kern der linearen Abbildung $L : \mathbb{R}^n \to \mathbb{R}^m$. Dann gilt:

☐ $U = \{y \in \mathbb{R}^m \mid L(y) = o\}$.

☐ $U = \{y \in \mathbb{R}^n \mid L(y) = o\}$.

☐ $U = \{L(x) \mid x = o\}$.

☐ $U = \{x \mid x = o\}$.

☐ $U = \{x \in \mathbb{R}^n \mid L(x) = 1\}$.

Kreuzen Sie die wahre(n) Aussage(n) an.

Lösung:

	×			

5.9 Der Rang der linearen Abbildung $L : \mathbb{R}^n \to \mathbb{R}^m$ ist gleich:

- □ $\operatorname{Dim}(\mathbb{R}^n)$.
- □ $\operatorname{Dim}(\mathbb{R}^m)$.
- □ $\operatorname{Dim}(\mathbb{R}^m) - \operatorname{Dim}(\mathbb{R}^n)$.
- □ $\operatorname{Dim}\operatorname{Bild}(L)$.
- □ $\operatorname{Dim}\operatorname{Kern}(L)$.
- □ Der Rang der natürlichen Darstellungsmatrix von L.

Kreuzen Sie die wahre(n) Aussage(n) an.

Lösung:

			×		×

5.10 Kreuzen Sie die wahre(n) Aussage(n) an. Es ist $L : \mathbb{R}^n \to \mathbb{R}^m$ linear mit $m, n \in \mathbb{N}$, dann gilt:

- □ $\operatorname{Dim}\operatorname{Kern}(L) \leqslant n$
- □ $\operatorname{Dim}\operatorname{Bild}(L) \leqslant n$
- □ $\operatorname{Dim}\operatorname{Kern}(L) \leqslant m$
- □ $\operatorname{Dim}\operatorname{Bild}(L) \leqslant m$
- □ $\operatorname{Dim}\mathbb{R}^n < n$
- □ $\operatorname{Dim}\mathbb{R}^n < m$
- □ $\operatorname{Dim}\mathbb{R}^m < n$
- □ $\operatorname{Dim}\mathbb{R}^m < m$

Lösung: (spaltenweise)

×	×		×				

5.11 Kreuzen Sie die wahre(n) Aussage(n) an. Die lineare Abbildung $L : \mathbb{R}^2 \to \mathbb{R}^2$ mit $L(x_1, x_2) = (x_1 + x_2, x_2 - x_1)$ wird dargestellt durch die natürliche Darstellungsmatrix:

□ $\begin{bmatrix} 1 & 1 \\ 1 & -1 \end{bmatrix}$ □ $\begin{bmatrix} 1 & 1 \\ -1 & 1 \end{bmatrix}$ □ $\begin{bmatrix} -1 & 1 \\ 1 & 1 \end{bmatrix}$ □ $\begin{bmatrix} 2 & 0 \\ 0 & -2 \end{bmatrix}$

□ $\begin{bmatrix} 0 & 2 \\ -2 & 0 \end{bmatrix}$ □ $\begin{bmatrix} 1 & 0 \\ 0 & 1 \end{bmatrix}$ □ $\begin{bmatrix} 1 & -1 \\ 1 & 1 \end{bmatrix}$ □ $\begin{bmatrix} 0 & -2 \\ 2 & 0 \end{bmatrix}$

Lösung:

		×	

5.12 Begründen Sie, dass die Abbildung $L : \mathbb{R}^3 \to \mathbb{R}^4$ mit $L(x_1, x_2, x_3, x_4) = (2x_1 + x_3, x_1, x_2, x_1 + x_2)$ linear ist, indem Sie $L(x + y) = L(x) + L(y)$ und $L(rx) = rL(x)$ für alle $x, y \in \mathbb{R}^n$ und $r \in \mathbb{R}$ nachrechnen.

Lösung: Es ist für alle $x, y \in \mathbb{R}^n$: $L(x + y) = L((x_1, x_2, x_3) + (y_1, y_2, y_3)) = L(x_1 + y_1, x_2 + y_2, x_3 + y_3) = (2(x_1 + y_1) + (x_3 + y_3), x_1 + y_1, x_2 + y_2, (x_1 + y_1) + (x_2 + y_2)) = (2x_1 + x_3, x_1, x_2, x_1 + x_2) + (2y_1 + y_3, y_1, y_2, y_1 + y_2) = L(x_1, x_2, x_3) + L(y_1, y_2, y_3) = L(x) + L(y)$. Weiter gilt für alle $x, \in \mathbb{R}^n$ und $r \in \mathbb{R}$: $L(rx) = L(r(x_1, x_2, x_3)) = L(rx_1, rx_2, rx_3) = (2(rx_1) + (rx_3), rx_1, rx_2, rx_1 + rx_2) = (r(2x_1 + x_3) + rx_1, rx_2, r(x_1 + x_2)) = r(2x_1 + x_3, x_1, x_2, x_1 + x_2) = rL(x_1, x_2, x_3) = rL(x)$.

5.13 Es sei $L : \mathbb{R}^2 \to \mathbb{R}^2$ die folgendermaßen definierte Abbildung: $L(x_1, x_2) = (x_1 - 2x_2, -x_2)$. Zeigen Sie, dass L eine lineare Abbildung ist.

Lösung: L ist linear, denn es gilt $L(cx + dy) = L(cx_1 + dy_1, cx_2 + dy_2) = cx_1 + dy_1 - 2(cx_2 + dy_2), -(cx_2 + dy_2)) = (cx_1 + dy_1 - 2cx_2 - 2dy_2, -cx_2 - dy_2) = (cx_1 - 2cx_2 + dy_1 - 2dy_2, -cx_2 - dy_2) = (cx_1 - 2cx_2, -cx_2) + (dy_1 - 2dy_2, -dy_2) = c(x_1 - 2x_2, -x_2) + d(y_1 - 2y_2, -y_2) = cL(x) + dL(y)$.

5.14 Es ist $L : \mathbb{R}^2 \to \mathbb{R}^2$ die folgende lineare Abbildung: $L(x_1, x_2) = (x_1 - 2x_2, -x_2)$. Bestimmen Sie die natürliche Darstellungsmatrix.

Lösung: Es ist $A = \begin{bmatrix} 1 & -2 \\ 0 & -1 \end{bmatrix}$.

5.15 Gegeben ist die lineare Abbildung $L : \mathbb{R}^3 \to \mathbb{R}^3$ mit $L(x, y, z) = (x, y, 0)$. Welche geometrische Bedeutung hat L? Bestimmen Sie von L die natürliche Darstellungsmatrix.

Lösung: Die Abbildung L beschreibt die orthogonale Projektion auf die (x, y)-Ebene; jeder Punkt (Vektor) im $\mathbb{R}^3$ wird auf die (x, y)-Ebene orthogonal projiziert. Es ist

$$\begin{bmatrix} 1 & 0 & 0 \\ 0 & 1 & 0 \\ 0 & 0 & 0 \end{bmatrix}$$

die natürliche Darstellungsmatrix von L.

5.16 Zeigen Sie, dass die beiden Bedingungen $L(x + y) = L(x) + L(y)$ und $L(cx) = cL(x)$, $x, y \in \mathbb{R}^n$, $c \in \mathbb{R}$, in der Definition einer linearen Abbildung gleichwertig durch die Forderung $L(cx + dy) = cL(x) + dL(y)$, $x, y \in \mathbb{R}^n$, $c, d \in \mathbb{R}$, ersetzt werden können.

Lösung: Zuerst nehmen wir an, dass die beiden Bedingungen erfüllt sind. Dann gilt: $L(cx + dy) = L(cx) + L(dy) = cL(x) + dL(y)$. Ist umgekehrt diese Gleichung erfüllt, so ist mit $c = d = 1$ die erste und mit $d = 0$ die zweite Gleichung aus der Definition einer linearen Abbildung erfüllt.

5.17 Geben Sie die lineare Abbildung $L : \mathbb{R}^2 \to \mathbb{R}^2$ mit $L(1, 2) = (-2, 8)$ und $L(3, 1) = (9, -1)$ an.

Lösung: Eine lineare Abbildung L von $\mathbb{R}^2$ nach $\mathbb{R}^2$ hat die Abbildungsgleichung $L(x_1, x_2) = (ax_1 + bx_2, cx_1 + dx_2)$, wobei a, b, c, d reelle Zahlen sind. Also muss gelten: $L(1, 2) = (a \cdot 1 + b \cdot 2, c \cdot 1 + d \cdot 2) = (-2, 8)$ und $L(1, 2) = (a \cdot 3 + b \cdot 1, c \cdot 3 + d \cdot 1) = (9, -1)$. Dies ist genau dann der Fall, wenn das lineare Gleichungssystem

$$\begin{aligned} a + 2b &= -2 \\ c + 2d &= 8 \\ 3a + b &= 9 \\ 3c + d &= -1 \end{aligned}$$

gelöst werden kann. Dies ist der Fall und $(a, b, c, d) = (4, -3, -2, 5)$ ist die Lösung. Die lineare Abbildung ist daher durch $L : \mathbb{R}^2 \to \mathbb{R}^2$ mit $L(x_1, x_2) = (4x_1 - 3x_2, -2x_1 + 5x_2)$ gegeben.

5.18 Gegeben ist die lineare Abbildung $P : \mathbb{R}^2 \to \mathbb{R}^2$ mit $P(x, y) = (x - y, 0)$. Berechnen Sie $P \circ P$. Bestimmen Sie die natürliche Darstellungsmatrix A_P von P und berechnen Sie A_P^2.

Lösung: Es ist $(P \circ P)(x, y) = P(P(x, y)) = P(x - y, 0) = ((x - y) - 0, 0) = (x - y, 0)$. Es ist also $P \circ P = P$. Die natürliche Darstellungsmatrix von P ist

$$A_P = \begin{bmatrix} 1 & -1 \\ 0 & 0 \end{bmatrix} \quad \text{und es ist} \quad A_P^2 = \begin{bmatrix} 1 & -1 \\ 0 & 0 \end{bmatrix} = A_P.$$

Die Matrix A_P ist also idempotent. A_P ist aber nicht symmetrisch, also keine orthogonale Projektionsmatrix. P beschreibt eine *Projektion* entlang der Winkelhalbierenden.

5.19 Es ist $L : \mathbb{R}^n \to \mathbb{R}^m$ eine lineare Abbildung, $b_1, \ldots, b_n$ eine Basis von $\mathbb{R}^n$ und die Vektoren $y_1, \ldots, y_n$ definiert durch $y_j = L(b_j)$ für $j = 1 : n$. Zeigen Sie: *Wenn L injektiv ist, so sind die Vektoren $y_1, \ldots, y_n$ linear unabhängig.*

Lösung: Es ist $r_1 y_1 + \cdots + r_n y_n = o_m$. Dann ist $o_m = r_1 y_1 + \cdots + r_n y_n = r_1 L(b_1) + \cdots + r_n L(b_n) = L(r_1 b_1 + \cdots + r_n b_n)$. Da L injektiv ist, muss wegen $L(o_n) = o_m$ auch $r_1 b_1 + \cdots + r_n b_n = o_n$ sein. Da $b_1, \ldots, b_n$ eine Basis ist, folgt $r_1 = \cdots = r_n = 0$.

5.20 Es ist $L : \mathbb{R}^n \to \mathbb{R}^m$ eine lineare Abbildung, $b_1, \ldots, b_n$ eine Basis von $\mathbb{R}^n$ und die Vektoren $y_1, \ldots, y_n$ definiert durch $y_j = L(b_j)$ für $j = 1 : n$. Zeigen Sie: *Wenn L surjektiv ist, so sind die Vektoren $y_1, \ldots, y_n$ ein Erzeugendensystem von $\mathbb{R}^m$.*

Lösung: Es ist $y \in \mathbb{R}^m$ beliebig. Da L surjektiv, gibt es ein $x \in \mathbb{R}^n$ mit $y = L(x)$. Ist $x = r_1 b_1 + \cdots + r_n b_n$ mit $r_j \in \mathbb{R}$. Dann ist $y = L(x) = L(r_1 b_1 + \cdots + r_n b_n) = r_1 y_1 + \cdots + r_n y_n$. Also ist $y_1, \ldots, y_n$ ein Erzeugendensystem von $\mathbb{R}^m$.

5.21 Die Dimension von Bild(L) heißt Rang einer linearen Abbildung Rang von L. Man schreibt Rang(L). Bestimmen Sie den Rang der linearen Abbildung $P : \mathbb{R}^2 \to \mathbb{R}^2$ mit $P(x, y) = (x, 0)$.

Lösung: Die lineare Abbildung $P : \mathbb{R}^2 \to \mathbb{R}^2$ mit $P(x, y) = (x, 0)$ hat den Rang 1, denn der Unterraum Bild$(L) = \{(x, 0) \mid x \in \mathbb{R}\}$ ist eindimensional; Rang$(P) = 1$.

5.22 Geben Sie eine Abbildung von $\mathbb{R}^3$ nach $\mathbb{R}^2$ an.

Lösung: Gefragt ist nach einer Abbildung mit Definitionsmenge $\mathbb{R}^3$ und Zielmenge $\mathbb{R}^2$. Zum Beispiel $F : \mathbb{R}^3 \to \mathbb{R}^2$ mit $F(x, y, z) = (x^2 + z, y)$ oder $G : \mathbb{R}^3 \to \mathbb{R}^2$ mit $G(x, y, z) = (z, x + y)$.

5.23 Ist die Abbildung $F : \mathbb{R} \to \mathbb{R}$ mit $F(x) = 2x$ linear? Begründen Sie!

Lösung: Ja, die Abbildung F ist linear. Wir geben zwei Begründungen. Erstens: Es ist $F(x + y) = 2(x + y) = 2x + 2y = F(x) + F(y)$ für alle $x, y \in \mathbb{R}$ und $F(cx) = 2(cx) = c(2x) = cF(x)$ für alle $x \in \mathbb{R}$ und alle $c \in \mathbb{R}$. Zweitens: $F(x)$ hat mit $a = 2$ die Form $F(x) = ax$ mit $F : \mathbb{R} \to \mathbb{R}$.

5.24 Zeigen Sie, dass die reelle Abbildung $f : \mathbb{R} \to \mathbb{R}$ mit $f(x) = x^2$ keine lineare Abbildung ist.

Lösung: Wir geben zwei Begründungen. Erstens: Wählt man zum Beispiel $x_1 = 1$ und $x_2 = 2$, so ist $f(x_1 + x_2) = f(3) = 9 \neq 5 = 1 + 4 = f(1) + f(2) = f(x_1) + f(x_2)$. Zweitens: $f(x) = x^2$ hat nicht die Form $f(x) = ax$ für eine geeignete reelle Zahl a.

5.25 Zeigen Sie, dass die reelle Abbildung $f : \mathbb{R} \to \mathbb{R}$ mit $f(x) = e^x$ keine lineare Abbildung ist.

Lösung: Wir geben zwei Begründungen. Erstens: Wählt man zum Beispiel $x_1 = 0$ und $x_2 = 1$, so ist $f(x_1 + x_2) = f(1) = e^1 = e \neq 1 + e = e^0 + e^1 = f(x_1) + f(x_2)$. Zweitens: $f(x) = e^x$ hat nicht die Form $f(x) = ax$ für eine geeignete reelle Zahl a.

5.26 Ist die reelle Abbildung $f : \mathbb{R} \to \mathbb{R}$ mit $f(x) = x + 1$ eine lineare Abbildung? Begründen Sie!

Lösung: Nein, die Abbildung f ist nicht linear. Wir geben zwei Begründungen. Erstens: $f(0) = 0 + 1 = 1 \neq 0$, das heißt, der Nullvektor wird nicht auf den Nullvektor abgebildet. Jede lineare Abbildung hat aber diese Eigenschaft. Folglich ist f keine lineare Abbildung. Zweitens: Ist zum Beispiel $x_1 = 0$ und $x_2 = 1$, so gilt $f(x_1 + x_2) = f(0 + 1) = f(1) = 1 + 1 = 2 \neq 3 = (0 + 1) + (1 + 1) = f(0) + f(1) = f(x_1) + f(x_2)$.

5.27 Ist die reelle Abbildung $F : \mathbb{R}^2 \to \mathbb{R}$ mit $F(x, y) = x + 2y$ eine lineare Abbildung? Begründen Sie!

Lösung: Ja, die Abbildung F ist linear. Wir geben zwei Begründungen. Erstens: $F(u + v) = F((u_1, u_2) + (v_1, v_2)) = F(u_1 + v_1, u_2 + v_2) = u_1 + v_1 + 2(u_2 + v_2) = u_1 + v_1 + 2u_2 + 2v_2 = (u_1 + 2u_2) + (v_1 + 2v_2) = F(u_1, u_2) + F(v_1, v_2) = F(u) + F(v)$ für alle $u = (u_1, u_2) \in \mathbb{R}^2$ und für alle $v = (v_1, v_2) \in \mathbb{R}^2$. Außerdem ist $F(cu) = F(c(u_1, u_2)) = F(cu_1, cu_2) = (cu_1) + 2(cu_2) = cu_1 + 2cu_2 = c(u_1 + 2u_2) = cF(u_1, u_2) = cF(u)$ für alle $u = (u_1, u_2) \in \mathbb{R}^2$ und für alle $c \in \mathbb{R}$. Zweitens: $F(x, y) = x + 2y$ hat die Form $F(x) = a^T x$ mit $a^T = [1\ 2]$ und $x = [x\ y]^T$.

5.28 Gegeben ist die lineare Abbildung $S : \mathbb{R}^2 \to \mathbb{R}^2$ mit $S(x, y) = (-x, y)$. Bestätigen Sie die Bedingung $S(v + w) = S(v) + S(w)$ für $v = (2, 1)$ und $w = (1, 3)$. Bestätigen Sie die Bedingung $S(cv) = cS(v)$ für $c = 2$ und $v = (2, 1)$.

Lösung: Es ist einerseits $S(v + w) = S((2, 1) + (1, 3)) = S(3, 4) = (-3, 4)$ und andererseits $S(v) + S(w) = S(2, 1) + S(1, 3) = (-2, 1) + (-1, 3) = (-3, 4)$. Es ist einerseits $S(cv) = S(2(2, 1)) = S(4, 2) = (-4, 2)$ und andererseits $cS(v) = cS(2, 1) = 2(-2, 1) = (-4, 2)$. Geometrische Interpretation: Die lineare Abbildung S beschreibt im $\mathbb{R}^2$ die Spiegelung an der y-Achse.

5.29 Beweisen Sie folgenden Satz: *Es ist $L : \mathbb{R}^n \to \mathbb{R}^m$ linear. Dann ist das Bild des Gegenvektors eines beliebigen Vektors gleich dem Gegenvektor des Bildvektors.* Verifizieren Sie anschließend den Satz an einem Beispiel Ihrer Wahl.

Lösung: Es ist also zu zeigen, dass $L(-v) = -L(v)$ für alle $v \in \mathbb{R}^n$ ist. Das geht so: $L(-v) = L((-1)v) = (-1)L(v) = -L(v)$.

Zur Verifikation wähle ich die lineare Abbildung $L : \mathbb{R}^2 \to \mathbb{R}^2$ mit $L(v_1, v_2) = (v_1, 0)$ und $v = (1, 2)$. Dann gilt einerseits $L(-v) = L(-1, -2) = (-1, 0)$ und andererseits ist $-L(v) = -L(1, 2) = -(1, 0) = (-1, 0)$.

5.30 Betrachtet man einfache Beispiele von Abbildungen, so fällt auf, dass in der Regel beide Linearitätsbedingungen erfüllt sind oder keine. Geben Sie ein Beispiel einer Abbildung f an, bei der die Bedingung $f(cv) = cf(v)$ für alle $c \in \mathbb{R}$ und $v \in \mathbb{R}^n$ erfüllt ist, die Bedingung $f(v + w) = f(v) + f(w)$ aber nicht für alle $v, w \in \mathbb{R}^n$.

Lösung: Wir betrachten die Abbildung

$$f = \begin{cases} \mathbb{R}^2 & \to & \mathbb{R} \\ (x, y) & \mapsto & \begin{cases} \frac{x^2}{y} & \text{für } y \neq 0 \\ 0 & \text{sonst} \end{cases} \end{cases}$$

Die Bedingung $f(v + w) = f(v) + f(w)$ ist nicht für alle $v, w \in \mathbb{R}^n$ erfüllt. Ist zum Beispiel $v = (1, 1)$ und $w = (1, 0)$, so gilt: $f(v + w) = f((1, 1) + (1, 0)) = f(2, 1) = 2^2/1 = 4/1 = 4 \neq 1 = 1 + 0 = 1^2/1 + 0 = f(1, 1) + f(1, 0) = f(v) + f(w)$.

Dagegen ist die Bedingung $f(cv) = cf(v)$ für alle $c \in \mathbb{R}$ und $v = (v_1, v_2) \in \mathbb{R}^n$ erfüllt. Ist $v_2 \neq 0$, so ist: $f(cv) = f(c(v_1, v_2)) = f(cv_1, cv_2) = (c^2v_1^2)/(cv_2) = cv_1^2/v_2 = cf(v)$. Ist $v_2 = 0$, so ist ebenfalls $f(cv) = f(c(v_1, 0)) = f(cv_1, 0) = 0 = c \cdot 0 = cf(v_1, 0) = cf(v)$.

5.31 Es ist L eine lineare Abbildung von $\mathbb{R}^n$ nach $\mathbb{R}^m$.

(a) Sind v_1, v_2, v_3 Vektoren aus $\mathbb{R}^n$. Zeigen Sie: $L(v_1 + v_2 + v_3) = L(v_1) + L(v_2) + L(v_3)$.

(b) Sind $v_1, \ldots, v_r$ Vektoren aus $\mathbb{R}^n$ und $c_1, \ldots, c_r$ reelle Zahlen. Begründen Sie: $L(\sum_{j=1}^{r} c_j v_j) = \sum_{j=1}^{r} c_j L(v_j)$.

Lösung: Die Aufgabe kann wie folgt gelöst werden.

(a) Es ist $L(v_1 + v_2 + v_3) = L((v_1 + v_2) + v_3) = L(v_1) + L(v_2) + L(v_3)$.

(b) Wiederholte Anwendung der Idee aus (a) und $L(c_j v_j) = c_j L(v_j)$ liefert das Gewünschte.

5.32 Wie lautet die natürliche Darstellungsmatrix, die die Spiegelung im $\mathbb{R}^2$ an der x-Achse beschreibt?

Lösung: Es ist

$$\begin{bmatrix} 1 & 0 \\ 0 & -1 \end{bmatrix}$$

die natürliche Darstellungsmatrix der Spiegelung an der x-Achse im $\mathbb{R}^2$.

5.33 Die orthogonale Projektion auf die Abszisse (x-Achse) im $\mathbb{R}^2$ wird durch eine lineare Abbildung $L : \mathbb{R}^2 \to \mathbb{R}^2$ beschrieben. Geben Sie diese lineare Abbildung an, sowie ihre natürliche Darstellungsmatrix.

Lösung: Es ist

$$L : \begin{cases} \mathbb{R}^2 & \to & \mathbb{R}^2 \\ (x, y) & \mapsto & (x, 0) \end{cases} \qquad \text{und} \qquad A_L = \begin{bmatrix} 1 & 0 \\ 0 & 0 \end{bmatrix}.$$

5.34 Wie lautet die lineare Abbildung L, die durch die Matrix

$$A = \begin{bmatrix} 1 & -1 \end{bmatrix}.$$

induziert wird.

Lösung: Wegen $L(x) = Ax = [1 \; -1][x_1 \; x_2]^T = [x_1 - x_2] = x_1 - x_2$ ist die lineare Abbildung durch $L : \mathbb{R}^2 \to \mathbb{R}$ mit $L(x_1, x_2) = x_1 - x_2$ gegeben.

5.35 Geben Sie die lineare Abbildung L an, die durch die Matrix

$$A = \begin{bmatrix} 1 & -1 & 2 \\ -3 & 1 & 4 \end{bmatrix}$$

induziert wird.

Lösung: Wegen

$$Ax = \begin{bmatrix} 1 & -1 & 2 \\ -3 & 1 & 4 \end{bmatrix} \begin{bmatrix} x_1 \\ x_2 \\ x_3 \end{bmatrix} = \begin{bmatrix} x_1 - x_2 + 2x_3 \\ -3x_1 + x_2 + 4x_3 \end{bmatrix}$$

ist die lineare Abbildung durch $L : \mathbb{R}^3 \to \mathbb{R}^2$ mit $L(x_1, x_2, x_3) = (x_1 - x_2 + 2x_3, -3x_1 + x_2 + 4x_2)$ gegeben.

5.36 Gegeben ist die lineare Abbildung $L : \mathbb{R} \to \mathbb{R}^2$ mit $x \mapsto (x, 2x)$. Geben Sie die natürliche Darstellungsmatrix A von L an.

Lösung: Es ist $e = 1 \in \mathbb{R}$. Damit ist

$$A = \begin{bmatrix} L(e) \end{bmatrix} = \begin{bmatrix} 1 \\ 2 \end{bmatrix}$$

die natürliche Darstellungsmatrix von L.

5.37 Modellieren Sie die Drehung um 30° um den Koordinatenursprung in $\mathbb{R}^2$ durch eine Matrix. Auf welchen Punkt wird der Punkt $(1, 2)$ gedreht?

Lösung: Es ist

$$\begin{bmatrix} \cos\phi & -\sin\phi \\ \sin\phi & \cos\phi \end{bmatrix}$$

die Drehmatrix mit Winkel ϕ um den Koordinatenursprung in $\mathbb{R}^2$, und für $\phi = 30°$ gilt:

$$\begin{bmatrix} \cos 30° & -\sin 30° \\ \sin 30° & \cos 30° \end{bmatrix} = \begin{bmatrix} \frac{1}{2}\sqrt{3} & -\frac{1}{2} \\ \frac{1}{2} & \frac{1}{2}\sqrt{3} \end{bmatrix}.$$

Damit gilt:

$$\begin{bmatrix} \frac{1}{2}\sqrt{3} & -\frac{1}{2} \\ \frac{1}{2} & \frac{1}{2}\sqrt{3} \end{bmatrix} \begin{bmatrix} 1 \\ 2 \end{bmatrix} = \begin{bmatrix} 1/2\sqrt{3} - 1 \\ 1/2 + \sqrt{3} \end{bmatrix} \approx \begin{bmatrix} -0.13 \\ 2.23 \end{bmatrix}.$$

Der gedrehte Punkt hat die Koordinaten $(-0.13, 2.23)$. Überprüfen Sie die Rechnung durch eine Zeichnung!

5.38 Gegeben ist $a = (a_1, a_2, a_3) \in \mathbb{R}^3$. Bestimmen Sie von der linearen Abbildung $L : \mathbb{R}^3 \to \mathbb{R}^3$ mit $L(v) = a \times v$ die natürliche Darstellungsmatrix A_L.

Lösung: Es ist mit $a = (a_1, a_2, a_3) \in \mathbb{R}^3$

$$A_L = \begin{bmatrix} L(e_1) & L(e_2) & L(e_3) \end{bmatrix} = \begin{bmatrix} 0 & -a_3 & a_2 \\ a_3 & 0 & -a_1 \\ -a_2 & a_1 & 0 \end{bmatrix}.$$

5.39 Bestimmen Sie zu der linearen Abbildung $L : \mathbb{R}^3 \to \mathbb{R}^2$ mit $L(x, y, z) = (2x + z, y + 4z)$ die natürliche Darstellungsmatrix.

Lösung: Es ist

$$\begin{bmatrix} 2 & 0 & 1 \\ 0 & 1 & 4 \end{bmatrix}$$

die natürliche Darstellungsmatrix zu L.

5.40 Gegeben ist die lineare Abbildung $L : \mathbb{R}^2 \to \mathbb{R}^3$ mit $L(x_1, x_2) = (x_1 + x_2, x_1, x_2)$. Geben Sie die natürliche Darstellungsmatrix A von L an. Verifizieren Sie die Gleichheit $L(x) = Ax$ für $x = (x_1, x_2) = (1, -1) \in \mathbb{R}^2$.

Lösung: Es ist $L(e_1) = L(1, 0) = (1, 1, 0)$ und $L(e_2) = L(0, 1) = (1, 0, 1)$. Somit ist

$$A = \begin{bmatrix} L(e_1) & L(e_2) \end{bmatrix} = \begin{bmatrix} 1 & 1 \\ 1 & 0 \\ 0 & 1 \end{bmatrix}$$

die natürlich Darstellungsmatrix von L. Es ist einerseits $L(x) = L(x_1, x_2) = L(1, -1) = (1 + (-1), 1, -1) = (0, 1, -1)$ und andererseits

$$Ax = \begin{bmatrix} 1 & 1 \\ 1 & 0 \\ 0 & 1 \end{bmatrix} \begin{bmatrix} x_1 \\ x_2 \end{bmatrix} = \begin{bmatrix} 1 & 1 \\ 1 & 0 \\ 0 & 1 \end{bmatrix} \begin{bmatrix} 1 \\ -1 \end{bmatrix} = \begin{bmatrix} 0 \\ 1 \\ -1 \end{bmatrix}.$$

5.41 Ist L eine lineare Abbildung von $\mathbb{R}^n$ nach $\mathbb{R}^m$, so hat L die folgende Form

$$L : \begin{cases} \mathbb{R}^n & \to & \mathbb{R}^m \\ (x_1, \ldots, x_n) & \mapsto & (a_{11}x_1 + \cdots + a_{1n}x_n, \ldots, a_{m1}x_1 + \cdots + a_{mn}x_n) \end{cases}$$

mit $a_{ij} \in \mathbb{R}$ für $i = 1 : m$ und $j = 1 : n$. Begründen Sie dies. Geben Sie L im Fall $m = n = 1$, im Fall $m = 1$ und im Fall $n = 1$ an.

Lösung: Genau die linearen Abbildungen von $\mathbb{R}^n$ nach $\mathbb{R}^m$ haben den Abbildungsterm $L(x) = Ax$ mit $x = (x_1, \ldots, x_n) \in \mathbb{R}^n$ und $A \in \mathbb{R}^{m \times n}$. Nun ist

$$Ax = \begin{bmatrix} a_{11} & \cdots & a_{1n} \\ \vdots & & \vdots \\ a_{m1} & \cdots & a_{mn} \end{bmatrix} \begin{bmatrix} x_1 \\ \vdots \\ x_n \end{bmatrix} = \begin{bmatrix} a_{11}x_1 + \cdots + a_{1n}x_n \\ \vdots \\ a_{m1}x_1 + \cdots + a_{mn}x_n \end{bmatrix},$$

also

$$L(x_1, \ldots, x_n) = (a_{11}x_1 + \cdots + a_{1n}x_n, \ldots, a_{m1}x_1 + \cdots + a_{mn}x_n).$$

Damit hat eine lineare Abbildung die Form

$$L : \begin{cases} \mathbb{R}^n & \to & \mathbb{R}^m \\ (x_1, \ldots, x_n) & \mapsto & (a_{11}x_1 + \cdots + a_{1n}x_n, \ldots, a_{m1}x_1 + \cdots + a_{mn}x_n) \end{cases}$$

mit $a_{ij} \in \mathbb{R}$ für $i = 1 : m$ und $j = 1 : n$.

Ist $m = n = 1$, so ist $L : \mathbb{R} \to \mathbb{R}$, $L(x) = ax$ mit $a \in \mathbb{R}$. Es ist $A = [a] = a \in \mathbb{R}^{1\times 1}$. Ist $m = 1$, so ist $L : \mathbb{R}^n \to \mathbb{R}$, $L(x_1, \ldots, x_n) = a_1x_1 + \cdots + a_nx_n$ mit $a_j \in \mathbb{R}$ für $j = 1 : n$. Es ist $A = [a_1 \cdots a_n] \in \mathbb{R}^{1\times n}$. Ist $n = 1$, so ist $L : \mathbb{R} \to \mathbb{R}^m$, $L(x) = (a_1x, \ldots, a_mx)$ mit $a_i \in \mathbb{R}$ für $i = 1 : m$. Es ist $A = [a_1 \cdots a_m]^T \in \mathbb{R}^{m\times 1}$.

5.42 Beweisen Sie folgenden Satz: *Ist* $L : \mathbb{R}^n \to \mathbb{R}^m$ *linear und* $U \subseteq \mathbb{R}^n$ *ein Unterraum. Dann ist auch* $L(U) \subseteq \mathbb{R}^m$ *ein Unterraum.* Mit anderen Worten: Unterräume werden durch lineare Abbildungen immer in Unterräume abgebildet.

Lösung: Ist $L : \mathbb{R}^n \to \mathbb{R}^m$ linear und $U \subseteq \mathbb{R}^n$ ein Unterraum, so haben wir zu zeigen, dass die Bildmenge $L(U) \subseteq \mathbb{R}^m$ ein Unterraum ist. Hierzu sind drei Eigenschaften nachzuweisen. Erstens darf $L(U)$ nicht leer sein, zweitens muss mit $y_1 \in L(U)$ und $y_2 \in L(U)$ auch $y_1 + y_2$ in $L(U)$ sein, und drittens muss für jede reelle Zahl c auch cy_1 in $L(U)$ sein.

Die Bildmenge $L(U)$ ist keinesfalls leer, denn mit $o_n \in U$ ist auch $L(o_n) = o_m \in L(U)$. Also liegt der Nullvektor auf jedenfall in $L(U)$. Sind $y_1, y_2 \in L(U)$, so gibt es Vektoren $u_1, u_2 \in U$ mit $L(u_1) = y_1$ und $L(u_2) = y_2$. Nun ist $u_1 + u_2 \in U$, weil ja U ein Unterraum ist. Außerdem ist $L(u_1 + u_2) = L(u_1) + L(u_2) = y_1 + y_2$, also liegt $y_1 + y_2$ in $L(U)$. Ist u_1, y_1 wie eben und $c \in \mathbb{R}$, so ist $cu_1 \in U$ und $L(cu_1) = cL(u_1) = cy_1$, also liegt cy_1 in $L(U)$.

Damit ist gezeigt, dass $L(U)$ ein Unterraum von $\mathbb{R}^m$.

5.43 Verifizieren Sie den letzten Satz an einem Beispiel Ihrer Wahl.

Lösung: Ich wähle die lineare Abbildung $P : \mathbb{R}^2 \to \mathbb{R}^2$ mit $P(v_1, v_2) = (v_1, 0)$ und $U = \{(v, v) \in \mathbb{R}^2\}$. Dann ist $P(U) = \{(v, 0) \in \mathbb{R}^2\}$ ein Unterraum von $\mathbb{R}^2$. Geometrische Interpretation: Jeder Vektor auf der Winkelhalbierenden wird auf die x-Achse abgebildet.

5.44 Beweisen Sie folgenden Satz: *Ist* $L : \mathbb{R}^n \to \mathbb{R}^m$ *linear, dann werden linear abhängige Vektoren durch L stets auf linear abhängige Vektoren abgebildet.*

Lösung: Angenommen die Vektoren $v_1, \ldots, v_k$ aus $\mathbb{R}^n$ sind linear abhängig, dann gilt $c_1v_1 + \cdots + c_kv_k = o_n$ und mindestens ein Koeffizient $c_j \in \mathbb{R}$ ist ungleich Null. Nun gilt $c_1L(v_1) + \cdots + c_kL(v_k) = L(c_1v_1 + \cdots + c_kv_k) = L(o_n) = o_m$. Der Nullvektor o_m von $\mathbb{R}^m$ ist damit eine Linearkombination der Vektoren $L(v_1), \ldots, L(v_k)$ und darüberhinaus ist $c_j \neq 0$. Folglich sind die Vektoren $L(v_1), \ldots, L(v_k)$ linear abhängig in $\mathbb{R}^m$.

5.45 Verifizieren Sie den letzten Satz an einem Beispiel Ihrer Wahl.

Lösung: Ich wähle die lineare Abbildung $P : \mathbb{R}^2 \to \mathbb{R}^2$ mit $P(a, b) = (a, 0)$. Die beiden Vektoren $v_1 = (1, 1)$ und $v_2 = (2, 2,)$ sind im Vektorraum $\mathbb{R}^2$ linear abhängig. Ihre Bildvektoren sind $P(v_1) = P(1, 1) = (1, 0)$ und $P(v_2) = P(2, 2) = (2, 0)$; sie sind linear abhängig.

5.46 Beweisen Sie folgenden Satz: *Sind die Vektoren* $y_1, \ldots, y_n$ *linear unabhängig in* $\mathbb{R}^m$ *und gilt* $L(x_j) = y_j$ *für* $j = 1 : n$*, wobei* $L : \mathbb{R}^n \to \mathbb{R}^m$ *linear ist, so sind die Vektoren* $x_1, \ldots, x_n$ *linear unabhängig in* $\mathbb{R}^n$*.*

Lösung: Wären die Vektoren $x_1, \ldots, x_n$ nicht linear unabhängig, also linear abhängig, so wären auch die Vektoren $y_1, \ldots, y_n$ linear abhängig (Aufgabe 5.44).

5.47 Verifizieren Sie den letzten Satz an einem Beispiel Ihrer Wahl.

Lösung: Ich wähle die Abbildung $L : \mathbb{R} \to \mathbb{R}$ mit $L(x) = 2x$. Der Vektor $y = 2$ ist linear unabhängig in $L(\mathbb{R}) = \mathbb{R}$, $x = 1$ ist linear unabhängig in $\mathbb{R}$. Es ist $L(x) = L(1) = 2 = y$.

5.48 Begründen Sie die folgende Aussage: Sind die Vektoren $x_1, \ldots, x_n$ in $\mathbb{R}^n$ linear unabhängig, so müssen die Vektoren $L(x_1), \ldots, L(x_n)$ in $\mathbb{R}^m$ nicht linear unabhängig sein, wobei $L : \mathbb{R}^n \to \mathbb{R}^m$ linear ist.

Lösung: Kann sein: Gegeben $L : \mathbb{R} \to \mathbb{R}$ mit $L(x) = 2x$. Der Vektor $x = 1$ ist in $\mathbb{R}$ linear unabhängig, der Bildvektor $L(1) = 2$ ist in $\mathbb{R}$ ebenfalls linear unabhängig.

Muss aber nicht: Gegeben $L : \mathbb{R} \to \mathbb{R}$ mit $L(x) = 0$. Der Vektor $x = 1$ ist in $\mathbb{R}$ linear unabhängig, der Bildvektor $L(1) = 0$ in $\mathbb{R}$ aber nicht.

5.49 Beweisen Sie folgenden Satz: *Ist* $L : \mathbb{R}^n \to \mathbb{R}^m$ *linear und injektiv und sind die Vektoren* $x_1, \ldots, x_n$ *linear unabhängig in* $\mathbb{R}^n$*, dann sind auch die Bildvektoren* $L(x_1), \ldots, L(x_n)$ *linear unabhängig in* $\mathbb{R}^m$*.*

Lösung: Angenommen $c_1L(x_1) + \cdots + c_nL(x_n) = o_m$. Zu beweisen ist, dass dann $c_1 = \cdots = c_n = 0$ ist.

Weil L linear ist folgt aus $c_1L(x_1) + \cdots + c_nL(x_n) = o_m$ die Gleichung $L(c_1x_1 + \cdots + c_nx_n) = o_m$. Weil L injektiv ist, folgt daraus $c_1x_1 + \cdots + c_nx_n = o_n$. Weil die Vektoren $x_1, \ldots, x_n$ aus $\mathbb{R}^n$ linear unabhängig sind, folgt $c_1 = \cdots = c_n = 0$. Somit sind die Vektoren $L(x_1), \ldots, L(x_n)$ linear unabhängig in $\mathbb{R}^m$.

5.50 Verifizieren Sie den letzten Satz an einem Beispiel Ihrer Wahl.

Lösung: Ich wähle $m = n = 1$ und $L : \mathbb{R} \to \mathbb{R}$ mit $L(x) = 2x$. Die lineare Abbildung L ist bijektiv, also insbesondere injektiv.

Dann ist der Vektor $x = 1$ linear unabhängig in $\mathbb{R}$, der Bildvektor $L(1) = 2$ aber auch. Dies gilt für jeden linear unabhängigen Vektor x, das heißt für jede reelle Zahl $x \neq 0$, denn der Bildvektor $L(x) = 2x$ ist linear unabhängig für $x \neq 0$.

5.51 Beweisen Sie folgenden Satz: *Ist* $L : \mathbb{R}^n \to \mathbb{R}^m$ *eine bijektive lineare Abbildung, dann ist* $m = n$*.*

Lösung: Gegeben ist die lineare Abbildung L von $\mathbb{R}^n$ nach $\mathbb{R}^m$. Ist $A \in \mathbb{R}^{m\times n}$ ihre natürliche Darstellungsmatrix, so gilt $L(x) = Ax = x_1a_1 + \cdots + x_na_n$, wobei a_j, $j = 1, \ldots, n$, die Spaltenvektoren von A sind. Nach Voraussetzung ist L bijektiv, also insbesondere surjektiv. Da L surjektiv ist, gibt es zu jedem $y \in \mathbb{R}^m$ ein $x \in \mathbb{R}^n$ mit

$y = L(x)$. Somit muss $\text{Lin}(a_1, \ldots, a_n) = \mathbb{R}^m$ sein. Da man mindestens m Vektoren braucht, um den Vektorraum $\mathbb{R}^m$ aufzuspannen, muss $n \geqslant m$ sein. Da L auch injektiv ist (L ist ja bijektiv), müssen die Vektoren a_1, ... ,a_n aus $\mathbb{R}^m$ linear unabhängig sein. Warum? Erklärung am Ende! Da n Vektoren aus $\mathbb{R}^m$ zwangsläufig linear abhängig sind, wenn $n > m$ ist, folgt dass $n \leqslant m$ ist. Somit ist einerseits $n \geqslant m$ (L ist surjektiv) und andererseits $n \leqslant m$ (L ist injektiv). Das kann aber nur sein, wenn $n = m$ ist. Damit ist die Behauptung des Satzes bewiesen.

Wir zeigen noch: Ist L injektiv, dann sind die Vektoren a_1, ..., a_n aus $\mathbb{R}^m$ linear unabhängig. L ist eine lineare Abbildung, also gilt $L(o_n) = o_m$. Da L injektiv ist, ist o_n der einzige Vektor der auf o_m abgebildet wird. Deshalb ist $L(x) = Ax = o_m$ nur für $x = o_n$ erfüllt. Lineare Unabhängigkeit von a_1, ..., a_n ist gleichwertig zu $Ax = x_1a_1 + \cdots + x_na_n = o_m$ nur für $x_1 = \cdots = x_n = 0$. Also sind die Vektoren a_1, ..., a_n linear unabhängig.

5.52 Zeigen Sie, dass die lineare Abbildung $L : \mathbb{R}^2 \to \mathbb{R}^3$ mit $L(x, y) = (x, y, x)$ nicht surjektiv ist.

Lösung: Zum Beispiel hat das Bildelement $(1, 2, 3) \in \mathbb{R}^3$ kein Urbildelement.

Diese Aufgabe soll den Beweis in Aufgabe 5.51 verdeutlichen. Ist eine lineare Abbildung $L : \mathbb{R}^n \to \mathbb{R}^m$ surjektiv, so muss $n \geqslant m$ sein. Ist die Dimension der Definitionsmenge kleiner als die Dimension der Zielmenge, so kann eine lineare Abbildung nicht surjektiv sein.

5.53 Zeigen Sie, dass die lineare Abbildung $L : \mathbb{R}^3 \to \mathbb{R}^2$ mit $L(x, y, z) = (x, y)$ nicht injektiv ist.

Lösung: Es ist zum Beispiel $(0, 0, 0) \mapsto (0, 0)$ und $(0, 0, 1) \mapsto (0, 0)$. Zwei verschiedene Urbilder haben dasselbe Bild.

Diese Aufgabe soll den Beweis in Aufgabe 5.51 verdeutlichen. Ist eine lineare Abbildung $L : \mathbb{R}^n \to \mathbb{R}^m$ injektiv, so muss $n \leqslant m$ sein. Ist die Dimension der Definitionsmenge größer als die Dimension der Zielmenge, so kann eine lineare Abbildung nicht injektiv sein.

5.54 Beweisen Sie folgenden Satz: *Ist $L : \mathbb{R}^n \to \mathbb{R}^n$ eine lineare Abbildung, dann sind die folgenden Aussagen gleichwertig: (a) L ist bijektiv. (b) L ist surjektiv. (c) L ist injektiv.*

Lösung: Der Beweis folgt direkt mit Aufgabe 5.51.

5.55 Begründen Sie, weshalb die Abbildung $L : \mathbb{R}^2 \to \mathbb{R}^2$ mit $L(x_1, x_2) = (x_1 - 2x_2, 3x_1 + 2x_2)$ bijektiv ist.

Lösung: Sie haben mehrere Möglichkeiten, dies zu begründen. Eine davon ist, nachzuweisen, dass L surjektiv ist, denn L ist linear und die Definitionsmengen ist gleich der Zielmenge, somit ist die Surjektivität mit der Bijektivität gleichwertig. Wir zeigen, L ist surjektiv. Ist $(y_1, y_2) \in \mathbb{R}^2$, so wählen wir $x_1 = 1/4y_1 + 1/4y_2$ und $x_2 = -3/8y_1 + 1/8y_2$.

Dann gilt: $x_1 - 2x_2 = 1/4y_1 + 1/4y_2 - 2(-3/8y_1 + 1/8y_2) = 1/4y_1 + 1/4y_2 + 3/4y_1 - 1/4y_2 = y_1$ und $3x_1 + 2x_2 = y_2$. Da (y_1, y_2) beliebig aus $\mathbb{R}^2$ ist und man zu jedem solchen Bildelement ein Urbildelement (x_1, x_2) findet, ist L surjektiv und somit bijektiv.

Eine andere Möglichkeit wäre zum Beispiel nachzuweisen, dass L injektiv ist.

5.56 Ist $L : \mathbb{R}^n \to \mathbb{R}^m$ eine lineare Abbildung, so heißt die Menge der Bildvektoren in $\mathbb{R}^m$ für die es einen Urbildvektor gibt, das *Bild* der linearen Abbildung L. Man schreibt für diese Menge Bild(L). Es ist also Bild$(L) = \{L(v) \in \mathbb{R}^m \mid v \in \mathbb{R}^n\}$ (Das Bild einer linearen Abbildung ist ein Spezialfall der Wertemenge oder Bildmenge einer (allgemeinen) Abbildung; somit ist Bild$(L) = L(\mathbb{R}^n)$).

Gegeben ist die lineare Abbildung $L : \mathbb{R}^2 \to \mathbb{R}^2$ mit $L(v_1, v_2) = (v_1, 0)$, Bestimmen Sie das Bild von L.

Lösung: Ein Vektor $w \in \mathbb{R}^2$ liegt genau dann im Bild von L, wenn es ein $v \in \mathbb{R}^2$ gibt mit $w = L(v)$. Dies ist genau dann der Fall, wenn $w = (v_1, 0)$ ist. Also ist Bild$(L) = \{(v_1, 0) \in \mathbb{R}^2\}$. Zum Beispiel sind $(0,0)$, $(1,0)$, $(2,0)$ und $(-1,0)$ aus Bild(L). Der Vektor $(1,1)$ gehört aber nicht zu Bild(L); für ihn gibt es keinen Vektor v mit $(1,1) = L(v)$. Geometrische Interpretation: Das Bild von L besteht aus allen Vektoren im $\mathbb{R}^2$, die auf der x-Achse liegen.

5.57 Beweisen Sie folgenden Satz: *Das Bild einer linearen Abbildung $L : \mathbb{R}^n \to \mathbb{R}^m$ ist ein Unterraum von $\mathbb{R}^m$.*

Lösung: Nach dem Unterraumkriterium genügt es zu zeigen, dass das Bild von L gegenüber der Addition und skalaren Multiplikation abgeschlossen ist. Sind $y, z \in$ Bild$(L) \subseteq \mathbb{R}^m$, so gilt $y = L(v)$ und $z = L(w)$ für v, w aus $\mathbb{R}^n$. Damit gilt $y + z = L(v) + L(w) = L(v + w)$, also ist $y + z \in$ Bild(L). Ist außerdem $c \in \mathbb{R}$, so gilt $cy = cL(v) = L(cv)$, also ist $cy \in$ Bild(L). Damit ist das Bild von L ein Unterraum von $\mathbb{R}^m$.

Mit Aufgabe 5.42 haben wir diesen Satz auch schon bewiesen.

5.58 Verifizieren Sie den letzten Satz an einem Beispiel Ihrer Wahl.

Lösung: Ich betrachte die lineare Abbildung $L : \mathbb{R}^2 \to \mathbb{R}^2$ mit $L(v_1, v_2) = (v_1, 0)$. Dann ist Bild$(L) = \{(v_1, 0) \in \mathbb{R}^2\}$. Dies ist ein Untervektorraum von $\mathbb{R}^2$. Ist $y = (y_1, 0)$ und $z = (z_1, 0)$ aus Bild(L) und $c \in \mathbb{R}$, dann ist $y + z = (y_1, 0) + (z_1, 0) = (y_1 + z_1, 0)$ ebenfalls aus Bild(L) und $c(y_1, 0) = (cy_1, 0)$ ist auch aus Bild(L). Geometrische Interpretation: Das Bild von L entspricht der x-Achse, werden zwei Vektoren auf der x-Achse addiert, so liegt der Summenvektor wieder auf der x-Achse. Analog ist das so mit der skalaren Multiplikation.

5.59 Beweisen Sie folgenden Satz: *Ist $\mathbb{R}^n = \mathrm{Lin}(x_1, \ldots, x_n)$, so folgt*

$$L(\mathbb{R}^n) = \mathrm{Lin}(L(x_1), \ldots, L(x_n)) \subseteq \mathbb{R}^m,$$

wobei $L : \mathbb{R}^n \to \mathbb{R}^m$ linear ist. In Worten: Das Bild von L wird von den Vektoren $L(x_1)$, …, $L(x_n)$ aufgespannt, falls die Vektoren x_1, …, x_n den $\mathbb{R}^n$ aufspannen.

Lösung: Zu zeigen ist, dass jeder Vektor y aus $L(\mathbb{R}^n)$ eine Linearkombination der Vektoren $L(x_1)$, …, $L(x_n)$ ist. Hierbei spannen die Vektoren x_1, …,

x_n den $\mathbb{R}^n$ auf. Ist also $y \in L(\mathbb{R}^n)$, dann gibt es ein $x \in \mathbb{R}^n$ mit $y = L(x)$. Nun ist $x = c_1x_1 + \cdots + c_nx_n$, weil die Vektoren x_j, $j = 1 : n$, den $\mathbb{R}^n$ aufspannen. Somit ist $y = L(x) = L(c_1x_1 + \cdots + c_nx_n) = c_1L(x_1) + \cdots + c_nL(x_n)$, also ist $y \in L(\mathbb{R}^n)$ Linearkombination von $L(x_1)$, …, $L(x_n)$.

5.60 Verifizieren Sie den letzten Satz an einem Beispiel Ihrer Wahl.

Lösung: Ich wähle die lineare Abbildung $L : \mathbb{R}^2 \to \mathbb{R}^2$ mit $L(x_1, x_2) = (x_1, 0)$. Dann ist $L(\mathbb{R}^2) = \{(x_1, 0) \in \mathbb{R}^2\}$. Außerdem wähle ich die drei Vektoren $x_1 = (1, 0)$, $x_2 = (0, 1)$ und $x_3 = (1, 1)$. Dann ist $\text{Lin}(L(x_1), L(x_2), L(x_3)) = \text{Lin}(L(1, 0), L(0, 1), L(1, 1)) = \text{Lin}((1, 0), (0, 0), (1, 0)) = \text{Lin}(1, 0) = \{(x_1, 0) \in \mathbb{R}^2\}$. Also ist $L(\mathbb{R}^2) = \{(x_1, 0) \in \mathbb{R}^2\} = \text{Lin}(L(x_1), L(x_2), L(x_3))$.

5.61 Gegeben ist die lineare Abbildung $L : \mathbb{R}^2 \to \mathbb{R}^2$ mit $L(v_1, v_2) = (v_1, 0)$. Bestimmen Sie den Kern von L.

Ist $L : \mathbb{R}^n \to \mathbb{R}^m$ eine lineare Abbildung, so heißt die Menge der Vektoren aus $\mathbb{R}^n$, die auf den Nullvektor o_m in $\mathbb{R}^m$ abgebildet werden, der *Kern* der linearen Abbildung L. Man schreibt für diese Menge $\text{Kern}(L)$. Es ist also $\text{Kern}(L) = \{v \in \mathbb{R}^n \mid L(v) = o_m\}$.

Lösung: Ein Vektor $v \in \mathbb{R}^2$ ist genau dann im Kern von L, wenn $v_1 = 0$ ist. Somit ist $\text{Kern}(L) = \{(0, v_2) \in \mathbb{R}^2\}$. Zum Beispiel gehören die Vektoren $(0, 0)$, $(0, 1)$, $(0, 2)$ und $(0, -1)$ zum $\text{Kern}(L)$. Der Vektor $(1, 1)$ gehört aber nicht zum $\text{Kern}(L)$. Geometrische Interpretation: Der Kern von L besteht aus allen Vektoren im $\mathbb{R}^2$, die auf der y-Achse liegen.

5.62 Begründen Sie, weshalb sowohl der Kern als auch das Bild einer linearen Abbildung nie die leere Menge ist.

Lösung: Der Nullvektor wird bei einer linearen Abbildung immer auf den Nullvektor abgebildet, deshalb sind beide Mengen niemals leer. Es ist also stets $o_n \in \text{Kern}(L)$ und $o_m \in \text{Bild}(L)$, wenn $L : \mathbb{R}^n \to \mathbb{R}^m$ ist.

5.63 Beweisen Sie folgenden Satz: *Der Kern einer linearen Abbildung $L : \mathbb{R}^n \to \mathbb{R}^m$ ist ein Unterraum von $\mathbb{R}^n$.*

Lösung: Nach dem Unterraumkriterium genügt es zu zeigen, dass der Kern von L gegenüber der Addition und skalaren Multiplikation abgeschlossen ist. Sind $v, w \in \text{Kern}(L) \subseteq \mathbb{R}^n$, so gilt $L(v + w) = L(v) + L(w) = o_n + o_n = o_n$, also ist $v + w \in \text{Kern}(L)$. Ist außerdem $c \in \mathbb{R}$, so gilt $L(cv) = cL(v) = co_n = o_n$, also ist $cv \in \text{Kern}(L)$. Damit ist der Kern ein Unterraum von $\mathbb{R}^n$.

5.64 Verifizieren Sie den letzten Satz an einem Beispiel Ihrer Wahl.

Lösung: Ich betrachte die lineare Abbildung $L : \mathbb{R}^2 \to \mathbb{R}^2$ mit $L(v_1, v_2) = (v_1, 0)$. Dann ist $\text{Kern}(L) = \{(0, v_2) \in \mathbb{R}^2\}$. Dies ist ein Untervektorraum von $\mathbb{R}^2$. Ist $(0, v_2)$ und $(0, w_2)$ aus Kern(L) und $c \in \mathbb{R}$, dann ist $(0, v_2) + (0, w_2) = (0, v_2 + w_2)$ ebenfalls aus Kern(L) und $c(0, v_2) = (0, cv_2)$ ist auch aus Kern(L). Geometrische Interpretation: Der Kern von L entspricht der y-Achse, werden zwei Vektoren auf der y-Achse addiert, so liegt der Summenvektor wieder auf der y-Achse. Analog ist das so mit der skalaren Multiplikation.

5.65 Beweisen Sie folgenden Satz: *Eine lineare Abbildung $L : \mathbb{R}^n \to \mathbb{R}^m$ ist genau dann injektiv, wenn* $\text{Kern}(L) = \{o_n\}$ *ist.*

Lösung: Wir nehmen an, $L : \mathbb{R}^n \to \mathbb{R}^m$ ist injektiv. Ist $L(u) = L(v)$, dann folgt $u = v$. Ist $u \in \text{Kern}(L)$, dann ist $L(u) = o_m$. Weil L injektiv ist, ist somit $u = o_n$, das heißt $\text{Kern}(L) = \{o_n\}$.

Ist umgekehrt $\text{Kern}(L) = \{o_n\}$ und $L(u) = L(v)$. Dann folgt aus $o_m = L(o_n) = L(u) - L(v) = L(u - v)$, also ist $u - v \in \text{Kern}(L)$. Nun ist nach Voraussetzung $\text{Kern}(L) = \{o_n\}$, also folgt $u - v = o_n$, das heißt $u = v$. Somit ist L injektiv.

5.66 Beweisen Sie folgenden Satz: *Eine lineare Abbildung $L : \mathbb{R}^n \to \mathbb{R}^m$ ist genau dann surjektiv, wenn* $\text{Bild}(L) = \mathbb{R}^m$ *ist.*

Lösung: Dies ist bei allen Abbildungen so und daher auch bei linearen Abbildungen.

5.67 Beweisen Sie folgenden Satz: *Ist $L : \mathbb{R}^n \to \mathbb{R}^m$ eine lineare Abbildung. Dann gilt* $n = \text{Dim}(\text{Kern}(L)) + \text{Dim}(\text{Bild}(L))$.

Lösung: Weil Kern(L) ein Unterraum von $\mathbb{R}^n$ ist, gilt folglich $0 \leqslant \text{Dim}(\text{Kern}(L)) = r \leqslant n$. Daher müssen wir beweisen, dass $\text{Dim}(\text{Bild}(L)) = n - r$ ist.

Hierzu ist $\{a_1, \ldots, a_r\}$ eine Basis von Kern(L). Wir erweitern diese Menge zu einer Basis von $\mathbb{R}^n$: $\{a_1, \ldots, a_r, b_1, \ldots, b_{n-r}\}$. Wenn wir nun zeigen können, dass die Menge der Vektoren $B = \{L(b_1), \ldots, L(b_{n-r})\}$ eine Basis von Bild(L) ist, so ist der Satz bewiesen. Zu zeigen ist also, dass die Vektoren von B den Raum Bild(L) aufspannen und linear unabhängig sind.

Die Vektoren aus B spannen den Raum Bild(L) *auf*: Es ist $w \in \text{Bild}(L)$. Dann existiert ein $v \in \mathbb{R}^n$ derart, dass $L(v) = w$ gilt. Weil die Vektoren $\{a_1, \ldots, a_r, b_1, \ldots, b_{n-r}\}$ eine Basis von $\mathbb{R}^n$ bilden und $v \in \mathbb{R}^n$ ist, folgt: $v = c_1a_1 + \cdots + c_ra_r + d_1b_1 + \cdots + d_{n-r}b_{n-r}$, wobei c_i, d_j reelle Zahlen sind. Weil die Vektoren a_i zum Kern von L gehören ist $L(a_i) = o_m$. Daher gilt: $w = L(v) = L(c_1a_1 + \cdots + c_ra_r + d_1b_1 + \cdots + d_{n-r}b_{n-r}) = c_1L(a_1) + \cdots + c_rL(a_r) + d_1L(b_1) + \cdots + d_{n-r}L(b_{n-r}) = d_1L(b_1) + \cdots + d_{n-r}L(b_{n-r})$. Also erzeugen die Vektoren aus B das Bild der linearen Abbildung L.

Die Vektoren aus der Menge B sind linear unabhängig: Angenommen es ist $e_1L(b_1) + \cdots + e_{n-r}L(b_{n-r}) = o_m$. Dann gilt $L(e_1b_1 + \cdots + e_{n-r}b_{n-r}) = o_m$ und der Vektor $e_1b_1 + \cdots + e_{n-r}b_{n-r}$ gehört zum Kern von L. Weil der Kern von L durch die Vektoren

$a_1, \ldots, a_r$ aufgespannt wird, existieren reelle Zahlen $f_1, \ldots, f_r$ derart, dass $e_1 b_1 + \cdots + e_{n-r} b_{n-r} = f_1 a_1 + \cdots + f_r a_r$ oder $e_1 b_1 + \cdots + e_{n-r} b_{n-r} - f_1 a_1 - \cdots - f_r a_r = o_n$ gilt. Weil die Vektoren $\{a_1, \ldots, a_r, b_1, \ldots, b_{n-r}\}$ eine Basis von $\mathbb{R}^n$ sind, sind alle Koeffizienten e_i, f_j gleich Null, insbesondere also $e_1 = \cdots = e_{n-r} = 0$. Folglich sind die Vektoren aus B linear unabhängig.

Daher ist B eine Basis von Bild(L), und es ist Dim(Bild$(L)) = n - r$.

5.68 Verifizieren Sie den letzten Satz an mindestens zwei verschiedenen Beispielen Ihrer Wahl.

Lösung: Es ist $P : \mathbb{R}^2 \to \mathbb{R}^2$ mit $P(v_1, v_2) = (v_1, 0)$. Dann ist $n = 2 = 1 + 1 = \text{Dim}(\text{Kern}(P)) + \text{Dim}(\text{Bild}(P))$.

Es ist $L : \mathbb{R}^2 \to \mathbb{R}$ mit $L(v_1, v_2) = v_1 + v_2$. Dann ist $n = 2 = 1 + 1 = \text{Dim}(\text{Kern}(L)) + \text{Dim}(\text{Bild}(L))$.

5.69 Es ist $A \in \mathbb{R}^{m \times n}$ die natürliche Darstellungsmatrix der linearen Abbildung $L : \mathbb{R}^n \to \mathbb{R}^m$. Zeigen Sie: $S(A) = \text{Bild}(L)$. In Worten: Der Spaltenraum der Matrix ist gleich dem Bild der linearen Abbildung.

Lösung: Ist $L : \mathbb{R}^n \to \mathbb{R}^m$ linear und $A \in \mathbb{R}^{m \times n}$ ihre natürliche Darstellungsmatrix, so gilt $L(x) = Ax$ für alle $x \in \mathbb{R}^n$. Also ist $S(A) = \{Ax \in \mathbb{R}^m \mid x \in \mathbb{R}^n\} = \{L(x) \in \mathbb{R}^m \mid x \in \mathbb{R}^n\} = \text{Bild}(L)$. (Bitte beachten Sie: Die Gleichheit gilt deshalb, weil wir $\mathbb{R}^n = \mathbb{R}^{n \times 1}$ gesetzt haben. Streng genommen ist also nur $S(A) \cong \text{Bild}(L)$.)

5.70 Es ist $A \in \mathbb{R}^{m \times n}$ die natürliche Darstellungsmatrix der linearen Abbildung $L : \mathbb{R}^n \to \mathbb{R}^m$. Zeigen Sie: $N(A) = \text{Kern}(L)$. In Worten: Der Nullraum der Matrix ist gleich dem Kern der linearen Abbildung.

Lösung: Ist $L : \mathbb{R}^n \to \mathbb{R}^m$ linear und $A \in \mathbb{R}^{m \times n}$ ihre natürliche Darstellungsmatrix, so gilt $L(x) = Ax$ für alle $x \in \mathbb{R}^n$. Also ist $N(A) = \{x \in \mathbb{R}^n \mid Ax = o_m\} = \{x \in \mathbb{R}^n \mid L(x) = o_m\} = \text{Kern}(L)$.

Bitte beachten Sie: Die Gleichheit gilt deshalb, weil wir $\mathbb{R}^n = \mathbb{R}^{n \times 1}$ gesetzt haben. Im Allgemeinen gilt die Strukturgleichheit, das heißt $N(A) \cong \text{Kern}(L)$.

5.71 Gegeben sind die beiden linearen Abbildungen

$$L_1 : \left\{ \begin{array}{ccc} \mathbb{R}^2 & \to & \mathbb{R}^2 \\ (x, y) & \mapsto & (-x, y) \end{array} \right. \quad \text{und} \quad L_2 : \left\{ \begin{array}{ccc} \mathbb{R}^2 & \to & \mathbb{R}^2 \\ (z, w) & \mapsto & (z, 0) \end{array} \right.$$

Geben Sie die Abbildung $L_2 \circ L_1$ an.

Lösung: Es ist $(L_2 \circ L_1)(x, y) = L_2(L_1(x, y)) = L_2(-x, y) = (-x, 0)$. Also ist

$$L_2 \circ L_1 : \left\{ \begin{array}{ccc} \mathbb{R}^2 & \to & \mathbb{R}^2 \\ (x, y) & \mapsto & (-x, 0) \end{array} \right.$$

Geometrische Interpretation: Die Abbildung L_1 spiegelt an der y-Achse und L_2 ist die orthogonale Projektion auf die x-Achse. Zum Beispiel wird der Vektor $(2, 1)$ auf $(-2, 1)$ gespiegelt und $(-2, 1)$ auf $(-2, 0)$ orthogonal projiziert, somit gilt $(2, 1) \mapsto (-2, 0)$.

5.72 Beweisen Sie folgenden Satz: *Sind $L_1 : \mathbb{R}^n \to \mathbb{R}^r$ und $L_2 : \mathbb{R}^r \to \mathbb{R}^m$ zwei lineare Abbildungen, dann ist die Verkettung $L_2 \circ L_1 : \mathbb{R}^n \to \mathbb{R}^m$ auch eine lineare Abbildung.*

Lösung: Wir müssen zeigen, dass $(L_2 \circ L_1)(v + w) = (L_2 \circ L_1)(v) + (L_2 \circ L_1)(w)$ und $(L_2 \circ L_1)(cv) = c(L_2 \circ L_1)(v)$ für alle v, w aus $\mathbb{R}^n$ und alle c aus $\mathbb{R}$ ist.

Es ist $(L_2 \circ L_1)(v + w) = L_2(L_1(v + w)) = L_2(L_1(v) + L_1(w)) = L_2(L_1(v)) + L_2(L_1(w)) = (L_2 \circ L_1)(v) + (L_2 \circ L_1)(w)$ und $(L_2 \circ L_1)(cv) = L_2(L_1(cv)) = L_2(cL_1(v)) = cL_2(L_1(v)) = c(L_2 \circ L_1)(v)$. Damit ist alles gezeigt.

5.73 Verifizieren Sie den letzten Satz an einem Beispiel Ihrer Wahl.

Lösung: Wir wählen das Beispiel in Aufgabe 5.71. Die Abbildung

$$L_2 \circ L_1 : \begin{cases} \mathbb{R}^2 & \to & \mathbb{R}^2 \\ (x, y) & \mapsto & (-x, 0) \end{cases}$$

ist linear.

5.74 Bestimmen Sie die lineare Abbildung $L_2 \circ L_1$ für $L_1 : \mathbb{R}^2 \to \mathbb{R}^3$ mit $L_1(x_1, x_2) = (x_2, x_1, x_1 + x_2)$ und $L_2 : \mathbb{R}^3 \to \mathbb{R}$ mit $L_2(y_1, y_2, y_3) = y_1 + y_3$.

Lösung: Es ist $L_2(L_1(x_1, x_2)) = L_2(x_2, x_1, x_1 + x_2) = x_2 + (x_1 + x_2) = x_1 + 2x_2$. Damit ist $L_2 \circ L_1 : \mathbb{R}^2 \to \mathbb{R}$ mit $(x_1, x_2) \mapsto x_1 + 2x_2$.

5.75 Geben Sie die lineare Abbildung $L_2 \circ L_1$ von $L_1 : \mathbb{R} \to \mathbb{R}^2$ mit $L_1(x) = (2x, 3x)$ und $L_2 : \mathbb{R}^2 \to \mathbb{R}$ mit $L_2(y_1, y_2) = y_1 + y_2$ an.

Lösung: Es ist $L_2 \circ L_1 : \mathbb{R} \to \mathbb{R}$ mit $x \mapsto 5x$, denn es ist $(L_2 \circ L_1)(x) = L_2(L_1(x)) = L_2(2x, 3x) = 2x + 3x = 5x$ oder $A_2 A_1 x = [1\ 1][2\ 3]^T x = [2 + 3]x = [5]x = 5x$.

5.76 Beweisen Sie folgenden Satz: *Gegeben sind zwei lineare Abbildungen $L_1 : \mathbb{R}^n \to \mathbb{R}^r$ und $L_2 : \mathbb{R}^r \to \mathbb{R}^m$ mit $m, n, r \in \mathbb{N}$. Ist $A_1 \in \mathbb{R}^{r \times n}$ die natürliche Darstellungsmatrix von L_1 und $A_2 \in \mathbb{R}^{m \times r}$ die natürliche Darstellungsmatrix von L_2, dann ist $A_2 \cdot A_1 \in \mathbb{R}^{m \times n}$ die natürliche Darstellungsmatrix von $L_2 \circ L_1$.* Kurz: Verkettung von linearen Abbildungen entspricht der Multiplikation von Matrizen.

Lösung: Ist $A_1 \in \mathbb{R}^{r \times n}$ die natürliche Darstellungsmatrix von $L_1 : \mathbb{R}^n \to \mathbb{R}^r$, so ist $L_1(x) = A_1 x$ für alle $x \in \mathbb{R}^n$. Ist $A_2 \in \mathbb{R}^{m \times r}$ die natürliche Darstellungsmatrix von $L_2 : \mathbb{R}^r \to \mathbb{R}^m$, so ist $L_2(z) = A_2 z$ für alle $z \in \mathbb{R}^r$. Damit gilt: $(L_2 \circ L_1)(x) = L_2(L_1(x)) = L_2(L_1 x) = A_2 A_1 x$ für alle x aus $\mathbb{R}^n$. Also ist die Matrix $A_2 A_1 \in \mathbb{R}^{m \times n}$ die natürliche Darstellungsmatrix von $L_2 \circ L_1$.

5.77 Verifizieren Sie den letzten Satz anhand der linearen Abbildungen $L_1 : \mathbb{R}^2 \to \mathbb{R}^2$ mit $(x, y) \mapsto (-x, y)$ und $L_2 : \mathbb{R}^2 \to \mathbb{R}^2$ mit $(z, w) \mapsto (z, 0)$.

Lösung: Es ist $L_2 \circ L_1 : \mathbb{R}^2 \to \mathbb{R}^2$ mit $(x, y) \mapsto (-x, 0)$, also ist

$$\left[\ (L_2 \circ L_1)(e_1) \quad (L_2 \circ L_1)(e_2)\ \right] = \begin{bmatrix} -1 & 0 \\ 0 & 0 \end{bmatrix}$$

die natürliche Darstellungsmatrix von $L_2 \circ L_1$. Zu den linearen Abbildungen L_1 und L_2 gehören die natürlichen Darstellungsmatrizen

$$L_1 = \begin{bmatrix} -1 & 0 \\ 0 & 1 \end{bmatrix} \quad \text{und} \quad L_2 = \begin{bmatrix} 1 & 0 \\ 0 & 0 \end{bmatrix}.$$

Nun ist

$$L_2 \cdot L_1 = \begin{bmatrix} 1 & 0 \\ 0 & 0 \end{bmatrix} \cdot \begin{bmatrix} -1 & 0 \\ 0 & 1 \end{bmatrix} = \begin{bmatrix} -1 & 0 \\ 0 & 0 \end{bmatrix}.$$

Dies ist aber genau die natürliche Darstellungsmatrix von $L_2 \circ L_1$.

5.78 Verifizieren Sie den letzten Satz für die beiden linearen Abbildungen $L_1 : \mathbb{R}^3 \to \mathbb{R}$ mit $(x, y, z) \mapsto x + 2y + 3z$ und $L_2 : \mathbb{R} \to \mathbb{R}^2$ mit $z \mapsto (z, -z)$.

Lösung: Es ist

$$L_2 \circ L_1 : \begin{cases} \mathbb{R}^3 & \to & \mathbb{R}^2 \\ (x, y, z) & \mapsto & (x + 2y + 3z, -x - 2y - 3z) \end{cases}$$

also ist

$$\begin{bmatrix} 1 & 2 & 3 \\ -1 & -2 & -3 \end{bmatrix}$$

die natürliche Darstellungsmatrix von $L_2 \circ L_1$. Zu den linearen Abbildungen L_1 und L_2 gehören die natürlichen Darstellungsmatrizen

$$A_1 = \begin{bmatrix} 1 & 2 & 3 \end{bmatrix} \quad \text{und} \quad A_2 = \begin{bmatrix} 1 \\ -1 \end{bmatrix}.$$

Nun ist

$$A_2 \cdot A_1 = \begin{bmatrix} 1 \\ -1 \end{bmatrix} \cdot \begin{bmatrix} 1 & 2 & 3 \end{bmatrix} = \begin{bmatrix} 1 & 2 & 3 \\ -1 & -2 & -3 \end{bmatrix}.$$

Dies ist aber genau die natürliche Darstellungsmatrix von $L_2 \circ L_1$.

5.79 Verifizieren Sie den letzten Satz für die beiden linearen Abbildungen $L_1 : \mathbb{R}^2 \to \mathbb{R}^2$ mit $(x, y) \mapsto (ax + by, cx + dy)$ und $L_2 : \mathbb{R}^2 \to \mathbb{R}^2$ mit $(z, w) \mapsto (ez + fw, gz + hw)$. Hierbei sind a, b, c, d, e, f, g und h reelle Parameter.

Lösung: Es ist

$$L_2 \circ L_1 : \begin{cases} \mathbb{R}^2 & \to & \mathbb{R}^2 \\ (x, y) & \mapsto & ((ae + cf)x_1 + (be + df)x_2, (ag + ch)x_1 + (bg + dh)x_2) \end{cases}$$

also ist

$$\begin{bmatrix} ae + cf & be + df \\ ag + ch & bg + dh \end{bmatrix}$$

die natürliche Darstellungsmatrix von $L_2 \circ L_1$. Zu den linearen Abbildungen L_1 und L_2 gehören die natürlichen Darstellungsmatrizen

$$A_1 = \begin{bmatrix} e & f \\ g & h \end{bmatrix} \quad \text{und} \quad A_2 = \begin{bmatrix} a & b \\ c & d \end{bmatrix}.$$

Nun ist

$$\begin{bmatrix} e & f \\ g & h \end{bmatrix} \cdot \begin{bmatrix} a & b \\ c & d \end{bmatrix} = \begin{bmatrix} ae + cf & be + df \\ ag + ch & bg + dh \end{bmatrix}$$

Dies ist aber genau die natürliche Darstellungsmatrix von $L_2 \circ L_1$.

5.80 Beweisen Sie folgenden Satz: *Ist $L : \mathbb{R}^n \to \mathbb{R}^n$ eine lineare bijektive Abbildung, so existiert die Umkehrabbildung L^{-1} und L^{-1} ist (auch) eine lineare Abbildung.*

Lösung: Dass L^{-1} von L existiert, wissen wir bereits, weil jede bijektive Abbildung, also auch jede lineare bijektive Abbildung, eine Umkehrabbildung besitzt.

Wir zeigen nun, dass L^{-1} eine lineare Abbildung ist. Ist $y_1 = L(x_1)$ und $y_2 = L(x_2)$, so ist $x_1 = L^{-1}(y_1)$ und $x_2 = L^{-1}(y_2)$. Damit gilt:

$$\begin{aligned} L^{-1}(y_1 + y_2) &= L^{-1}(L(x_1) + L(x_2)) = L^{-1}(L(x_1 + x_2)) = x_1 + x_2 \\ &= L^{-1}(y_1) + L^{-1}(y_2). \end{aligned}$$

Ist $c \in \mathbb{R}$ und $y = L(x)$, so ist $x = L^{-1}(y)$ und somit:

$$L^{-1}(cy) = L^{-1}(cL(x)) = L^{-1}(L(cx)) = cx = cL^{-1}(y).$$

Damit ist L^{-1} linear.

5.81 Beweisen Sie folgenden Satz: *Ist $L : \mathbb{R}^n \to \mathbb{R}^n$ linear, so hat L genau dann eine Umkehrabbildung $L^{-1} : \mathbb{R}^n \to \mathbb{R}^n$, wenn die natürliche Darstellungsmatrix $A \in \mathbb{R}^{n\times n}$ von L invertierbar ist. Die natürliche Darstellungsmatrix von L^{-1} ist $A^{-1} \in \mathbb{R}^{n\times n}$. Es ist dann $L\circ L^{-1} = L^{-1}\circ L = \mathrm{Id}_{\mathbb{R}^n}$ und $A\cdot A^{-1} = A^{-1}\cdot A = E_n$.* Kurz: Die Umkehrabbildung einer linearen Abbildung entspricht der Umkehrmatrix der Darstellungsmatrix.

Lösung: Genau dann, wenn $A \in \mathbb{R}^{n\times n}$ invertierbar ist, hat das lineare Gleichungssystem $Ax = y$ für jedes $y \in \mathbb{R}^n$ genau eine Lösung $x \in \mathbb{R}^n$, genau dann ist die lineare Abbildung $L : \mathbb{R}^n \to \mathbb{R}^n$ mit $L(x) = Ax$ bijektiv und genau dann ist L umkehrbar (invertierbar).

Weil $A \in \mathbb{R}^{n\times n}$ invertierbar ist, gilt $A \cdot A^{-1} = A^{-1} \cdot A = E_n$ (Definition) und weil L^{-1} die Umkehrabbildung von L ist, gilt $L \circ L^{-1} = L^{-1} \circ L = \mathrm{Id}_{\mathbb{R}^n}$ (Satz über (allgemeine) Abbildungen).

5.82 Verifizieren Sie den letzten Satz an einem Beispiel Ihrer Wahl.

Lösung: Wir wählen die lineare Abbildung $L : \mathbb{R}^2 \to \mathbb{R}^2$ mit $L(x_1, x_2) = (x_1 - 2x_2, 3x_1 + 2x_2)$. Die natürliche Darstellungsmatrix von L ist

$$A = \begin{bmatrix} 1 & -2 \\ 3 & 2 \end{bmatrix}.$$

Die Matrix A ist invertierbar und Ihre Inverse ist

$$A^{-1} = \begin{bmatrix} 1/4 & 1/4 \\ -3/8 & 1/8 \end{bmatrix}.$$

Die Umkehrabbildung von L ist $L^{-1} : \mathbb{R}^2 \to \mathbb{R}^2$ mit $L^{-1}(y_1, y_2) = (1/4y_1 + 1/4y_2, -3/8y_1 + 1/8y_2)$.

5.83 Geben Sie eine lineare Abbildung L von $\mathbb{R}^2$ nach $\mathbb{R}^2$ mit $L = L^{-1}$ an. Zeigen Sie, dass $A = A^{-1}$ gilt, wobei A die natürliche Darstellungsmatrix von L ist.

Lösung: Zum Beispiel ist für $L : \mathbb{R}^2 \to \mathbb{R}^2$, $L(a, b) = (b, a)$ die Umkehrabbildung $L^{-1} : \mathbb{R}^2 \to \mathbb{R}^2$, $L^{-1}(c, d) = (d, c)$. Es ist also $L = L^{-1}$. Es ist

$$A = \begin{bmatrix} 0 & 1 \\ 1 & 0 \end{bmatrix} = A^{-1}.$$

Die Abbildung L beschreibt die Spiegelung an der Winkelhalbierenden.

5.84 Wir betrachten die lineare Abbildung $S : \mathbb{R}^2 \to \mathbb{R}^2$ mit $S(x_1, x_2) = (-x_1, x_2)$. Können Sie angeben, welches Urbild zum Bild $(2, 0)$ gehört? Können Sie also Rekonstruieren?

Lösung: Ja! Das Urbild ist $(-2, 0)$. Wir können Rekonstruieren! Das liegt daran, dass S eine bijektive lineare Abbildung ist. Ihre Umkehrabbildung S^{-1} ist $S^{-1} : \mathbb{R}^2 \to \mathbb{R}^2$ mit $S^{-1}(y_1, y_2) = (-y_1, y_2)$. Die natürlichen Darstellungsmatrizen sind

$$A = \begin{bmatrix} -1 & 0 \\ 0 & 1 \end{bmatrix} \quad \text{und} \quad A^{-1} = \begin{bmatrix} -1 & 0 \\ 0 & 1 \end{bmatrix}.$$

Die Abbildungen S und S^{-1} beschreiben Spiegelungen an der y-Achse.

5.85 Wir betrachten die lineare Abbildung $P : \mathbb{R}^2 \to \mathbb{R}^2$ mit $P(x_1, x_2) = (x_1, 0)$. Können Sie angeben, welches Urbild zum Bild $(2, 0)$ gehört? Können Sie also Rekonstruieren?

Lösung: Nein! Wir können nicht rekonstruieren, wir können nicht sagen wie das Urbild von $(2, 0)$ aussieht. Es gibt mehrere Urbilder von $(2, 0)$. Das liegt daran, dass die Abbildung P nicht bijektiv ist oder anders gesagt, die natürliche Darstellungsmatrix

$$\begin{bmatrix} 1 & 0 \\ 0 & 0 \end{bmatrix}$$

von P ist nicht invertierbar. Die Umkehrabbildung P^{-1} existiert nicht. Geometrische Interpretation: P beschreibt die orthogonale Projektion in $\mathbb{R}^2$ auf die Abszisse.

5.86 Beweisen Sie folgenden Satz: *Ist $L_1 : \mathbb{R}^n \to \mathbb{R}^m$ eine lineare Abbildung und $L_2 : \mathbb{R}^n \to \mathbb{R}^m$ auch, dann ist $L_1 + L_2$ ebenfalls eine lineare Abbildung von $\mathbb{R}^n$ nach $\mathbb{R}^m$.*

Lösung: Wir zeigen nun, dass $L_1 + L_2$ eine lineare Abbildung ist. Es ist

$$\begin{aligned}(L_1 + L_2)(v + w) &= L_1(v + w) + L_2(v + w) = L_1(v) + L_1(w) + L_2(v) + L_2(w) \\ &= L_1(v) + L_2(v) + L_1(w) + L_2(w) = L_1(v + w) + L_2(v + w) \\ &= (L_1 + L_2)(v + w)\end{aligned}$$

und

$$\begin{aligned}(L_1 + L_2)(cv) &= L_1(cv) + L_2(cv) = cL_1(v) + cL_2(v) = c(L_1(v) + L_2(v)) \\ &= c(L_1 + L_2)(v)\end{aligned}$$

für alle v, w aus $\mathbb{R}^n$ und alle c aus $\mathbb{R}$.

Damit haben wir gezeigt, dass $L_1 + L_2$ eine lineare Abbildung ist, falls L_1 und L_2 linear sind.

5.87 Verifizieren Sie den letzten Satz an einem Beispiel Ihrer Wahl.

Lösung: Ich wähle die beiden linearen Abbildungen $L_1 : \mathbb{R}^2 \to \mathbb{R}$, $L_1(x, y) = x + 2y$, und $L_2 : \mathbb{R}^2 \to \mathbb{R}$, $L_2(x, y) = 3x + 4y$. Dann ist $(L_1 + L_2)(x, y) = L_1(x, y) + L_2(x, y) = x + 2y + 3x + 4y = 4x + 6y$. Die Abbildung $L_1 + L_2 : \mathbb{R}^2 \to \mathbb{R}$ mit $(L_1 + L_2)(x, y) = 4x + 6y$ ist linear.

5.88 Bestimmen Sie die Abbildung $L_1 + L_2$ von $L_1 : \mathbb{R}^2 \to \mathbb{R}^3$ mit $L_1(x, y) = (2x + y, x, y)$ und $L_2 : \mathbb{R}^2 \to \mathbb{R}^3$ mit $L_2(x, y) = (y, x, x + y)$.

Lösung: Es ist $L_1 + L_2 : \mathbb{R}^2 \to \mathbb{R}^3$ mit $(L_1 + L_2)(x, y) = (2x + 2y, 2x, x + 2y)$, denn $(L_1 + L_2)(x, y) = L_1(x, y) + L_2(x, y) = (2x + y, x, y) + (y, x, x + y) = (2x + y + y, x + x, y + x + y) = (2x + 2y, 2x, x + 2y)$.

5.89 Bestimmen Sie die Abbildung $L_1 + L_2$ für die beiden linearen Abbildungen $L_1 : \mathbb{R}^2 \to \mathbb{R}^2$, $L_1(x, y) = (x + y, x)$, und $L_2 : \mathbb{R}^2 \to \mathbb{R}$, $L_2(x, y) = 2x + 3y$.

Lösung: Es ist unmöglich $L_1 + L_2$ zu bestimmen, da die Summe in diesem Fall nicht definiert ist.

5.90 Beweisen Sie folgenden Satz: *Gegeben sind die linearen Abbildungen $L_1 : \mathbb{R}^n \to \mathbb{R}^m$ und $L_2 : \mathbb{R}^n \to \mathbb{R}^m$. Ist $A_1 \in \mathbb{R}^{m \times n}$ die natürliche Darstellungsmatrix von L_1 und $A_2 \in \mathbb{R}^{m \times n}$ die natürliche Darstellungsmatrix von L_2, dann ist $A_1 + A_2 \in \mathbb{R}^{m \times n}$ die natürliche Darstellungsmatrix von $L_1 + L_2$.*

Lösung: Es ist $(L_1 + L_2)(x) = L_1(x) + L_2(x) = A_1x + A_2x = (A_1 + A_2)x$.

5.91 Bestimmen Sie die lineare Abbildung $L_1 + L_2$ für $L_1 : \mathbb{R}^2 \to \mathbb{R}^3$ mit $L_1(x_1, x_2) = (x_1, x_1 - x_2, x_1)$ und $L_2 : \mathbb{R}^2 \to \mathbb{R}^3$ mit $L_2(x_1, x_2) = (x_1, x_2, x_2)$. Wie lautet die natürliche Darstellungsmatrix der lineare Abbildung $L_1 + L_2$?

Lösung: Es ist

$$L_1 + L_2 : \begin{cases} \mathbb{R}^2 & \to & \mathbb{R}^3 \\ (x_1, x_2) & \mapsto & (L_1 + L_2)(x_1, x_2) = (2x_1, x_1, x_1 + x_2) \end{cases}$$

denn $L_1(x_1, x_2) + L_2(x_1, x_2) = (x_1, x_1 - x_2, x_1) + (x_1, x_2, x_2) = (2x_1, x_1, x_1 + x_2)$. Die natürliche Darstellungsmatrix von $L_1 + L_2$ ist

$$A_{L_1+L_2} = \begin{bmatrix} 2 & 0 \\ 1 & 0 \\ 1 & 1 \end{bmatrix}$$

denn $(1, 0) \mapsto (2, 1, 1)$ und $(0, 1) \mapsto (0, 0, 1)$. Es ist

$$A_{L_1+L_2} = \begin{bmatrix} 2 & 0 \\ 1 & 0 \\ 1 & 1 \end{bmatrix} = \begin{bmatrix} 1 & 0 \\ 1 & -1 \\ 1 & 0 \end{bmatrix} + \begin{bmatrix} 1 & 0 \\ 0 & 1 \\ 0 & 1 \end{bmatrix} = A_{L_1} + A_{L_2}.$$

5.92 Beweisen Sie folgenden Satz: *Ist $L : \mathbb{R}^n \to \mathbb{R}^m$ linear, dann ist auch die Abbildung $c \cdot L : \mathbb{R}^n \to \mathbb{R}^m$ mit $c \in \mathbb{R}$ linear.* (Wie so häufig lässt man den Punkt weg und schreibt cL statt $c \cdot L$).

Lösung: Es ist $(cL)(v + w) = cL(v + w) = c(L(v) + L(w)) = cL(v) + cL(w) = (cL)(v) + (cL)(w)$ und $(cL)(dv) = cL(dv) = cdL(v) = dcL(v) = d(cL(v)) = d(cL)(v)$ für alle v, w aus $\mathbb{R}^n$ und d aus $\mathbb{R}$.

5.93 Verifizieren Sie den letzten Satz an einem Beispiel Ihrer Wahl.

Lösung: Ich wähle $c = 4$ und $L : \mathbb{R}^2 \to \mathbb{R}$ mit $L(x, y) = x + 2y$. Dann ist $(cL)(x, y) = (4L)(x, y) = 4L(x, y) = 4(x + 2y) = 4x + 8y$. Die Abbildung $4L : \mathbb{R}^2 \to \mathbb{R}$ mit $(4L)(x, y) = 4x + 8y$ ist linear.

5.94 Bestimmen Sie die Abbildung $3L$ von $L : \mathbb{R}^2 \to \mathbb{R}^3$ mit $L(x, y) = (y, x, x + y)$.

Lösung: Es ist $3L : \mathbb{R}^2 \to \mathbb{R}^3$ mit $(3L)(x, y) = (3y, 3x, 3x + 3y)$, denn $(3L)(x, y) = 3L(x, y) = 3(y, x, x + y) = (3y, 3x, 3x + 3y)$.

5.95 Gegeben sind die linearen Abbildungen $L : \mathbb{R}^3 \to \mathbb{R}^2$ mit $L(x, y, z) = (x+y+z, 0)$ und $M : \mathbb{R}^3 \to \mathbb{R}^2$ mit $M(x, y, z) = (x - y, y + 2z)$. Bestimmen Sie die (linearen) Abbildungen $L + M$, $2L$ und $3M$.

Lösung: Es ist $L+M : \mathbb{R}^3 \to \mathbb{R}^2$ mit $(L+M)(x, y, z) = (x+z, y+2z)$, $2L : \mathbb{R}^3 \to \mathbb{R}^2$ mit $(2L)(x, y, z) = (2x+2y+2z, 0)$ und $3M : \mathbb{R}^3 \to \mathbb{R}^2$ mit $(3M)(x, y, z) = (3x-3y, 3y+6z)$.

5.96 Beweisen Sie folgenden Satz: *Gegeben ist die lineare Abbildung $L : \mathbb{R}^n \to \mathbb{R}^m$ und $c \in \mathbb{R}$. Ist $A \in \mathbb{R}^{m\times n}$ die natürliche Darstellungsmatrix von L, dann ist $cA \in \mathbb{R}^{m\times n}$ die natürliche Darstellungsmatrix von cL.*

Lösung: Es ist $(cL)(x) = cL(x) = c(Ax) = (cA)x$ für alle $x \in \mathbb{R}^n$. Also ist $cA \in \mathbb{R}^{m\times n}$ die natürliche Darstellungsmatrix von L.

5.97 Verifizieren Sie den letzten Satz an einem Beispiel Ihrer Wahl.

Lösung: Ich wähle die lineare Abbildung $L : \mathbb{R}^2 \to \mathbb{R}$ mit $L(x, y) = x + 2y$ und $c = 4$. Dann hat einerseits die lineare Abbildung $4L : \mathbb{R}^2 \to \mathbb{R}$ mit $(4L)(x, y) = 4x + 8y$ die natürliche Darstellungsmatrix

$$A_{4L} = \begin{bmatrix} 4 & 8 \end{bmatrix}.$$

Andererseit ist

$$4A_L = 4\begin{bmatrix} 1 & 2 \end{bmatrix} = \begin{bmatrix} 4 & 8 \end{bmatrix} = A_{4L}.$$

5.98 Beweisen Sie folgenden Satz: *Die Menge der linearen Abbildungen von $\mathbb{R}^n$ nach $\mathbb{R}^m$ bilden einen Untervektorraum in der Menge der Abbildungen von $\mathbb{R}^n$ nach $\mathbb{R}^m$.*

Lösung: Wir haben gezeigt: Sind L_1, L_2 lineare Abbildungen und ist c reell, dann ist auch $L_1 + L_2$ und cL_1 linear. Mit dem Unterraumkriterium ist damit die Aussage des obigen Satzes wahr.

5.99 Ist $L : \mathbb{R}^n \to \mathbb{R}^m$ eine lineare Abbildung und existiert eine Abbildung $L^R : \mathbb{R}^m \to \mathbb{R}^n$ mit $L \circ L^R = \mathrm{Id}_{\mathbb{R}^m}$, so nennt man die Abbildung L^R rechte Umkehrabbildung oder rechte inverse Abbildung von L. (Analog kann man eine linke Umkehrabbildung definieren.)

Zeigen Sie, dass die Abbildung $L_1^R : \mathbb{R} \to \mathbb{R}^2$ mit $L_1^R(x) = (3x, -x)$ eine rechte Umkehrabbildung von $L : \mathbb{R}^2 \to \mathbb{R}$ mit $L(y, z) = (y + 2z)$ ist. Geben Sie eine weitere rechte Umkehrabbildung von L an.

Lösung: Es ist $(L \circ L_1^R)(x) = L(L_1^R(x)) = L(3x, -x) = 3x + 2(-x) = 3x - 2x = x$. Also ist die Abbildung L_1^R eine rechte Umkehrabbildung von L.

Eine weitere rechte Umkehrabbildung von L ist zum Beispiel $L_2^R : \mathbb{R} \to \mathbb{R}^2$ mit $L_2^R(x) = (0, -1/2x)$ oder $L_3^R : \mathbb{R} \to \mathbb{R}^2$ mit $L_3^R(x) = (1/5x, 2/5x)$.

Zum Weiterdenken:

$$\begin{bmatrix} 1 & 2 \end{bmatrix}\begin{bmatrix} 3 \\ -1 \end{bmatrix} = \begin{bmatrix} 1 \end{bmatrix}, \quad \begin{bmatrix} 1 & 2 \end{bmatrix}\begin{bmatrix} 0 \\ 1/2 \end{bmatrix} = \begin{bmatrix} 1 \end{bmatrix}, \quad \begin{bmatrix} 1 & 2 \end{bmatrix}\begin{bmatrix} 1/5 \\ 2/5 \end{bmatrix} = \begin{bmatrix} 1 \end{bmatrix}.$$

Interpretieren Sie!

5.100 Warum ist die lineare Abbildung $L : \mathbb{R}^5 \to \mathbb{R}^4$ mit $L(x_1, x_2, x_3, x_4, x_5) = (x_1 - x_3 + x_5, x_2 + x_4, x_2 - x_3, x_4)$ nicht injektiv?

Lösung: Schnelle Antwort: Weil $n = 5 > 4 = m$ ist.

5.101 Ist L eine lineare Abbildung, so gilt $L(v - w) = L(v) - L(w)$. Ist das wahr?

Lösung: Ja, man schreibe $v - w = v + (-1)w$.

5.102 Ist die Sprechweise *Je größer der Kern, desto kleiner das Bild* gerechtfertigt?

Lösung: Wenn es um Vektorräume geht, die endlich dimensional sind, dann ist die Sprechweise durchaus gerechtfertigt; als Maß könnte etwa die Dimension dienen.

5.103 Eine lineare Abbildung von $\mathbb{R}^n$ nach $\mathbb{R}^n$ wird Endomorphismus genannt. Ist die natürliche Darstellungsmatrix eines Endomorphismus quadratisch?

Lösung: Ja, genau die quadratischen natürlichen Darstellungsmatrizen stellen Abbildungen von $\mathbb{R}^n$ nach $\mathbb{R}^n$ dar, also Endomorphismen.

5.104 Gegeben ist die Abbildung $L : \mathbb{R}^3 \to \mathbb{R}$ mit $L(x, y, z) = z$. Zeigen Sie, dass L linear ist und beschreiben Sie Bild(L) und Kern(L). Interpretieren Sie Ihre Ergebnisse geometrisch.

Lösung: Es genügt zu zeigen, dass $L(rv + w) = rL(v) + L(w)$ für alle v, w aus $\mathbb{R}^3$ und alle $r \in \mathbb{R}$ ist. Es ist $L(rv + w) = L(r(v_1, v_2, v_3) + (w_1, w_2, w_3)) = L(rv_1 + w_1, rv_2 + w_2, rv_3 + w_3) = rv_1 + w_1 + rv_2 + w_2 + rv_3 + w_3 = r(v_1 + v_2 + v_3) + w_1 + w_2 + w_3 = rL(v) + L(w)$. Somit ist L linear. Es ist Bild$(L) = \mathbb{R}$, denn zu jedem Bildelement $c \in \mathbb{R}$ gibt es ein Urbildelement (x, y, z) mit $L(x, y, z) = c$, zum Beispiel $L(0, 0, c) = c$. Es ist Kern$(L) = \{(v_1, v_2, v_3) \in \mathbb{R}^3 \mid L(v_1, v_2, v_3) = 0\} = \{(v_1, v_2, v_3) \in \mathbb{R}^3 \mid v_3 = 0\} = \{(v_1, v_2, 0) \mid v_1, v_2 \in \mathbb{R}\}$. Wir können den Kern von L auch so beschreiben Kern$(L) = \text{Lin}((1, 0, 0), (0, 1, 1))$, denn die Vektoren $(1, 0, 0)$, $(0, 1, 0)$ bilden eine Basis des Kerns von L. Kern$(L) = \{v \in \mathbb{R}^3 \mid v = s(1, 0, 0) + t(0, 1, 0), s, t \in \mathbb{R}\}$. Das Bild entspricht der x-Achse und der Kern entspricht der x, y-Ebene im x, y, z-Raum.

5.105 Gegeben sind die Basisvektoren $b_1 = (1,0)$, $b_2 = (0,1)$ aus dem Vektorraum $\mathbb{R}^2$ und die Bildvektoren $w_1 = (0,1)$, $w_2 = (-1,0)$ aus dem Vektorraum $\mathbb{R}^2$. Bestimmen Sie die lineare Abbildung $L : \mathbb{R}^2 \to \mathbb{R}^2$ mit $L(b_1) = w_1$ und $L(b_2) = w_2$.

Lösung: Ist $v = (x, y) \in \mathbb{R}^2$, so ist $v = (x, y) = r_1(1,0) + r_2(0,1) = (r_1, 0) + (0, r_2) = (r_1, r_2)$, also $x = r_1$, $y = r_2$. Lösen wir nach r_1 und r_2 auf, so ist $r_1 = x$ und $r_2 = y$. Somit gilt $L(v) = L(x,y) = L(r_1(1,0) + r_2(0,1)) = r_1 L(1,0) + r_2 L(0,1) = r_1(0,1) + r_2(-1,0) = x(0,1) + y(-1,0) = (0,x) + (-y,0) = (-y,x)$. Damit ist $L : \mathbb{R}^2 \to \mathbb{R}^2$ mit $L(x,y) = (-y,x)$ die lineare Abbildung. Geometrische Interpretation: L beschreibt die Drehung um 90° in der Ebene um den Koordinatenursprung.

5.106 Gegeben sind die Basisvektoren $b_1 = (1,1)$, $b_2 = (3,2)$ aus dem Vektorraum $\mathbb{R}^2$ und die Bildvektoren $w_1 = (1,0)$, $w_2 = (3,0)$ aus dem Vektorraum $\mathbb{R}^2$. Bestimmen Sie die lineare Abbildung $L : \mathbb{R}^2 \to \mathbb{R}^2$ mit $L(b_1) = w_1$ und $L(b_2) = w_2$.

Lösung: Ist $v = (x,y) \in \mathbb{R}^2$, so ist $v = (x,y) = r_1(1,1) + r_2(3,2) = (r_1, r_1) + (3r_2, 2r_2) = (r_1 + 3r_2, r_1 + 2r_2)$, also $x = r_1 + 3r_2$, $y = r_1 + 2r_2$. Lösen wir nach r_1 und r_2 auf, so ist $r_1 = 3y - 2x$ und $r_2 = x - y$. Somit gilt $L(v) = L(x,y) = L(r_1(1,1) + r_2(3,2)) = r_1 L(1,1) + r_2 L(3,2) = r_1(1,0) + r_2(3,0) = (r_1, 0) + (3r_2, 0) = (3y - 2x, 0) + (3x - 3y, 0) = (3y - 2x + 3x - 3y, 0) = (x, 0)$. Damit ist $L : \mathbb{R}^2 \to \mathbb{R}^2$ mit $L(x,y) = (x,0)$ die lineare Abbildung. Geometrische Interpretation: L beschreibt die orthogonale Projektion auf die x-Achse in der Ebene.

5.107 Finden Sie eine lineare Abbildung L von $\mathbb{R}^2$ nach $\mathbb{R}^2$ mit $L = L^{-1}$. Zeigen Sie, dass $A = A^{-1}$ gilt, wobei A die natürliche Darstellungsmatrix von L ist.

Lösung: Zum Beispiel ist für $L : \mathbb{R}^2 \to \mathbb{R}^2$, $L(x,y) = (y,x)$ die Umkehrabbildung $L^{-1} : \mathbb{R}^2 \to \mathbb{R}^2$, $L^{-1}(z,w) = (w,z)$. Es ist also $L = L^{-1}$. Außerdem ist

$$A = \begin{bmatrix} 0 & 1 \\ 1 & 0 \end{bmatrix} = A^{-1}.$$

Geometrische Interpretation: Die Abbildung L beschreibt die Spiegelung an der Winkelhalbierenden in der Ebene.

5.108 Gegeben sind zwei lineare Abbildungen $L_1 : \mathbb{R}^n \to \mathbb{R}^m$ und $L_2 : \mathbb{R}^n \to \mathbb{R}^m$ mit $m, n \in \mathbb{N}$. Wir definieren die lineare Abbildung $L_1 \oplus L_2$ wie folgt:

$$L_1 \oplus L_2 : \begin{cases} \mathbb{R}^n & \to & \mathbb{R}^m \\ x & \mapsto & (L_1 \oplus L_2)(x) = L_1(x) + L_2(x) \end{cases}$$

Bestimmen Sie die lineare Abbildung $L_1 \oplus L_2$ für $L_1 : \mathbb{R}^2 \to \mathbb{R}^3$ mit $L_1(x_1, x_2) = (x_1, x_1 - x_2, x_1)$ und $L_2 : \mathbb{R}^2 \to \mathbb{R}^3$ mit $L_2(x_1, x_2) = (x_1, x_2, x_2)$. Wie lautet die natürliche Darstellungsmatrix der lineare Abbildung $L_1 \oplus L_2$?

Lösung: Es ist

$$L_1 \oplus L_2 : \begin{cases} \mathbb{R}^2 & \rightarrow & \mathbb{R}^3 \\ (x_1, x_2) & \mapsto & (L_1 \oplus L_2)(x_1, x_2) = (2x_1, x_1, x_1 + x_2) \end{cases}$$

denn $L_1(x_1, x_2) + L_2(x_1, x_2) = (x_1, x_1 - x_2, x_1) + (x_1, x_2, x_2) = (2x_1, x_1, x_1 + x_2)$. Die natürliche Darstellungsmatrix von $L_1 \oplus L_2$ ist

$$A_{L_1 \oplus L_2} = \begin{bmatrix} 2 & 0 \\ 1 & 0 \\ 1 & 1 \end{bmatrix}$$

denn $(1, 0) \mapsto (2, 1, 1)$ und $(0, 1) \mapsto (0, 0, 1)$.

5.109 Gegeben ist die lineare Abbildung $L_1 : \mathbb{R}^n \rightarrow \mathbb{R}^r$ und die lineare Abbildung $L_2 : \mathbb{R}^r \rightarrow \mathbb{R}^m$ mit $r, m, n \in \mathbb{N}$. Wir definieren die lineare Abbildung $L_2 \circ L_1$ wie folgt:

$$L_2 \circ L_1 : \begin{cases} \mathbb{R}^n & \rightarrow & \mathbb{R}^m \\ x & \mapsto & (L_2 \circ L_1)(x) = L_2(L_1(x)) \end{cases}$$

Bestimmen Sie die lineare Abbildung $L_2 \circ L_1$ für $L_1 : \mathbb{R}^3 \rightarrow \mathbb{R}$ mit $L_1(x_1, x_2, x_3) = x_1 + 2x_2 + 3x_3$ und $L_2 : \mathbb{R} \rightarrow \mathbb{R}^2$ mit $L_2(y) = (y, -2y)$. Wie lautet die natürliche Darstellungsmatrix der lineare Abbildung $L_2 \circ L_1$?

Lösung: Es ist $L_2 \circ L_1 : \mathbb{R}^3 \rightarrow \mathbb{R}^2$ mit $(L_2 \circ L_1)(x_1, x_2, x_3) = (x_1 + 2x_2 + 3x_3, -2x_1 - 4x_2 - 6x_3)$, denn $(L_2 \circ L_1)(x_1, x_2, x_3) = L_2(L_1(x_1, x_2, x_3)) = L_2(x_1 + 2x_2 + 3x_3) = (x_1 + 2x_2 + 3x_3, -2x_1 - 4x_2 - 6x_3)$. Die natürliche Darstellungsmatrix von $L_2 \circ L_1$ ist

$$A_{L_2 \circ L_1} = \begin{bmatrix} 1 & 2 & 3 \\ -2 & -4 & -6 \end{bmatrix}$$

denn $(1, 0, 0) \mapsto (1, -2)$, $(0, 1, 0) \mapsto (2, -4)$ und $(0, 0, 1) \mapsto (3, -6)$.

5.110 Gegeben ist $a = (a_1, a_2, a_3) \in \mathbb{R}^3$. Zeigen Sie, dass die Abbildung $L : \mathbb{R}^3 \rightarrow \mathbb{R}^3$ mit $L(x) = a \times x$ linear ist. Wie sieht die die natürliche Darstellungsmatrix von L aus? Geben Sie ein Beispiel an.

Lösung: Ist $a = (a_1, a_2, a_3) \in \mathbb{R}^3$ und $x = (x_1, x_2, x_3) \in \mathbb{R}^3$, so ist zunächst $a \times x = (a_1, a_2, a_3) \times (x_1, x_2, x_3) = (a_2x_3 - a_3x_2, a_3x_1 - a_1x_3, a_1x_2 - a_2x_1)$. Damit ist

$$L : \begin{cases} \mathbb{R}^3 & \rightarrow & \mathbb{R}^3 \\ (x_1, x_2, x_3) & \mapsto & (a_2x_3 - a_3x_2, a_3x_1 - a_1x_3, a_1x_2 - a_2x_1) \end{cases}$$

die Abbildung. Sie ist linear, denn der Abbildungsterm hat die Form $(ax_1 + bx_2 + cx_3, dx_1 + ex_2 + fx_3, gx_1 + hx_2 + ix_3)$, wie er für eine lineare Abbildung von $\mathbb{R}^3$ nach $\mathbb{R}^3$ sein muss. Die natürliche Darstellungsmatrix von L ist

$$\begin{bmatrix} 0 & -a_3 & a_2 \\ a_3 & 0 & -a_1 \\ -a_2 & a_1 & 0 \end{bmatrix}$$

Hier ist noch ein Beispiel. Ist $a = (1, 2, 3)$, so ist $L : \mathbb{R}^3 \to \mathbb{R}^3$ mit $L(x_1, x_2, x_3) = (2x_3 - 3x_2, 3x_1 - x_3, x_2 - 2x_1)$ die lineare Abbildung und

$$\begin{bmatrix} 0 & -3 & 2 \\ 3 & 0 & -1 \\ -2 & 1 & 0 \end{bmatrix}$$

die natürliche Darstellungsmatrix von L.

5.111 Es ist $L : \mathbb{R}^n \to \mathbb{R}^n$ eine lineare Abbildung. Eine reelle Zahl λ heißt *Eigenwert* von L, wenn es einen Vektor $x \in \mathbb{R}^n$ gibt mit $L(x) = \lambda x$ und $x \neq o_n$. Ein Vektor $x \in \mathbb{R}^n$ heißt *Eigenvektor* von L zum Eigenwert λ, falls gilt $L(x) = \lambda x$ und $x \neq o_n$.

Gegeben ist die lineare Abbildung $L : \mathbb{R}^2 \to \mathbb{R}^2$ mit $L(x_1, x_2) = (x_1 + x_2, -2x_1 + 4x_2)$. Zeigen Sie, dass $\lambda = 2$ ein Eigenwert von L ist. Hat L noch einen Eigenwert?

Lösung: Ist zum Beispiel $x = (x_1, x_2) = (1, 1)$, so ist $L(x) = L(x_1, x_2) = L(1, 1) = (1+1, (-2)(1) + (4)(1)) = (2, 2) = 2(1, 1) = 2(x_1, x_2) = 2x$, also ist $\lambda = 2$ ein Eigenwert von L. Der Vektor $x = (1, 1)$ ist ein Eigenvektor von L zum Eigenwert $\lambda = 2$. (Auch der Vektor $(3, 3)$ ist ein Eigenvektor zum Eigenwert 2.)

Ja, L hat noch einen Eigenwert, nämlich $\lambda = 3$. Denn es ist $L(1/2, 1) = (1/2 + 1, (-2)(1/2) + (4)(1)) = (3/2, 3) = 3(1/2, 1)$. Der Vektor $(1/2, 1)$ ist ein Eigenvektor von L zum Eigenwert 3.

Mit Eigenwerten und Eigenvektoren werden wir uns später ganz ausführlich befassen. Diese mathematischen Objekte haben in Technik, Wirtschaft, Gesellschaft und Wissenschaft eine sehr große Bedeutung.

5.112 Gegeben sind zwei lineare Abbildungen $L_1 : \mathbb{R}^n \to \mathbb{R}^m$ und $L_2 : \mathbb{R}^n \to \mathbb{R}^m$ mit $m, n \in \mathbb{N}$. Man definiert die *Differenzabbildung* $L_1 \ominus L_2 : \mathbb{R}^n \to \mathbb{R}^m$ mit $(L_1 \ominus L_2)(x) = L_1(x) - L_2(x)$. Die Differenzabbildung $L_1 \ominus L_2$ ist linear. Statt $L_1 \ominus L_2$ schreibt man $L_1 - L_2$. Bestimmen Sie $L_1 - L_2$ für $L_1 = 2 \cdot \mathrm{Id}_{\mathbb{R}^2}$ und $L_2 : \mathbb{R}^2 \to \mathbb{R}^2$ mit $L(x_1, x_2) = (x_1 + x_2, -2x_1 + 4x_2)$.

Lösung: Es ist $L_2 = 2 \cdot \mathrm{Id}_{\mathbb{R}^2}$ die Funktion $2 \cdot \mathrm{Id}_{\mathbb{R}^2} : \mathbb{R}^2 \to \mathbb{R}^2$ mit $2 \cdot \mathrm{Id}_{\mathbb{R}^2}(x_1, x_2) = (2x_1, 2x_2)$. Damit ist $2 \cdot \mathrm{Id}_{\mathbb{R}^2}(x_1, x_2) - L_2(x_1, x_2) = (2x_1, 2x_2) - (x_1 + x_2, -2x_1 + 4x_2) = (x_1 - x_2, 2x_1 - 2x_2)$. Also ist $2 \cdot \mathrm{Id}_{\mathbb{R}^2} - L_2$ die lineare Abbildung $(2 \cdot \mathrm{Id}_{\mathbb{R}^2} - L_2) : \mathbb{R}^2 \to \mathbb{R}^2$ mit $(2 \cdot \mathrm{Id}_{\mathbb{R}^2} - L_2)(x_1, x_2) = (x_1 - x_2, 2x_1 - 2x_2)$.

5.113 Ist $L : \mathbb{R}^n \to \mathbb{R}^n$ eine lineare Abbildung und λ eine reelle Zahl. Zeigen Sie, dass die Abbildung $L - \lambda \cdot \mathrm{Id}_{\mathbb{R}^n} : \mathbb{R}^n \to \mathbb{R}^n$ linear ist. (Diese Aufgabe ist insbesondere für das Thema *Eigenvektoren und Eigenwerte* interessant.)

Lösung: Wir müssen zeigen, dass $(L-\lambda\cdot\mathrm{Id}_{\mathbb{R}^n})(x+y) = (L-\lambda\cdot\mathrm{Id}_{\mathbb{R}^n})(x)+(L-\lambda\cdot\mathrm{Id}_{\mathbb{R}^n})(y)$ und $(L-\lambda\cdot\mathrm{Id}_{\mathbb{R}^n})(rx) = r(L-\lambda\cdot\mathrm{Id}_{\mathbb{R}^n})(x)$ für alle x, y aus $\mathbb{R}^n$ und alle $r \in \mathbb{R}$ gilt. Da die Abbildungen L und $\mathrm{Id}_{\mathbb{R}^n}$ linear sind, gilt $(L-\lambda\cdot\mathrm{Id}_{\mathbb{R}^n})(x+y) = L(x+y)-(\lambda\cdot\mathrm{Id}_{\mathbb{R}^n})(x+y) = L(x)+L(y)-(\lambda\cdot\mathrm{Id}_{\mathbb{R}^n})(x)-(\lambda\cdot\mathrm{Id}_{\mathbb{R}^n})(y) = L(x)-(\lambda\cdot\mathrm{Id}_{\mathbb{R}^n})(x)+L(y)-(\lambda\cdot\mathrm{Id}_{\mathbb{R}^n})(y) = (L-\lambda\cdot\mathrm{Id}_{\mathbb{R}^n})(x)+(L-\lambda\cdot\mathrm{Id}_{\mathbb{R}^n})(y)$ für alle $x, y \in \mathbb{R}^n$. Weiterhin ist $(L-\lambda\cdot\mathrm{Id}_{\mathbb{R}^n})(rx) = L(rx)-(\lambda\cdot\mathrm{Id}_{\mathbb{R}^n})(rx) = rL(x)-r(\lambda\cdot\mathrm{Id}_{\mathbb{R}^n})(x) = r(L(x)-(\lambda\cdot\mathrm{Id}_{\mathbb{R}^n})(x)) = r(L-\lambda\cdot\mathrm{Id}_{\mathbb{R}^n})(x)$ für alle $x \in \mathbb{R}^n$ und für alle $r \in \mathbb{R}$. Damit ist alles gezeigt.

5.114 Gibt es eine lineare Abbildung L von $\mathbb{R}$ nach $\mathbb{R}$ mit $\mathrm{Kern}(L) \neq \{0\}$? Falls ja, geben Sie eine an. Falls nein, begründen Sie.

Lösung: Für die lineare Abbildung $L : \mathbb{R} \to \mathbb{R}$ mit $L(x) = 0$ gilt $\mathrm{Kern}(L) \neq \{0\}$.

5.115 Gibt es eine lineare Abbildung L von $\mathbb{R}$ nach $\mathbb{R}$ mit $\mathrm{Bild}(L) \neq \mathbb{R}$? Falls ja, geben Sie eine an. Falls nein, begründen Sie.

Lösung: Für die lineare Abbildung $L : \mathbb{R} \to \mathbb{R}$ mit $L(x) = 0$ gilt $\mathrm{Bild}(L) \neq \mathbb{R}$.

5.116 Kann man zwei nicht quadratische Matrizen so multiplizieren, dass eine (quadratische) Einheitsmatrix herauskommt? Wenn ja, was bedeutet das für die zu den Matrizen gehörigen (linearen) Abbildungen?

Lösung: Ja, das geht. Die innere Abbildung ist injektiv und die äußere Abbildung ist surjektiv. Dies wissen wir aus der Abbildungslehre. Hier ist ein Beispiel. Gegeben sind die Matrizen

$$\begin{bmatrix} \frac{1}{5} & \frac{2}{5} \end{bmatrix} \quad \text{und} \quad \begin{bmatrix} 1 \\ 2 \end{bmatrix}.$$

Dann ist

$$\begin{bmatrix} \frac{1}{5} & \frac{2}{5} \end{bmatrix} \cdot \begin{bmatrix} 1 \\ 2 \end{bmatrix} = \begin{bmatrix} 1 \end{bmatrix}.$$

Die innere (lineare) Abbildung $L : \mathbb{R} \to \mathbb{R}^2$ mit $L(x) = (x, 2x)$ ist injektiv und die äußere (lineare) Abbildung $M : \mathbb{R}^2 \to \mathbb{R}$ mit $M(y_1, y_2) = 1/5y_1 + 2/5y_2$ ist surjektiv. es ist $M \circ L = \mathrm{Id}_{\mathbb{R}}$.

5.117 Geben Sie eine lineare Abbildung L von $\mathbb{R}^2$ nach $\mathbb{R}^2$ an, für die $\mathrm{Kern}(L) = \mathrm{Bild}(L)$ gilt. Geben Sie anschließend eine lineare Abbildung M von $\mathbb{R}^3$ nach $\mathbb{R}^3$ an, für die $\mathrm{Kern}(M) = \mathrm{Bild}(M)$ gilt. (Vergleiche Aufgabe 4.150.)

Lösung: Für die lineare Abbildung $L : \mathbb{R}^2 \to \mathbb{R}^2$ mit $L(x_1, x_2) = (x_2, 0)$ gilt $\mathrm{Kern}(L) = \{(z, 0) \mid z \in \mathbb{R}\} = \mathrm{Bild}(L)$.

Eine lineare Abbildung M von $\mathbb{R}^3$ nach $\mathbb{R}^3$ mit $\text{Kern}(M) = \text{Bild}(M)$ existiert nicht. Denn ist $\text{Kern}(M) = \text{Bild}(M)$, dann ist $\text{Dim}\,\text{Kern}(M) = \text{Dim}\,\text{Bild}(M)$. Nun ist $n = \text{Dim}\,\text{Kern}(M) + \text{Dim}\,\text{Bild}(M)$ für jede lineare Abbildung mit Definitionsmenge $\mathbb{R}^n$. Also muss n gerade sein. Insbesondere gibt es also keine lineare Abbildung von $\mathbb{R}^3$ nach $\mathbb{R}^3$.

5.118 Es ist $O : \mathbb{R}^n \to \mathbb{R}^m$ mit $O(x) = o_m$ die (lineare) Nullabbildung. Finden Sie zwei lineare Abbildungen L_1, L_2, die nicht die Nullabbildung sind, also $L_1 \neq O$, $L_2 \neq O$, deren Verkettung aber die Nullabbildung ist, also $L_2 \circ L_1 = O$.

Lösung: Für $L_1 : \mathbb{R}^2 \to \mathbb{R}^2$ mit $L_1(x_1, x_2) = (-2x_1 + 4x_2, x_1 - 2x_2)$ und $L_2 : \mathbb{R}^2 \to \mathbb{R}^2$ mit $L_2(y_1, y_2) = (y_1 + 2y_2, 2y_1 + 4y_2)$ gilt $L_2 \circ L_1 : \mathbb{R}^2 \to \mathbb{R}^2$ mit $(L_2 \circ L_1)(x_1, x_2) = (0, 0)$, also $L_2 \circ L_1 = O$.

5.119 Geben Sie die natürliche Darstellungsmatrix für die lineare Abbildung an, die jeden Punkt in der Ebene um 90 Grad um den Koordinatenursprung dreht und den Abstand zum Koordinatenursprung verdoppelt. (Drehung im mathematisch positiven Sinn, also gegen den Uhrzeigersinn.)

Lösung: Die natürliche Darstellungsmatrix ist

$$\begin{bmatrix} 0 & -2 \\ 2 & 0 \end{bmatrix}.$$

Zum Beispiel wird der Punkt $(1, 1)$ auf den Punkt

$$\begin{bmatrix} 0 & -2 \\ 2 & 0 \end{bmatrix} \begin{bmatrix} 1 \\ 1 \end{bmatrix} = \begin{bmatrix} -2 \\ 2 \end{bmatrix} = (-2, 2)$$

abgebildet oder der Punkt $(0, 1)$ wird auf den Punkt

$$\begin{bmatrix} 0 & -2 \\ 2 & 0 \end{bmatrix} \begin{bmatrix} 0 \\ 1 \end{bmatrix} = \begin{bmatrix} -2 \\ 0 \end{bmatrix} = (-2, 2)$$

abgebildet.

5.120 Geben Sie die natürliche Darstellungsmatrix für die lineare Abbildung an, die jeden Punkt in der Ebene an der Abszisse spiegelt und auf die Ordinate orthogonal projiziert.

Lösung: Die natürliche Darstellungsmatrix ist

$$\begin{bmatrix} 0 & 0 \\ 0 & -1 \end{bmatrix}.$$

Zum Beispiel wird der Punkt $(1, 1)$ auf den Punkt

$$\begin{bmatrix} 0 & 0 \\ 0 & -1 \end{bmatrix} \begin{bmatrix} 1 \\ 1 \end{bmatrix} = \begin{bmatrix} 0 \\ -1 \end{bmatrix} = (0, -1)$$

abgebildet oder der Punkt $(0, 1)$ wird auf den Punkt

$$\begin{bmatrix} 0 & 0 \\ 0 & -1 \end{bmatrix} \begin{bmatrix} 0 \\ 1 \end{bmatrix} = \begin{bmatrix} 0 \\ -1 \end{bmatrix} = (0, -1)$$

abgebildet.

5.121 Geben Sie die natürliche Darstellungsmatrix für die lineare Abbildung an, die jeden Punkt im Raum an der x, y-Ebene spiegelt.

Lösung: Die natürliche Darstellungsmatrix ist

$$\begin{bmatrix} 1 & 0 & 0 \\ 0 & 1 & 0 \\ 0 & 0 & -1 \end{bmatrix}.$$

Zum Beispiel wird der Punkt $(1, 1, 1)$ auf den Punkt

$$\begin{bmatrix} 1 & 0 & 0 \\ 0 & 1 & 0 \\ 0 & 0 & -1 \end{bmatrix} \begin{bmatrix} 1 \\ 1 \\ 1 \end{bmatrix} = \begin{bmatrix} 1 \\ 1 \\ -1 \end{bmatrix} = (1, 1, -1)$$

abgebildet oder der Punkt $(2, 2, 0)$ wird auf den Punkt

$$\begin{bmatrix} 1 & 0 & 0 \\ 0 & 1 & 0 \\ 0 & 0 & -1 \end{bmatrix} \begin{bmatrix} 2 \\ 2 \\ 0 \end{bmatrix} = \begin{bmatrix} 2 \\ 2 \\ 0 \end{bmatrix} = (2, 2, 0)$$

abgebildet.

5.122 Gegeben sind die drei Vektoren $v_1 = (2, 1, 0)$, $v_2 = (-1, 1, 1)$, $v_3 = (1, 3, -2)$ des $\mathbb{R}^3$ und die drei Vektoren $w_1 = (2, 5)$, $w_2 = (-3, 2)$, $w_3 = (5, -1)$ des $\mathbb{R}^2$. Geben Sie eine lineare Abbildung $L : \mathbb{R}^3 \to \mathbb{R}^2$ mit $L(v_j) = w_j$ für $j = 1, 2, 3$ an.

Lösung: Nach Definition ist eine Abbildung L von $\mathbb{R}^3$ nach $\mathbb{R}^2$ linear, wenn $L(x_1, x_2, x_3) = (ax_1 + bx_2 + cx_3, dx_1 + ex_2 + fx_3)$ für $a, b, c, d, e, f \in \mathbb{R}$ ist.

Es soll also ein L konstruiert werden mit $L(2,1,0) = (2,5)$, $L(-1,1,1) = (-3,2)$ und $L(1,3,-2) = (5,-1)$. Das bedeutet es muss das folgende lineare Gleichungssystem gelöst werden

$$\begin{aligned} a(2) + b(1) + c(0) &= 2 \\ d(2) + e(1) + f(0) &= 5 \\ a(-1) + b(1) + c(1) &= -3 \\ d(-1) + e(1) + f(1) &= 2 \\ a(1) + b(3) + c(-2) &= 5 \\ d(1) + e(3) + f(-2) &= -1 \end{aligned}$$

oder gleichwertig

$$\begin{bmatrix} 2 & 1 & 0 \\ -1 & 1 & 1 \\ 1 & 3 & -2 \end{bmatrix} \begin{bmatrix} a & d \\ b & e \\ c & f \end{bmatrix} = \begin{bmatrix} 2 & 5 \\ -3 & 2 \\ 5 & -1 \end{bmatrix}.$$

Nun gilt

$$\begin{aligned} \begin{bmatrix} a & d \\ b & e \\ c & f \end{bmatrix} &= \begin{bmatrix} 2 & 1 & 0 \\ -1 & 1 & 1 \\ 1 & 3 & -2 \end{bmatrix}^{-1} \begin{bmatrix} 2 & 5 \\ -3 & 2 \\ 5 & -1 \end{bmatrix} \\ &= \begin{bmatrix} 5/11 & -2/11 & -1/11 \\ 1/11 & 4/11 & 2/11 \\ 4/11 & 5/11 & -3/11 \end{bmatrix} \begin{bmatrix} 2 & 5 \\ -3 & 2 \\ 5 & -1 \end{bmatrix} = \begin{bmatrix} 1 & 2 \\ 0 & 1 \\ -2 & 3 \end{bmatrix}. \end{aligned}$$

Also ist a_1, $b = 0$, $c = -2$, $d = 2$, $e = 1$ und $e = 3$. Somit gibt es genau eine lineare Abbildung und diese ist durch $L : \mathbb{R}^3 \to \mathbb{R}^2$ mit $L(x_1, x_2, x_3) = (x_1 - 2x_3, 2x_1 + x_2 + 3x_3)$ gegeben.

5.123 Gegeben ist die lineare Abbildung $L : \mathbb{R}^3 \to \mathbb{R}^2$ mit $L(x,y,z) = (x+y, y)$. Bestimmen Sie den Kern und das Bild von L.

Lösung: Der Kern von L besteht aus allen Vektoren (x,y,z) aus $\mathbb{R}^3$, die auf $(0,0) \in \mathbb{R}^2$ abgebildet werden. Das sind in diesem Fall alle (x,y,z) mit $(x+y,y) = (0,0)$, also alle Vektoren der Form $(0,0,z)$. Also ist $\text{Kern}(L) = \{(0,0,z) \mid z \in \mathbb{R}\}$.

Das Bild von L ist $\mathbb{R}^2$, denn zu jedem Paar (a,b) aus $\mathbb{R}^2$ gibt es ein Tripel (x,y,z) aus $\mathbb{R}^3$ mit $L(x,y,z) = (a,b)$, wobei $x = a - b$, $y = b$ und z beliebig sind. (Zahlenbeispiel: Ist das Bildelement $(a,b) = (1,2)$, so kann man als Urbild $(x,y,z) = (-1,2,3)$ wählen und es ist $L(-1,2,3) = (1,2)$. Die Abbildung L ist surjektiv.)

5.124 Welche der folgenden Abbildungen f sind linear? Kreuzen Sie an, wenn f linear ist.

☐ $f : \mathbb{R}^2 \to \mathbb{R}^2$ mit $f(x,y) = (x+2y, 3x-y)$.

☐ $f : \mathbb{R}^2 \to \mathbb{R}^3$ mit $f(x, y) = (x + y, 2x - y, -x + 3y)$.
☐ $f : \mathbb{R}^3 \to \mathbb{R}^2$ mit $f(x, y, z) = (x + y, x + y - z)$.
☐ $f : \mathbb{R}^3 \to \mathbb{R}^3$ mit $f(x, y, z) = (y, 2x + z, y - z)$.

Lösung: Alle Abbildungen sind linear.

5.125 Kreuzen Sie die wahre(n) Aussage(n) an.

☐ Lineare Abbildungen sind Abbildungen.
☐ Abbildungen sind lineare Abbildungen.
☐ Jede lineare Abbildung $L : \mathbb{R}^2 \to \mathbb{R}^4$ ist komplett durch $L(e_1)$ und $L(e_2)$ bestimmt.
☐ Die natürliche Darstellungsmatrix einer linearen Abbildung $L : \mathbb{R}^4 \to \mathbb{R}^3$ ist aus $\mathbb{R}^{4\times 3}$.
☐ Keine angegebene Aussage ist wahr.

Lösung:

×		×		

5.126 Kreuzen Sie an, wenn die Abbildung linear ist.

☐ $f : \mathbb{R}^2 \to \mathbb{R}^2$ mit $f(x, y) = (x^2, y)$.
☐ $f : \mathbb{R}^2 \to \mathbb{R}^2$ mit $f(x, y) = (y, 0)$.
☐ $f : \mathbb{R}^2 \to \mathbb{R}^2$ mit $f(x, y) = (x - 2y, y - x)$.
☐ $f : \mathbb{R}^2 \to \mathbb{R}^2$ mit $f(x, y) = (\sin(2)x + y, x - y)$.
☐ $f : \mathbb{R}^2 \to \mathbb{R}^2$ mit $f(x, y) = (|x|, y)$.
☐ $f : \mathbb{R}^2 \to \mathbb{R}^2$ mit $f(x, y) = (\sin(x) + y, y)$.

Lösung:

	×	×	×		

6 Der Vektorraum $\mathbb{R}^n$ mit Skalarprodukt

6.1 Berechnen Sie das natürliche Skalarprodukt $v \cdot w$ von $v = (-2, 4)$ und $w = (2, 1)$.

Lösung: Es ist $v \cdot w = (-2, 4) \cdot (2, 1) = (-2)(2) + (4)(1) = -4 + 4 = 0$.

6.2 Berechnen Sie das natürliche Skalarprodukt $v \cdot w$ von $v = (3, -1, 0, 1)$ und $w = (0, 2, 1, 3)$.

Lösung: Es ist $v \cdot w = (3, -1, 0, 1) \cdot (0, 2, 1, 3) = (3)(0) + (-1)(2) + (0)(1) + (1)(3) = 0 - 2 + 0 + 3 = 1$.

6.3 Gegeben sind die drei Vektoren $a = (1, 1)$, $b = (1, 2)$ und $c = (-2, 2)$ aus $\mathbb{R}^2$. Stellen Sie mithilfe des (natürlichen) Skalarproduktes fest, welche Vektoren orthogonal zueinander sind.

Lösung: Wir wissen, zwei Vektoren sind in $\mathbb{R}^n$ genau dann orthogonal, wenn das Skalarprodukt gleich Null ist. Um zu testen, ob zwei Vektoren orthogonal zueinander sind, müssen wir also nur das Skalarprodukt der beiden Vektoren ausrechnen und nachsehen, ob es gleich Null ist. Es ist $a \cdot b = (1, 1) \cdot (1, 2) = (1)(1) + (1)(2) = 3 \neq 0$. Da das Skalarprodukt nicht null ist, sind die Vektoren a und b nicht orthogonal, symbolisch $a \not\perp b$. Weiterhin ist $b \cdot c = (1, 2) \cdot (-2, 2) = 2 \neq 0$. Da das Skalarprodukt auch hier keine Null liefert, sind die Vektoren b und c ebenfalls nicht orthogonal, also $b \not\perp c$. Schließlich ergibt sich $a \cdot c = (1, 1) \cdot (-2, 2) = (1)(-2) + (1)(2) = -2 + 2 = 0$. Damit sind die beiden Vektoren a und c orthogonal, symbolisch $a \perp c$. (Da wir hier in $\mathbb{R}^2$ arbeiten, können wir uns das geometrisch vorstellen. Stellen wir uns zu jedem Vektor einen Pfeil vor und alle drei Pfeile haben den gleichen Anfangspunkt $(0, 0)$. Dann ist der Pfeil von a orthogonal zu dem Pfeil von c, die Pfeile von a, b und von b, c sind es nicht.)

6.4 Es sind u, v, w nicht Nullvektoren aus $\mathbb{R}^n$. Welche der folgenden Ausdrücke sind sinnvoll, welche sind es nicht?

☐ $u \cdot (v - w)$	☐ $u + (v \cdot w)$	☐ v^2
☐ $(u \cdot v) \cdot w$	☐ $v/\lvert v\rvert$	☐ $(u + v)/w$

Lösung: Die Frage kann wie folgt beantwortet werden.

☐ Sinnvoll.

☐ Sinnvoll.

☐ Nicht sinnvoll. Eine reelle Zahl und einen Vektor kann man nicht addieren.

☐ Sinnvoll.

☐ Nicht Sinnvoll. Es ist $v \cdot v = |v|^2$ vereinbart.

☐ Nicht sinnvoll. Durch einen Vektor kann man nicht dividieren.

(spaltenweise)

6.5 Richtig oder falsch? Begründen Sie. *Sind* $v, w \in \mathbb{R}^n$. *Aus* $v = w$ *folgt* $|v| = |w|$.

Lösung: Richtig. Sind zwei Vektoren gleich, dann haben sie auch dieselbe Länge. Dies folgt direkt aus der Definition. Derselbe Vektor kann nicht zwei verschiedene Längen haben.

6.6 Richtig oder falsch? Begründen Sie. *Sind* $v, w \in \mathbb{R}^n$. *Aus* $|v| = |w|$ *folgt* $v = w$.

Lösung: Dies ist falsch. Wenn zwei Vektoren dieselbe Länge haben, dann müssen sie nicht gleich sein. Zum Beispiel ist $|(1,0)| = |(0,1)| = 1$, es ist aber $(1,0) \neq (0,1)$.

6.7 Kreuzen Sie die wahren(n) Aussagen(en) an. Es ist $v \in \mathbb{R}^n$ und o der Nullvektor in $\mathbb{R}^n$. Dann ist

☐ $v \cdot v < 0$. ☐ $v \cdot v \geqslant 0$. ☐ $o \cdot v = o$. ☐ $o \cdot v = 0$.

Lösung:

	×		×

6.8 Wenn der Vektor ein Einheitsvektor ist, dann zeichnen Sie ein Kreuz.

☐ $(1,1,1)$ ☐ $(0,1,0)$ ☐ $(-1/2, 0, 1/2)$

☐ $(0,0,0)$ ☐ $(1,2,3)$ ☐ $(1/3, 1/3, 1/3)$

Lösung: (spaltenweise)

		×			

6.9 Es sind u und v aus $\mathbb{R}^3$ und o der Nullvektor aus $\mathbb{R}^3$. Kreuzen Sie die wahren(n) Aussagen(en) an.

☐ Ist $u = o$, dann ist $u \times v = o$.

☐ Ist $v = o$, dann ist $u \times v = o$.

☐ Ist $u \times v = o$, dann ist $u = o$.

☐ Ist $u \times v = o$, dann ist $v = o$.

☐ Ist $u \times v = o$, dann ist $u = o$ und $v = o$.

☐ Ist $u \times v = o$, dann ist $u = o$ oder $v = o$.

☐ Keine Aussage ist richtig.

Lösung: (spaltenweise)

×	×					

6.10 Kreuzen Sie nur die wahre(n) Aussage(n) an. v und w sind beliebige Vektoren aus $\mathbb{R}^3$.

☐ $v \cdot w = w \cdot v$.

☐ $|v|^2 + |w|^2 = |v - w|^2$

☐ Stehen die Vektoren v und w senkrecht aufeinander, so gilt: $v \cdot w = o$.

Lösung: | × | | |

6.11 Gegeben sind die Einheitsvektoren v und w aus $\mathbb{R}^n$. Zeigen Sie, dass zwischen v und v der Winkel 0°, zwischen w und $-w$ der Winkel 90° und zwischen $v + w$ und $v - w$ der Winkel 180° beträgt.

Lösung: Es ist

$$\cos(\phi) = \frac{v \cdot v}{|v| \cdot |v|} = \frac{|v|^2}{|v|^2} = 1,$$

also ist $\phi = 0^\circ$. Es ist $w \cdot (-w) = -|w|^2 = -1$, also ist $\phi = 180^\circ$. Es ist $(v+w)\cdot(v-w) = v \cdot v - w \cdot w = 1 - 1 = 0$, so dass der Winkel 90° ist.

6.12 Welches geometrische Objekt entspricht der Menge $\{v \in \mathbb{R}^2 \mid |v|^2 = 9\}$?

Lösung: Es handelt sich um einen Kreis mit Radius 3 um den Koordinatenmittelpunkt, denn es ist $\{(v_1, v_2) \in \mathbb{R}^2 \mid v_1^2 + v_2^2 = 9\}$.

6.13 Welches geometrische Objekt entspricht der Menge $\{(x, y, z) \in \mathbb{R}^3 \mid |(x, y, z)| = 4\}$?

Lösung: Es handelt sich um eine Kugeloberfläche. Es die Kugeloberfläche der Kugel mit Radius 4 um den Koordinatenmittelpunkt.

6.14 Es sind a, b, c, d aus $\mathbb{R}^3$. Begründen Sie, warum folgende Gleichungen sinnlos sind.

(a) $a + 2b + 3 = c$

(b) $a \cdot b + 3c = d$

(c) $a \times b + a \cdot b = 0$

(d) $(a \cdot b) \times (c \cdot d) = (a \times b) \cdot (c \times d)$

Lösung: Wir können wie folgt begründen.

(a) Vektoren und Zahlen können nicht miteinander addiert werden.

(b) Das Skalarprodukt $a \cdot b$ ist eine Zahl und kann deshalb nicht zum Vektor $3c$ addiert werden.

(c) Das Vektorprodukt $a \times b$ ist ein Vektor, das Skalarprodukt $a \cdot b$ dagegen eine Zahl. Beide können nicht addiert werden.

(d) Die Skalarprodukte $(a \cdot b)$ und $(c \cdot d)$ sind Zahlen, können also nicht mit dem Kreuzprodukt verknüpft werden.

6.15 Wahr oder falsch: Sind x und y zwei Vektoren im $\mathbb{R}^n$ und ist der Projektionsvektor von x auf y gleich dem Projektionsvektor von y auf x, dann sind die Vektoren x und y linear abhängig.

Lösung: Falsch.

6.16 Wahr oder falsch: Sind x und y zwei Einheitsvektoren im $\mathbb{R}^n$ und ist $|x \cdot y| = 1$, dann sind x und y linear unabhängig.

Lösung: Falsch.

6.17 Wahr oder falsch: Sind U, V und W Unterräume von $\mathbb{R}^3$ und gilt $U \perp V$ und $V \perp W$, dann ist $U \perp W$.

Lösung: Falsch.

6.18 Stellen Sie die vier Fundamentalräume einer Matrix $A \in \mathbb{R}^{m \times n}$ irgendwie symbolisch grafisch dar und geben Sie dazu alle Eigenschaften an, die Sie kennen.

Lösung: Das Bild 6.1 zeigt die vier Fundamentalräume symbolisch. Es ist Dim $Z(A) =$

Bild 6.1: Die vier Fundamentalräume und deren Dimensionen

Dim $S(A) = \text{Rang}(A) = r$, Dim $N(A) = n - r$ und Dim $N(A^T) = m - r$. Außerdem ist $N(A)$ orthogonal zu $Z(A)$, und $N(A^T)$ ist orthogonal zu $S(A)$. Es ist $\mathbb{R}^n = Z(A) \oplus N(A)$ und $\mathbb{R}^m = S(A) \oplus N(A^T)$.

6.19 Zeigen Sie, dass die Vektoren $u_1 = (2, 2, 1)$, $u_2 = (2, -1, -2)$, $u_3 = (-1, 2, -2)$ eine orthogonale Basis von $\mathbb{R}^3$ bilden, und zerlegen Sie den Vektor $v = (-1, 1, 3)$ bezüglich dieser Basis.

Lösung: Die Vektoren sind linear unabhängig, wenn die Vektorgleichung (oder das homogene lineare System)

$$a_1(2, 2, 1) + a_2(2, -1, -2) + a_3(-1, 2, -2) = (0, 0, 0)$$

nur die triviale Lösung $a = (a_1, a_2, a_3) = o_3$ hat. Mit dem Gauss-Jordan Verfahren findet man, dass die Koeffizienten die reduzierte Zeilenstufenform E_3 hat.

Daher ist $a = o_3 = (0,0,0)$ die eindeutige Lösung. Die Vektoren sind orthogonal, da $(2,2,1) \cdot (2,-1,-2) = 4 - 2 - 2 = 0$, $(2,2,1) \cdot (-1,2,-2) = -2 + 4 - 2 = 0$ und $(2,-1,-2) \cdot (-1,2,-2) = -2 - 2 + 4 = 0$ ist. Da die drei Vektoren außerdem den ganzen Vektorraum $\mathbb{R}^3$ aufspannen, bilden sie eine orthogonale Basis von $\mathbb{R}^3$. Damit lässt sich jeder Vektor v des $\mathbb{R}^3$ eindeutig in der Form $v = c_1(2,2,1) + c_2(2,-1,-2) + c_3(-1,2,-2)$ darstellen mit $c_i = v^T u_i / |u_i|^2$. Die Zahlen c_i sind die Koordinaten des Vektors v bezüglich der neuen orthogonalen Basis u_1, u_2, u_3. Es ist $c_1 = (-1,1,3) \cdot (2,2,1)/|(2,2,1)|^2 = 1/3$, $c_2 = (-1,1,3) \cdot (2,-1,-2)/|(2,-1,-2)|^2 = -1$, $c_3 = (-1,1,3) \cdot (-1,2,-2)/|(-1,2,-2)|^2 = -1/3$. Damit gilt die Zerlegung: $(-1,1,3) = 1/3(2,2,1) + (-1)(2,-1,-2) + (-1/3)(-1,2,-2)$.

6.20 Wir kennen das GRAM-SCHMIDT[1]sche Orthogonalisierungsverfahren. Formulieren Sie nun das GRAM-SCHMIDTsche Orthonormalisierungsverfahren, das heißt bilden Sie aus einer beliebigen Basis $B = (b_1, b_2, \ldots, b_n)$ des $\mathbb{R}^n$ eine orthonormale Basis $Q = (q_1, q_2, \ldots, q_n)$ des Vektorraumes $\mathbb{R}^n$.

Lösung: Die Lösung der Aufgabe ist das folgende GRAM-SCHMIDT-Orthonormalisierungsverfahren. Gegeben ist eine Basis $B = (b_1, b_2, \ldots, b_n)$ des $\mathbb{R}^n$. Dann erzeugen die folgenden Schritte eine Orthonormalbasis $Q = (q_1, q_2, \ldots, q_n)$ des Vektorraumes $\mathbb{R}^n$.

1. Setze
$$q_1 = \frac{b_1}{|b_1|}.$$
2. Wir erhalten den zweiten orthonormalen Basisvektor q_2 als Orthogonalprojektion von b_2 senkrecht zu $\text{Lin}(q_1)$. Zunächst ist
$$v_2 = b_2 - (b_2 \cdot q_1)q_1$$
und schließlich liefert die Normierung den gewünschten Vektor
$$q_2 = \frac{v_2}{|v_2|}.$$
3. Wir erhalten den dritten orthonormalen Basisvektor q_3 als Orthogonalprojektion von b_3 senkrecht zu $\text{Lin}(q_1, q_2)$. Zunächst ist
$$v_3 = b_3 - (b_3 \cdot q_1)q_1 - (b_3 \cdot q_2)q_2$$
und schließlich liefert die Normierung den gewünschten Vektor
$$q_3 = \frac{v_3}{|v_3|}.$$
4. Wir erhalten den vierten orthonormalen Basisvektor q_4 als Orthogonalprojektion von b_4 senkrecht zu $\text{Lin}(q_1, q_2, q_3)$. Zunächst ist
$$v_4 = b_4 - (b_4 \cdot q_1)q_1 - (b_4 \cdot q_2)q_2 - (b_4 \cdot q_3)q_3$$

[1] J. P. GRAM (1850-1916) war ein dänischer Mathematiker. E. SCHMIDT (1876-1959) war ein deutscher Mathematiker.

und schließlich liefert die Normierung den gewünschten Vektor

$$q_4 = \frac{v_4}{|v_4|}.$$

5. Fahren wir auf diese Art und Weise fort, so erhalten wir nach n Schritten eine Orthonormalbasis $Q = (q_1, q_2, \ldots, q_n)$ des Vektorraumes $\mathbb{R}^n$.

6.21 Es ist $x = (x_1, x_2, \ldots, x_n) \in \mathbb{R}^n$ der Vektor von n Beobachtungen einer statistischen Größe (Merkmal). Dann ist $\bar{x} = 1/n(x_1 + x_2 + \cdots + x_n)$ der arithmetische Mittelwert der Beobachtung. Schreiben Sie den arithmetischen Mittelwert als Skalarprodukt.

Lösung: Es ist $\bar{x} = \frac{1}{n}(x_1 + x_2 + \cdots + x_n) = \frac{1}{n}(\text{eins} \cdot x)$ mit $x = (x_1, x_2, \ldots, x_n)$ und $\text{eins} = (1, 1, \ldots, 1)$.

6.22 Stellen Sie die vier Fundamentalräume einer Matrix $A \in \mathbb{R}^{m \times n}$ irgendwie symbolisch grafisch dar und nehmen Sie an, dass diese vollen Zeilenrang hat. Geben Sie dazu alle Eigenschaften an, die Sie kennen.

Lösung: Es ist dann $\text{Rang}(A) = n$, $N(A) = \{o_n\}$, $Z(A) = \mathbb{R}^n$, $\text{Dim}\, S(A) = n$ und $\text{Dim}\, N(A^T) = m - n$. Das Bild 6.2 (links) zeigt die vier Fundamentalräume symbolisch.

Bild 6.2: Voller Zeilenrang (links); voller Spaltenrang (rechts).

Der Zeilenraum ist der ganze Vektorraum $\mathbb{R}^n$ und der Nullraum besteht nur aus dem Nullvektor.

6.23 Stellen Sie die vier Fundamentalräume einer Matrix $A \in \mathbb{R}^{m \times n}$ irgendwie symbolisch grafisch dar und nehmen Sie an, dass diese vollen Spaltenrang hat. Geben Sie dazu alle Eigenschaften an, die Sie kennen.

Lösung: Es ist dann $\text{Rang}(A) = \text{Dim}\, Z(A) = \text{Dim}\, S(A) = m$, $N(A^T) = \{o_m\}$, $S(A) = \mathbb{R}^m$, $\text{Dim}\, N(A) = n - m$ und $\mathbb{R}^n = Z(A) \oplus N(A)$. Das Bild 6.2 (rechts) zeigt die vier Fundamentalräume symbolisch. Der Spaltenraum ist der ganze Vektorraum $\mathbb{R}^m$ und der Nullraum von A^T besteht nur aus dem Nullvektor.

6.24 Gegeben ist die Basis ($b_1 = (4,3), b_2 = (-2,1)$) des $\mathbb{R}^2$. Berechnen Sie nach dem GRAM-SCHMIDTschen Orthonormalisierungsverfahren (siehe Aufgabe 6.20) eine orthonormale Basis (q_1, q_2) des Vektorraumes $\mathbb{R}^2$.

Lösung: Nach dem GRAM-SCHMIDTschen Orthonormalisierungsverfahren gilt:

1. Der erste normalisierte Basisvektor ist
$$q_1 = \frac{b_1}{|b_1|} = \frac{1}{5}(4,3).$$
2. Der zweite normalisierte Basisvektor ergibt sich mit
$$v_2 = b_2 - (b_2 \cdot q_1)q_1 = (-2,1) - \frac{1}{5}(4,3) = \frac{1}{5}(-6,8)$$
zu
$$q_2 = \frac{v_2}{|v_2|} = \frac{1}{2} \cdot \frac{1}{5}(-6,8) = \frac{1}{5}(-3,4).$$

Das Bild 6.3 zeigt die alten Basisvektoren $b_1 = (4,3)$ und $b_2 = (-2,1)$ und die neuen

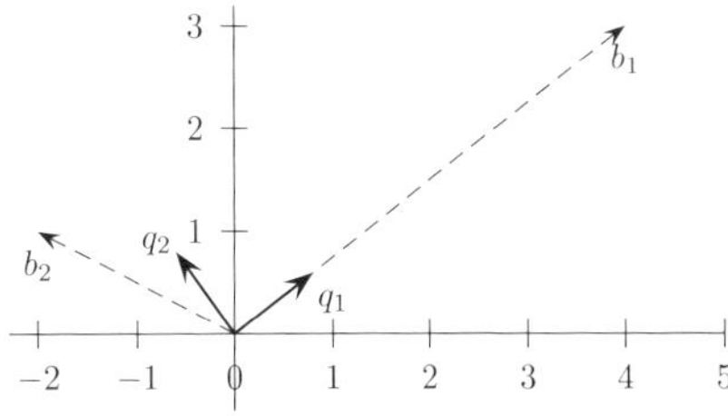

Bild 6.3: Alte Basis und neue Orthonormalbasis

orthonormalen Basisvektoren $q_1 = 1/5(4,3)$ und $q_2 = 1/5(-3,4)$.

6.25 Gegeben ist ein Unterraum U von $\mathbb{R}^n$. Zeigen Sie, dass $U \cap U^\perp = \{o_n\}$ ist.

Lösung: Ist $u \in U \cap U^\perp$, dann ist $u \cdot u = 0$. Daraus folgt $u = o_n$. Umgekehrt ist o_n sowohl in U als auch in $U^\perp$, da beide Unterräume sind.

6.26 Es ist $T \subseteq \mathbb{R}^n$. Zeigen Sie, dass der orthogonale Unterraum von $T^\perp$ im Allgemeinen nicht gleich T ist.

Lösung: Um dies zu zeigen, genügt ein Beispiel. Ist $T = \{(1,1)\} \subset \mathbb{R}^2$, so ist $T^\perp = \{u \in \mathbb{R}^2 \mid u = t(-1,1),\ t \in \mathbb{R}\}$ und $(T^\perp)^\perp = \{w \in \mathbb{R}^2 \mid w = s(1,1),\ s \in \mathbb{R}\}$, also $T \subsetneq (T^\perp)^\perp$. Damit ist gezeigt, dass im Allgemeinen $T \neq (T^\perp)^\perp$ ist. (Ist T ein Unterraum von $\mathbb{R}^n$, so gilt die Gleichheit.)

6.27 Wie ist das natürliche Skalarprodukt im Vektorraum $\mathbb{R}^n$ definiert?

Lösung: Das natürliche Skalarprodukt im Vektorraum $\mathbb{R}^n$ ist die Abbildung

$$\begin{array}{ccc} \mathbb{R}^n \times \mathbb{R}^n & \to & \mathbb{R} \\ (v, w) & \mapsto & v_1 w_1 + \cdots + v_n w_n \end{array}$$

Je zwei Vektoren $v = (v_1, \ldots, v_n)$, $w = (w_1, \ldots, w_n)$ aus $\mathbb{R}^n$ wird die reelle Zahl $v_1 w_1 + \cdots + v_n w_n$ zugeordnet. Man schreibt $v \cdot w = v_1 w_1 + \cdots + v_n w_n$.

6.28 Was ist ein Euklid[2]ischer Vektorraum?

Lösung: Ein Euklidischer Vektorraum ist ein reeller Vektorraum, auf (in) dem ein Skalarprodukt definiert ist. Zum Beispiel ist der $\mathbb{R}^n$ mit dem natürlichen Skalarprodukt ein Euklidischer Vektorraum.

6.29 Ist $V = \mathbb{R}^4$ mit dem natürlichen Skalarprodukt, so ist $x \perp y$ für $x = (1, -1, 2, 0)$ und $y = (-1, 1, 1, 4)$. Zeigen Sie dies.

Lösung: Es ist $x \cdot y = (1, -1, 2, 0) \cdot (-1, 1, 1, 4) = -1 - 1 + 2 + 0 = 0$.

6.30 Bestimmen Sie den Winkel zwischen den Vektoren $(1, 2, 0, -1)$ und $(-2, -4, 0, 2)$.

Lösung: Es ist

$$\cos\phi = \frac{(1,2,0,-1)\cdot(-2,-4,0,2)}{|(1,2,0,-1)|\cdot|(-2,-4,0,2)|} = \frac{-2-8+0-2}{\sqrt{6}\cdot\sqrt{24}} = \frac{-12}{\sqrt{144}} = \frac{-12}{12} = -1.$$

Also ist $\phi = \pi = 180°$.

6.31 Bestimmen Sie $x \in \mathbb{R}$, so dass die Vektoren $v = (1, 2, x, 3)$ und $w = (3, x, 7, -5)$ in $\mathbb{R}^4$ orthogonal sind.

Lösung: Es ist $v \cdot w = (1, 2, x, 3) \cdot (3, x, 7, -5) = 3 + 2x + 7x - 15 = 9x - 12$. Dann ist $v \cdot w = 9x - 12 = 0$ genau dann, wenn $x = 4/3$ ist. Also sind die Vektoren $v = (1, 2, 4/3, 3)$ und $w = (3, 4/3, 7, -5)$ orthogonal. Eine Bestätigung Matlab:

```
>> v=[1,2,4/3,3]; w=[3,4/3,7,-5];
>> dot(v,w)
ans =
  -1.7764e-15
```

Warum ist das Ergebnis nicht exakt 0?

[2] Euklid von Alexandria war ein griechischer Mathematiker, der wahrscheinlich im 3. Jahrhundert v. Chr. in Alexandria gelebt hat.

6.32 Gegeben sind die Vektoren in $\mathbb{R}^4$: $b_1 = (1,1,0,-1)$, $b_2 = (1,2,1,3)$, $b_3 = (1,1,-9,2)$ und $b_4 = (16,-13,1,3)$. Zeigen Sie, dass die Vektoren paarweise orthogonal sind. Zeigen Sie darüber hinaus, dass diese vier Vektoren eine Basis von $\mathbb{R}^4$ bilden.

Lösung: Es ist $b_1 \cdot b_2 = 1+2+0-3 = 0$, $b_1 \cdot b_3 = 1+1+0-2 = 0$, $b_1 \cdot b_4 = 16-13+0-3 = 0$, $b_2 \cdot b_3 = 1+2-9+6 = 0$, $b_2 \cdot b_4 = 16-26+1+9 = 0$, $b_3 \cdot b_4 = 16-13-9+6 = 0$. Also sind die vier Vektoren paarweise orthogonal. Da die vier Vektoren orthogonal zueinander sind, sind sie auch linear unabhängig.

Vier linear unabhängige Vektoren im Vektorraum $\mathbb{R}^4$ bilden stets eine Basis. Somit bilden die vier gegebenen Vektoren eine Basis von $\mathbb{R}^4$.

6.33 Beschreiben Sie den Vektor $v = (3,2)$ im Vektorraum $\mathbb{R}^2$ als Linearkombination der orthonormalen Basis $Q = \{q_1 = (0,-1), q_2 = (-1,0)\}$ und geben Sie den Koordinatenvektor v_Q an. Verifizieren Sie die Ergebnisse grafisch. Wiederholen Sie die Aufgabe für den Vektor $w = (2,3)$.

Lösung: Es ist $v \cdot q_1 = (3,2) \cdot (0,-1) = -2$ und $v \cdot q_2 = (3,2) \cdot (-1,0) = -3$. Also ist $v = -2q_1 - 3q_2$ oder $(3,2) = -2(0,-1) - 3(-1,0)$. Der Vektor v in dieser Orthonormalbasis Q lautet daher $v_Q = (-2,-3)$. In Komponentenform: $v = (3)e_1 + (2)e_2 = (-2)q_1 + (-3)q_2$. Es ist $w_Q = (-3,-2)$ und $w = (2)e_1 + (3)e_2 = (-3)q_1 + (-2)q_2$. Siehe Bild 6.4.

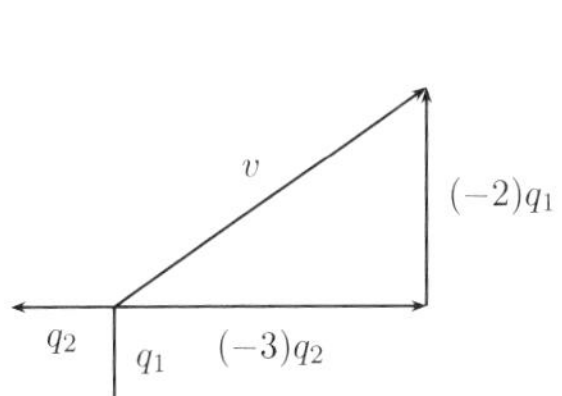

Bild 6.4: Zu Aufgabe 6.33

6.34 Gegeben ist die Basis $(b_1 = (1,0), b_2 = (1,1))$ des $\mathbb{R}^2$. Berechnen Sie nach dem GRAM-SCHMIDTschen Orthonormalisierungsverfahren eine orthonormale Basis (q_1, q_2) des Vektorraumes $\mathbb{R}^2$.

Lösung: Nach dem GRAM-SCHMIDTschen Orthonormalisierungsverfahren gilt:

1. Der erste normalisierte Basisvektor ist
$$q_1 = \frac{b_1}{|b_1|} = \frac{(1,0)}{1} = (1,0) = b_1.$$
2. Der zweite normalisierte Basisvektor ergibt sich mit
$$v_2 = b_2 - (b_2 \cdot q_1)q_1 = (1,1) - (1) \cdot (1,0) = (1,1) - (1,0) = (0,1)$$

zu

$$q_2 = \frac{v_2}{|v_2|} = \frac{(0,1)}{1} = (0,1).$$

Eine Bestätigung in MATLAB:

```
>> B=[1 1;0 1];
>> Q=orth(sym(B))
Q =
[ 1, 0]
[ 0, 1]
```

Die neuen orthonormalen Basisvektoren sind $q_1 = (1,0)$ und $q_2 = (0,1)$; es ist die natürliche Basis im Vektorraum $\mathbb{R}^2$.

6.35 Gegeben ist der EUKLIDische Vektorraum $\mathbb{R}^3$ mit dem natürlichen Skalarprodukt. Berechnen Sie mit dem GRAM-SCHMIDTschen Orthogonalisierungsverfahren aus der Basis

(a) $b_1 = (1,0,0)$, $b_2 = (1,1,0)$, $b_3 = (1,1,1)$
(b) $b_1 = (1,1,1)$, $b_2 = (1,1,0)$, $b_3 = (1,0,0)$

eine orthogonale Basis von $\mathbb{R}^3$.

Lösung: Wir können die Aufgabe wie folgt lösen.

(a) Nach dem Orthogonalisierungsverfahren von GRAM-SCHMIDT gilt:

1. $v_1 = b_1 = (1,0,0)$,
2. $v_2 = (0,1,0)$, weil
$$v_2 = b_2 - \frac{b_2 \cdot v_1}{|v_1|^2} v_1 = (1,1,0) - \frac{1}{1}(1,0,0) = (0,1,0)$$
ist.
3. $v_3 = (0,0,1)$, weil
$$v_3 = b_3 - \frac{b_3 \cdot v_1}{|v_1|^2} v_1 - \frac{b_3 \cdot v_2}{|v_2|^2} v_2 = (1,1,1) - \frac{1}{1}(1,0,0) - \frac{1}{1}(0,1,0) = (0,0,1)$$
ist.

Somit ist $(1,0,0)$, $(0,1,0)$, $(0,0,1)$ eine orthogonale Basis von $\mathbb{R}^3$; es ist die natürliche Basis von $\mathbb{R}^3$.

(b) Nach dem Orthogonalisierungsverfahren von GRAM-SCHMIDT gilt:

1. $v_1 = b_1 = (1,1,1)$,
2. $v_2 = (0,1,0)$, weil
$$v_2 = b_2 - \frac{b_2 \cdot v_1}{|v_1|^2} v_1 = (1,1,0) - \frac{2}{3}(1,1,1) = (1/3, 1/3, -2/3)$$
ist.

3. $v_3 = (1/2, -1/2, 0)$, weil

$$\begin{aligned} v_3 &= b_3 - \frac{b_3 \cdot v_1}{|v_1|^2} v_1 - \frac{b_3 \cdot v_2}{|v_2|^2} v_2 = (1,0,0) - \frac{1}{3}(1,1,1) - \frac{1/3}{2/3}(1/3, 1/3, -2/3) \\ &= (1/2, -1/2, 0) \end{aligned}$$

ist.

Somit ist $(1,1,1)$, $(1/3, 1/3, -2/3)$, $(1/2, -1/2, 0)$ eine orthogonale Basis von $\mathbb{R}^3$.

Eine andere Ordnung derselben Basisvektoren kann eine andere orthogonale Basis liefern.

6.36 Im $\mathbb{R}^4$ sind die drei linear unabhängigen Vektoren $b_1 = (1,1,1,1)$, $b_2 = (-1,4,4,-1)$ und $b_3 = (4,-2,2,0)$ gegeben. Finden Sie für den dreidimensionalen Unterraum $U = \mathrm{Lin}(b_1, b_2, b_3) \subset \mathbb{R}^4$ eine orthonormale Basis.

Lösung: Nach dem GRAM-SCHMIDTschen Orthonormalisierungsverfahren (Satz 6.5) gilt

$$q_1 = \frac{1}{|b_1|} b_1 = \frac{1}{\sqrt{1^2 + 1^2 + 1^2 + 1^2}}(1,1,1,1) = (1/2, 1/2, 1/2, 1/2).$$

Damit gilt

$$\begin{aligned} u_2 &= b_2 - (b_2 \cdot q_1) q_1 = (-1,4,4,-1) - 3(1/2, 1/2, 1/2, 1/2) \\ &= (-5/2, 5/2, 5/2, -5/2) \end{aligned}$$

weil $b_2 \cdot q_1 = (-1,4,4,-1) \cdot (1/2, 1/2, 1/2, 1/2) = -1/2 + 4/2 + 4/2 - 1/2 = 6/2 = 3$ ist. Somit ist

$$\begin{aligned} q_2 &= \frac{1}{|u_2|} u_2 = \frac{1}{\sqrt{25/4 + 25/4 + 25/4 + 25/4}}(-5/2, 5/2, 5/2, -5/2) \\ &= \frac{1}{5}(-5/2, 5/2, 5/2, -5/2) = (-1/2, 1/2, 1/2, -1/2). \end{aligned}$$

Weiterhin gilt

$$\begin{aligned} u_3 &= b_3 - (b_3 \cdot q_1) q_1 - (b_3 \cdot q_2) q_2 \\ &= (4,-2,2,0) - 2(1/2, 1/2, 1/2, 1/2) - (-2)(-1/2, 1/2, 1/2, -1/2) \\ &= (2,-2,2,-2). \end{aligned}$$

Somit ist

$$\begin{aligned} q_3 &= \frac{1}{|u_3|} u_3 = \frac{1}{\sqrt{4+4+4+4}}(2,-2,2,-2) = \frac{1}{4}(2,-2,2,-2) \\ &= (1/2, -1/2, 1/2, -1/2). \end{aligned}$$

Damit ist

$$(q_1, q_2, q_3) = \Big((1/2, 1/2, 1/2, 1/2), (-1/2, 1/2, 1/2, -1/2), (1/2, -1/2, 1/2, -1/2)\Big)$$

eine orthonormale Basis für den dreidimensionalen Unterraum $U = \mathrm{Lin}(b_1, b_2, b_3) \subset \mathbb{R}^4$. Eine Bestätigung in MATLAB:

```
>> B=[1 -1 4; 1 4 -2; 1 4 2; 1 -1 0];
>> Q=orth(sym(B))
Q =
[ 1/2, -1/2, 1/2]
[ 1/2, 1/2, -1/2]
[ 1/2, 1/2, 1/2]
[ 1/2, -1/2, -1/2]
```

6.37 Zeigen Sie, dass die Unterräume $\mathrm{Lin}(1,0,0)$ und $\mathrm{Lin}(0,0,1)$ orthogonal sind.

Lösung: Ist $v \in \mathrm{Lin}(1,0,0)$, so hat v die Form $v = t(1,0,0)$ für ein $t \in \mathbb{R}$. Ist $w \in \mathrm{Lin}(0,0,1)$, so hat w die Form $w = s(0,0,1)$ für ein $s \in \mathbb{R}$. Dann gilt

$$v \cdot w = (t,0,0) \cdot (0,0,s) = 0 + 0 + 0 = 0.$$

Also ist $\mathrm{Lin}(1,0,0) \perp \mathrm{Lin}(0,0,1)$.

6.38 Bestimmen Sie von $\mathrm{Lin}(1,0,0)$ den Orthogonalraum im Vektorraum $\mathbb{R}^3$.

Lösung: Es ist

$$\begin{aligned}
\mathrm{Lin}(1,0,0)^\perp &= \{v \in \mathbb{R}^3 \mid v \cdot w = 0 \text{ für alle } w \in \mathrm{Lin}(1,0,0)\} \\
&= \{v \in \mathbb{R}^3 \mid (v_1, v_2, v_3) \cdot (w_1, 0, 0) = 0 \text{ für alle } w_1 \in \mathbb{R}\} \\
&= \{v \in \mathbb{R}^3 \mid v_1 w_1 = 0 \text{ für alle } w_1 \in \mathbb{R}\} \\
&= \{v \in \mathbb{R}^3 \mid v_1 = 0\} \\
&= \{v \in \mathbb{R}^3 \mid v = (0, v_2, v_3)\}
\end{aligned}$$

Geometrisch interpretiert: $\mathrm{Lin}(1,0,0)$ entspricht der x-Achse und $\mathrm{Lin}(1,0,0)^\perp$ entspricht der y,z-Ebene. Es ist $\mathrm{Lin}(1,0,0)^\perp = \mathrm{Lin}((0,1,0),(0,0,1))$.

6.39 Beweisen Sie die Rechenregeln Kommutativität, Distributivität, Assoziativität und positive Definitheit des natürlichen Skalarproduktes im $\mathbb{R}^n$.

Lösung: Wir setzen voraus, dass u, v, w beliebige Vektoren aus $\mathbb{R}^n$ sind und c eine beliebige reelle Zahl ist.

(a) Die Gültigkeit der Kommutativität oder Symmetrie sieht man wie folgt:

$$\begin{aligned} u \cdot v &= (u_1, \dots, u_n) \cdot (v_1, \dots, v_n) = u_1 v_1 + \dots + u_n v_n \\ &= v_1 u_1 + \dots + v_n u_n = (v_1, \dots, v_n) \cdot (u_1, \dots, u_n) = v \cdot u \end{aligned}$$

Sie sehen, die Kommutativität ist deshalb gültig, weil sie auch bei den reellen Zahlen gilt. Die Kommutativität überträgt sich von den reellen Zahlen auf das Skalarprodukt für Vektoren in $\mathbb{R}^n$.

(b) Die Gültigkeit der Distributivität sieht man wie folgt:

$$\begin{aligned} u \cdot (v + w) &= (u_1, \dots, u_n) \cdot (v_1 + w_1, \dots, v_n + w_n) \\ &= u_1(v_1 + w_1) + \dots + u_n(v_n + w_n) \\ &= u_1 v_1 + u_1 w_1 + \dots + u_n v_n + u_n w_n \\ &= u_1 v_1 + \dots + u_n v_n + u_1 w_1 + \dots + u_n w_n \\ &= (u_1 v_1 + \dots + u_n v_n) + (u_1 w_1 + \dots + u_n w_n) = u \cdot v + u \cdot w. \end{aligned}$$

Sie sehen, die Distributivität ist deshalb gültig, weil sie auch bei den reellen Zahlen gilt. Außerdem haben wir auch die Gültigkeit der Kommutativität bei den reellen Zahlen ausgenützt.

(c) Die Gültigkeit der Assoziativität sieht man wie folgt:

$$\begin{aligned} c(u \cdot v) &= c((u_1, \dots, u_n) \cdot (v_1, \dots v_n)) = c(u_1 v_1 + \dots + u_n v_n) \\ &= c u_1 v_1 + \dots + c u_n v_n = (c u_1) v_1 + \dots + (c u_n) v_n \\ &= (c u_1, \dots, c u_n) \cdot (v_1, \dots, v_n) = (c(u_1, \dots, u_n)) \cdot (v_1, \dots, v_n) = (cu) \cdot v \end{aligned}$$

Sie sehen, die Assoziativität ist deshalb gültig, weil sie auch bei den reellen Zahlen gilt. Außerdem haben wir auch die Gültigkeit der Distributivität bei den reellen Zahlen ausgenützt.

(d) Die Gültigkeit der positiven Definitheit sieht man wie folgt. Es ist

$$v \cdot v = v_1 v_1 + \dots + v_n v_n = v_1^2 + \dots + v_n^2.$$

Nun ist $v \cdot v > 0$ genau dann, wenn $v = (v_1, \dots, v_n) \neq (0, \dots, 0) = o$ ist, und es ist $v \cdot v = 0$ genau dann, wenn $v = (v_1, \dots, v_n) = (0, \dots, 0) = o$ ist.

Damit sind alle vier Rechenregeln für das natürliche Skalarprodukt in $\mathbb{R}^n$ bewiesen.

6.40 Das natürliche Skalarprodukt im (auf dem) Vektorraum $\mathbb{R}^n$ ist gegeben durch $v \cdot w = v_1 w_1 + \dots + v_n w_n$. Es ordnet also je zwei Vektoren eine reelle Zahl zu. Daher ist es eine Abbildung von $\mathbb{R}^n \times \mathbb{R}^n$ nach $\mathbb{R}$. Bezeichnet man diese Abbildung mit s, so ist das natürliche Skalarprodukt im Vektorraum $\mathbb{R}^n$ die Abbildung

$$s : \begin{cases} \mathbb{R}^n \times \mathbb{R}^n & \rightarrow \quad \mathbb{R} \\ (v, w) & \mapsto \quad s(v, w) = v \cdot w = v_1 w_1 + \dots + v_n w_n \end{cases}$$

Nun gilt weiter $s(v,w) = s(w,v)$, weil $v \cdot w = w \cdot v$ für alle v, w aus $\mathbb{R}^n$ ist. Man nennt die Abbildung s daher *symmetrisch*. Außerdem ist $s(v, w + w') = s(v,w) + s(v,w')$ und $s(v, cw) = cs(v,w)$ für alle v, w, w' aus $\mathbb{R}^n$ und c aus $\mathbb{R}$. Die Abbildung s ist daher im zweiten Argument eine *lineare* Abbildung. Wegen der Symmetrie aber auch im ersten Argument (man braucht das nicht extra nachrechnen). Die Abbildung s ist daher *zweifach linear* oder *bilinear*. Eine bilineare Abbildung mit Zielmenge $\mathbb{R}$ wird traditionell *Bilinearform* genannt. Somit ist die Abbildung s eine symmetrische Bilinearform. Weiterhin gilt $s(v,v) > 0$ für $v \neq o$ und nur für $v = o$ ist $s(v,v) = 0$. Aus diesem Grund wird die Abbildung s *positiv definit* genannt. Zusammengefasst ist s eine *positiv definite symmetrische Bilinearform*. Diese Beobachtungen sind Anlass und Motivation für die Verallgemeinerung des Begriffes *Skalarprodukt* in einem beliebigen reellen Vektorraum.

Es ist V ein reeller Vektorraum und $s : V \times V \to \mathbb{R}$ eine Abbildung. Dann ist die Abbildung s ein *Skalarprodukt* auf dem reellen Vektorraum V, wenn folgendes gilt:

- s ist *linear im ersten Argument*: Für alle v, v', w aus V und c aus $\mathbb{R}$ ist $s(v+v',w) = s(v,w) + s(v',w)$ und $s(cv,w) = cs(v,w)$.
- s ist *linear im zweiten Argument*: Für alle v, w, w' aus V und c aus $\mathbb{R}$ ist $s(v,w+w') = s(v,w) + s(v,w')$ und $s(v,cw) = cs(v,w)$.
- s ist *symmetrisch*: Für alle v, w aus V ist $s(v,w) = s(w,v)$.
- s ist *positiv definit*: Für alle v aus $V \backslash \{o\}$ ist $s(v,v) > 0$ und nur für $v = o$ ist $s(v,v) = 0$.

Bitte beachten Sie: Ist die Abbildung s symmetrisch und in einem der beiden Argumente linear, so auch in dem Anderen. Nur aus didaktischen Gründen habe ich die Definition so formuliert. Ich will deutlich machen, dass Linearität in beiden Argumenten (Komponenten) der Abbildung s vorliegt oder vorliegen muss.

Oft wird statt $s(v,w)$ die Schreibweise $< v, w >$ verwendet. Die Symmetrie schreibt sich dann wie folgt: $< v, w >=< w, v >$. Verwendet man das natürliche Skalarprodukt, so schreibt man $< v, w >_2$, es ist also $< v, w >_2 = v_1 w_1 + \cdots + v_n w_n$ für v, w aus $\mathbb{R}^n$.

(a) Zeigen Sie nun, dass die Abbildung

$$s : \begin{cases} \mathbb{R}^2 \times \mathbb{R}^2 & \to \quad \mathbb{R} \\ (v,w) & \mapsto \quad s(v,w) = v_1 w_1 - v_1 w_2 - v_2 w_1 + 3 v_2 w_2 \end{cases}$$

ein Skalarprodukt auf dem reellen Vektorraum $\mathbb{R}^2$ definiert.

(b) Zeigen Sie, dass die Abbildung

$$b : \begin{cases} \mathbb{R}^2 \times \mathbb{R}^2 & \to \quad \mathbb{R} \\ (v,w) & \mapsto \quad b(v,w) = v_1 w_1 - v_2 w_2 \end{cases}$$

kein Skalarprodukt auf dem reellen Vektorraum $\mathbb{R}^2$ definiert.

(c) Zeigen Sie, dass die Abbildung

$$s : \begin{cases} C([a,b],\mathbb{R}) \times C([a,b],\mathbb{R}) & \to \quad \mathbb{R} \\ (f,g) & \mapsto \quad s(f,g) = \int_a^b fg \end{cases}$$

ein Skalarprodukt auf dem reellen Vektorraum $C([a,b],\mathbb{R})$ definiert. Hierbei ist $C([a,b],\mathbb{R})$ die Menge der auf dem Intervall $[a,b] \subset \mathbb{R}$ stetigen Funktionen mit Zielmenge $\mathbb{R}$, also $C([a,b],\mathbb{R}) = \{f : [a,b] \to \mathbb{R} \mid f \text{ stetig auf } [a,b]\}$.

Mit (a) und (c) kennen wir nun zwei weitere EUKLIDische Vektorräume (Innere Produkträume, Vektorräume mit Skalarprodukt).

Lösung: Die Aufgaben können wir wie folgt lösen.

(a) Die Abbildung s ist linear im ersten Argument, denn es gilt:

$$\begin{aligned} s(v+v',w) &= (v_1+v_1')w_1 - (v_1+v_1')w_2 - (v_1+v_1')w_1 + 3(v_1+v_1')w_2 \\ &= v_1w_1 + v_1'w_1 - v_1w_2 - v_1'w_2 - v_2w_1 - v_2'w_1 + 3v_2w_2 + 3v_2'w_2 \\ &= (v_1w_1 - v_1w_2 - v_2w_1 + 3v_2w_2) + (v_1'w_1 - v_1'w_2 - v_2'w_1 + 3v_2'w_2) \\ &= s(v,w) + s(v',w) \end{aligned}$$

und

$$\begin{aligned} s(cv,w) &= (cv_1)w_1 - (cv_1)w_2 - (cv_2)w_1 + 3(cv_2)w_2 \\ &= cv_1w_1 - cv_1w_2 - cv_2w_1 + 3cv_2w_2 = c(v_1w_1 - v_1w_2 - v_2w_1 + 3v_2w_2) \\ &= cs(v,w) \end{aligned}$$

Die Symmetrie ist ebenfalls erfüllt, denn es ist:

$$\begin{aligned} s(v,w) &= v_1w_1 - v_1w_2 - v_2w_1 + 3v_2w_2 = w_1v_1 - w_2v_1 - w_1v_2 + 3w_2v_2 \\ &= w_1v_1 - w_1v_2 - w_2v_1 + 3w_2v_2 = s(w,v) \end{aligned}$$

Auch die positive Definitheit ist erfüllt, denn es ist:

$$\begin{aligned} s(v,v) &= v_1v_1 - v_1v_2 - v_2v_1 + 3v_2v_2 = v_1^2 - 2v_1v_2 + 3v_2^2 \\ &= v_1^2 - 2v_1v_2 + v_2^2 + 2v_2^2 = (v_1 - v_2)^2 + 2v_2^2 \geqslant 0 \end{aligned}$$

für alle $v = (v_1, v_2) \in \mathbb{R}^2$. Diese Summe ist dann und nur dann gleich 0, wenn $v = (v_1, v_2) = (0,0) = o$ ist.

Damit ist die Abbildung s ein Skalarprodukt auf dem reellen Vektorraum $\mathbb{R}^2$, weil s bilinear, symmetrisch und positiv definit ist.

(b) Die Abbildung b ist kein Skalarprodukt auf $\mathbb{R}^2$, weil die positive Definitheit nicht erfüllt ist. Ist zum Beispiel $v = (1,1) \in \mathbb{R}^2$, so ist $b(v,v) = (1)(1) - (1)(1) = 0$, aber es ist $v = (1,1) \neq (0,0) = o$. Damit ist die Abbildung b kein Skalarprodukt.

(c) Wir zeigen nun, dass die Abbildung s ein Skalarprodukt auf dem reellen Vektorraum $C([a,b],\mathbb{R})$ ist.

Die Abbildung s ist linear im ersten Argument, denn für f, f', g aus $C([a,b],\mathbb{R})$ und $c \in \mathbb{R}$ gilt mit den Rechenregeln der bestimmten Integration:

$$s(f+f',g) = \int_a^b (f+f')g = \int_a^b (fg+f'g) = \int_a^b fg + \int_a^b f'g = s(f,g) + s(f',g)$$

und

$$s(cf,g) = \int_a^b cfg = c\int_a^b fg = cs(f,g).$$

Die Abbildung s ist auch symmetrisch, denn:

$$s(f,g) = \int_a^b fg = \int_a^b gf = s(g,f).$$

Die Abbildung s ist auch positiv definit, denn:

$$s(f,f) = \int_a^b ff = \int_a^b f^2 \geqslant 0.$$

Dieser Ausdruck kann aber nur dann 0 werden, wenn $f = o$ (Nulffunktion) ist. Dies begründen wir nun und beginnen mit der einfachen Richtung. Ist $f = o$, so ist $s(f,f) = \int_a^b o^2 = 0$. Nun umgekehrt: Ist $s(f,f) = 0$, also $0 = s(f,f) = \int_a^b f^2$, dann muss $f = o$ sein. Beweis durch Kontraposition. Ist $f = o$, dann gibt es wegen der Stetigkeit von f einen inneren Punkt $\bar{t} \in \,]a,b[$ mit $f^2(\bar{t}) > 0$, und daraus folgt wiederum aus Stetigkeitsgründen, dass in einer Umgebung $]\bar{t}-\epsilon, \bar{t}+\epsilon[$ von $\bar{t}$ die Ungleichung $f(t)^2 > m$ für eine $m > 0$ erfüllt ist. Dann erhält man $s(f,f) = \int_a^b f^2 \geqslant \int_{\bar{t}-\epsilon}^{\bar{t}+\epsilon} f^2 > 2\epsilon m > 0$. Also ist s positiv definit.

Damit ist die Abbildung s ein Skalarprodukt auf dem reellen Vektorraum $C([a,b],\mathbb{R})$, weil s bilinear, symmetrisch und positiv definit ist.

Bitte beachten Sie: Da beim Nachweis der positiven Definitheit wesentlich von der Stetigkeit der beteiligten Funktionen Gebrauch gemacht wurde, bleibt dasselbe Argument nicht gültig, wenn man statt des Vektorraumes $C([a,b],\mathbb{R})$ den Vektorraum der RIEMANN[3]-integrierbaren Funktionen betrachtet. Zum Beispiel ist die Funktion

$$\phi(x) = \begin{cases} 1 & \text{für } x = a \\ 0 & \text{für } x \in \,]a,b] \end{cases}$$

RIEMANN-integrierbar mit $\int_a^b \phi = 0$. Da aber $\phi \neq o$ ist, ist s nicht positiv definit und definiert auf dem Vektorraum der RIEMANN-integrierbaren Funktionen kein Skalarprodukt.

6.41 Zeigen Sie, dass die Abbildung $s : \mathbb{R}^2 \times \mathbb{R}^2 \to \mathbb{R}$ mit $s(v,w) = s((v_1,v_2),(w_1,w_2)) = 2v_1w_1 + 5v_2w_2$ ein Skalarprodukt auf dem reellen Vektorraum $\mathbb{R}^2$ definiert.

[3] B. RIEMANN (1826-1866) war ein deutscher Mathematiker.

Lösung: Die Abbildung s ist linear in dem ersten Argument, denn es ist $s(cu+dv,w) = 2(cu_1+dv_1)w_1+5(cu_2+dv_2)w_2 = c(2u_1w_1+5u_2w_2)+d(2v_1w_1+5v_2w_2) = cs(u,w)+ds(v,w)$ für alle $u,v,w \in \mathbb{R}^2$ und alle $c,d \in \mathbb{R}$.

Die Abbildung s ist symmetrisch denn es ist $s(v,w) = 2v_1w_1+5v_2w_2 = 2w_1v_1+5w_2v_2 = s(w,v)$ für alle $v,w \in \mathbb{R}^2$.

Die Abbildung s ist positiv definit, denn es ist $s(v,v) = 2v_1^2+5v_2^2 \geqslant 0$ für alle $v \in \mathbb{R}^2$, und nur dann gleich 0, wenn $v = (v_1,v_2) = (0,0) = o$ ist.

6.42 Zeigen Sie, dass die Abbildung

$$s : \begin{cases} \mathbb{R}^2 \times \mathbb{R}^2 & \to & \mathbb{R} \\ \big((x_1,x_2),(y_1,y_2)\big) & \mapsto & x_1y_1+5x_1y_2+5x_2y_1+26x_2y_2 \end{cases}$$

ein Skalarprodukt in dem reellen Vektorraum $\mathbb{R}^2$ ist. Offensichtlich ist dieses Skalarprodukt vom natürlichen Skalarprodukt verschieden. Der Vektorraum $\mathbb{R}^2$ mit diesem Skalarprodukt ist somit ein weiterer EUKLIDischer Vektorraum.

Lösung: Es muss nachgewiesen werde, dass s linear, symmetrisch und positiv definit ist. Linearität im ersten Argument bedeutet $s(x+x',y) = s(x,y)+s(x',y)$ und $s(rx,y) = rs(x,y)$ für alle $x = (x_1,x_2)$, $x' = (x_1',x_2')$, $y = (y_1,y_2)$ aus $\mathbb{R}^2$ und alle r aus $\mathbb{R}$. Symmetrie bedeutet $s(x,y) = s(y,x)$ für alle x, y aus $\mathbb{R}^2$ und positiv Definitheit bedeutet $s(x,x) \geqslant 0$ für alle $x \neq o_2$ und nur für $x = o_2$ ist $s(x,x) = 0$.

Die Abbildung s ist linear im ersten Argument, denn es gilt

$$\begin{aligned} s(x+x',y) &= s((x_1,x_2)+(x_1',x_2'),(y_1,y_2)) = s((x_1+x_1',x_2+x_2'),(y_1,y_2)) \\ &= (x_1+x_1')y_1+5(x_1+x_1')y_2+5(x_2+x_2')y_1+26(x_2+x_2')y_2 \\ &= x_1y_1+x_1'y_1+5x_1y_2+5x_1'y_2+5x_2y_1+5x_2'y_1+26x_2y_2+26x_2'y_2 \\ &= x_1y_1+5x_1y_2+5x_2y_1+26x_2y_2+x_1'y_1+5x_1'y_2+5x_2'y_1+26x_2'y_2 \\ &= (x_1y_1+5x_1y_2+5x_2y_1+26x_2y_2)+(x_1'y_1+5x_1'y_2+5x_2'y_1+26x_2'y_2) \\ &= s((x_1,x_2),(y_1,y_2))+s((x_1',x_2'),(y_1,y_2)) = s(x,y)+s(x',y) \end{aligned}$$

und

$$\begin{aligned} s(rx,y) &= s(r(x_1,x_2),(y_1,y_2)) = s(rx_1,rx_2),(y_1,y_2)) \\ &= rx_1y_1+5rx_1y_2+5rx_2y_1+26rx_2y_2 = r(x_1y_1+5x_1y_2+5x_2y_1+26x_2y_2) \\ &= rs((x_1,x_2),(y_1,y_2)) = rs(x,y). \end{aligned}$$

Die Abbildung s ist symmetrisch, denn es gilt

$$\begin{aligned} s(x,y) &= s((x_1,x_2),(y_1,y_2)) = x_1y_1+5x_1y_2+5x_2y_1+26x_2y_2 \\ &= y_1x_1+5y_2x_1+5y_1x_2+26y_2x_2 = y_1x_1+5y_1x_2+5y_2x_1+26y_2x_2 \\ &= (y_1x_1+5y_1x_2)+(5y_2x_1+26y_2x_2) = s((y_1,y_2),(x_1,x_2)) = s(y,x). \end{aligned}$$

Die Abbildung s ist positiv definit, denn es gilt

$$\begin{aligned} s(x,x) &= x_1x_1 + 5x_1x_2 + 5x_2x_1 + 26x_2x_2 = x_1^2 + 10x_1x_2 + 26x_2^2 \\ &= (x_1 + 5x_2)^2 + x_2^2 \geqslant 0 \end{aligned}$$

für alle $x = (x_1, x_2) \in \mathbb{R}^2$. Diese Summe ist dann und nur dann gleich 0, wenn $x = (x_1, x_2) = (0,0) = o_2$ ist.

Damit ist insgesamt gezeigt, dass die Abbildung s ein Skalarprodukt in $\mathbb{R}^2$ ist.

6.43 Zeigen Sie, dass die Abbildung $s : \mathbb{R}^2 \times \mathbb{R}^2 \to \mathbb{R}$ mit $s(x,y) = s((x_1,x_2),(y_1,y_2)) = 4x_1y_1 - 2x_1y_2 - 2x_2y_1 + 3x_2y_2$ ein Skalarprodukt in dem reellen Vektorraum $\mathbb{R}^2$ ist.

Lösung: Die Linearitätseigenschaften und die Symmetrie von s ergeben sich unmittelbar. Wegen $s(x,x) = s((x_1,x_2),(x_1,x_2)) = 4x_1^2 - 2x_1x_2 - 2x_1x_2 + 3x_2^2 = 4x_1^2 - 4x_1x_2 + 3x_2^2 = (2x_1 - x_2)^2 + 2x_2^2$ ist s auch positiv definit, weil aus $s(x,x) = 0$ zunächst $2x_1 - x_2 = 0$ und $x_2 = 0$, also auch $x_1 = 0$ folgt.

6.44 Zeigen Sie, dass die Abbildung $b : \mathbb{R}^4 \times \mathbb{R}^4 \to \mathbb{R}$ mit

$$b((x_1,x_2,x_3,x_4),(y_1,y_2,y_3,y_4)) = x_1y_1 + x_2y_2 + x_3y_3 - x_4y_4$$

kein Skalarprodukt in dem reellen Vektorraum $\mathbb{R}^4$ definiert.

Lösung: Die Abbildung b ist bilinear und symmetrisch, aber nicht positiv definit, denn es ist $x_1^2 + x_2^2 + x_3^2 - x_4^2 = 0$ zum Beispiel für $(1,0,0,1) \neq (0,0,0,0)$.

6.45 Was versteht man unter einem Skalarprodukt in (auf) einem reellen Vektorraum?

Lösung: Ein Skalarprodukt in (auf) einem reellen Vektorraum ist eine positiv definite symmetrische Bilinearform.

6.46 Verifizieren für die Matrix

$$A = \begin{bmatrix} 1 & 0 \\ 1 & 1 \\ 1 & 2 \end{bmatrix}.$$

die Eigenschaften für die vier Fundamentalräume.

Lösung: Die vier Fundamentalräume sind:

- $Z(A) = \{x \in \mathbb{R}^2 \mid x = s(1,0) + t(0,1),\ s,t \in \mathbb{R}\}$.
- $N(A) = \{y \in \mathbb{R}^2 \mid y = (0,0)\}$.
- $S(A) = \{v \in \mathbb{R}^3 \mid v = s(1,1,1) + t(0,1,2),\ s,t \in \mathbb{R}\}$.
- $N(A^T) = \{w \in \mathbb{R}^3 \mid w = r(1,-2,1),\ r \in \mathbb{R}\}$.

Es ist $Z(A) \perp N(A)$, weil $x \cdot y = (s(1,0) + t(0,1)) \cdot (0,0) = (s,t) \cdot (0,0) = 0$ ist für alle x aus $Z(A)$ und y aus $N(A)$.

Es ist $S(A) \perp N(A^T)$, weil $v \cdot w = (s(1,1,1) + t(0,1,2)) \cdot (r, -2r, r) = (s, s+t, s+2t) \cdot (r, -2r, r) = sr - (s+t)2r + (s+2t)r = sr - 2sr - 2tr + sr + 2tr = 0$ ist für alle v aus $S(A)$ und w aus $N(A^T)$.

6.47 Gegeben ist die Matrix

$$A = \begin{bmatrix} 1 & 0 \\ 2 & 0 \end{bmatrix}.$$

Verifizieren Sie für diese Matrix die Eigenschaften zu den vier Fundamentalräumen. Schreiben Sie $x = (4,2)$ als $x_Z \oplus x_N$ mit $x_Z \in Z(A)$, $x_N \in N(A)$ und $y = (-1,3)$ als $y_S \oplus y_N$ mit $y_S \in S(A)$, $y_N \in N(A^T)$.

Lösung: Die vier Fundamentalräume von A können wie folgt beschrieben werden: $Z(A) = \{x_Z \in \mathbb{R}^2 \mid x_Z = t(1,0), t \in \mathbb{R}\}$, $N(A) = \{x_N \in \mathbb{R}^2 \mid x_N = s(0,1), s \in \mathbb{R}\}$ und $S(A) = \{y_S \in \mathbb{R}^2 \mid y_S = t(1,2), t \in \mathbb{R}\}$, $N(A^T) = \{y_N \in \mathbb{R}^2 \mid y_N = s(-2,1), s \in \mathbb{R}\}$. Alle vier Fundamentalräume haben die Dimension 1. $b_Z = (1,0)$ ist ein Basisvektor für $Z(A)$, $b_N = (0,1)$ ist ein Basisvektor für $N(A)$, $b'_S = (1,2)$ ist ein Basisvektor für $S(A)$ und $b'_N = (-2,1)$ ist ein Basisvektor für $N(A^T)$.

Ist $x_Z \in Z(A)$ und $x_N \in N(A)$, so gilt

$$x_Z \cdot x_N = (t,0) \cdot (0,s) = 0 + 0 = 0.$$

Da x_Z und x_N beliebig sind, ist $Z(A) \perp N(A)$. Ist $y_S \in S(A)$ und $y_N \in N(A^T)$, so gilt

$$y_S \cdot y_N = (t, 2t) \cdot (-2s, s) = -2st + 2st = 0.$$

Da dies für alle y_S und für alle y_N gilt, ist $S(A) \perp N(A^T)$.

Nun stellen wir den Vektor $x = (4,2) \in \mathbb{R}^2$ als $x_Z \oplus x_N$ mit $x_Z \in Z(A)$ und $x_N \in N(A)$ dar. Folglich suchen wir den Koordinatenvektor von $x = (4,2)$ in der orthogonalen Basis $(b_Z, b_N) = ((1,0),(0,1))$. Also muss gelten $c_1 b_Z + c_2 b_N = x$, das heißt $c_1(1,0) + c_2(0,1) = (4,2)$. Dies ist genau dann der Fall, wenn $c_1 = 4$ und $c_2 = 2$ ist. Also ist $x_Z = (4,0)$ und $x_N = (0,2)$. Somit ist $(4,2) = (4,0) \oplus (0,2)$ mit $(4,0) \in Z(A)$ und $(0,2) \in N(A)$.

Nun stellen wir den Vektor $y = (-1,3) \in \mathbb{R}^2$ als $y_S \oplus y_N$ mit $y_S \in S(A)$ und $y_N \in N(A^T)$ dar. Folglich suchen wir den Koordinatenvektor von $y = (-1,3)$ in der orthogonalen Basis $(b'_S, b'_N) = \{(1,2),(-2,1)\}$. Also muss gelten $c_1 b'_S + c_2 b'_N = y$, das heißt $c_1(1,2) + c_2(-2,1) = (-1,3)$. Dies ist genau dann der Fall, wenn $c_1 = 1$ und $c_2 = 1$ ist. Also ist $y_S = (1,2)$ und $y_N = (-2,1)$. Somit ist $(-1,3) = (1,2) \oplus (-2,1)$ mit $(1,2) \in S(A)$ und $(-2,1) \in N(A^T)$.

6.48 Gegeben ist die Matrix

$$A = \begin{bmatrix} 1 & 2 \end{bmatrix}.$$

Verifizieren Sie für diese Matrix die Eigenschaften zu den vier Fundamentalräumen. Schreiben Sie $x = (1, 1)$ als $x_Z \oplus x_N$ mit $x_Z \in Z(A)$, $x_N \in N(A)$ und $y = 5$ als $y_S \oplus y_N$ mit $y_S \in S(A)$, $y_N \in N(A^T)$.

Lösung: Die vier Fundamentalräume von A können wie folgt beschrieben werden: $Z(A) = \{x_Z \in \mathbb{R}^2 \mid x_Z = t(1,2), t \in \mathbb{R}\}$, $N(A) = \{x_N \in \mathbb{R}^2 \mid x_N = s(-2,1), s \in \mathbb{R}\}$ und $S(A) = \{y_S \in \mathbb{R} \mid y_S = t(1), t \in \mathbb{R}\}$, $N(A^T) = \{y_N \in \mathbb{R} \mid y_N = s(0), s \in \mathbb{R}\} = \{o\} = \{0\}$. Die Dimension von $Z(A)$, $N(A)$, $S(A)$ ist 1 und die Dimension von $N(A^T)$ ist 0. $b_Z = (1, 2)$ ist ein Basisvektor für $Z(A)$, $b_N = (-2, 1)$ ist ein Basisvektor für $N(A)$ und $b'_S = 1$ ist ein Basisvektor für $S(A)$. Der Vektorraum $N(A^T)$ hat keinen Basisvektor.

Ist $x_Z \in Z(A)$ und $x_N \in N(A)$, so gilt

$$x_Z \cdot x_N = (t, 2t) \cdot (-2s, s) = -2st + 2st = 0.$$

Da x_Z und x_N beliebig sind, ist $Z(A) \perp N(A)$. Ist $y_S \in S(A)$ und $y_N \in N(A^T)$, so gilt

$$y_S \cdot y_N = t \cdot 0 = 0.$$

Da dies für alle y_S und für alle y_N gilt, ist $S(A) \perp N(A^T)$.

Nun stellen wir den Vektor $x = (1, 1) \in \mathbb{R}^2$ als $x_Z \oplus x_N$ mit $x_Z \in Z(A)$ und $x_N \in N(A)$ dar. Folglich suchen wir den Koordinatenvektor von $x = (1, 1)$ in der orthogonalen Basis $(b_Z, b_N) = ((1, 2), (-2, 1))$. Also muss gelten $c_1 b_Z + c_2 b_N = x$, das heißt $c_1(1, 2) + c_2(-2, 1) = (1, 1)$. Dies ist genau dann der Fall, wenn $c_1 = 3/5$ und $c_2 = -1/5$ ist. Also ist $x_Z = (3/5, 6/5)$ und $x_N = (2/5, -1/5)$. Somit ist $(1, 1) = (3/5, 6/5) \oplus (2/5, -1/5)$ mit $(3/5, 6/5) \in Z(A)$ und $(2/5, -1/5) \in N(A)$.

Nun stellen wir den Vektor $y = 5 \in \mathbb{R}$ als $y_S \oplus y_N$ mit $y_S \in S(A)$ und $y_N \in N(A^T)$ dar. Folglich suchen wir den Koordinatenvektor von $y = 5$ in der orthogonalen Basis $b'_S = (1)$. Also muss gelten $cb'_S = y$, das heißt $c(1) = 5$. Dies ist genau dann der Fall, wenn $c = 5$ ist. Also ist $y_S = 5$. Somit ist $5 = 5 \oplus 0 = 5$ mit $5 \in S(A)$ und $0 \in N(A^T)$.

6.49 Gegeben ist die Matrix

$$A = \begin{bmatrix} 1 & 2 \\ 2 & 4 \end{bmatrix}.$$

Verifizieren Sie für diese Matrix die Eigenschaften zu den vier Fundamentalräumen. Schreiben Sie $x = (-1, 3)$ als $x_Z \oplus x_N$ mit $x_Z \in Z(A)$, $x_N \in N(A)$.

Lösung: Die vier Fundamentalräume von A können wie folgt beschrieben werden: $Z(A) = \{x_Z \in \mathbb{R}^2 \mid x_Z = t(1,2), t \in \mathbb{R}\}$, $N(A) = \{x_N \in \mathbb{R}^2 \mid x_N = s(-2,1), s \in \mathbb{R}\}$ und

$S(A) = \{y_S \in \mathbb{R}^2 \mid y_S = t(1,2), t \in \mathbb{R}\}$, $N(A^T) = \{y_N \in \mathbb{R}^2 \mid y_N = s(-2,1), s \in \mathbb{R}\}$. Alle vier Fundamentalräume haben die Dimension 1. $b_Z = (1,2)$ ist ein Basisvektor für $Z(A)$, $b_N = (-2,1)$ ist ein Basisvektor für $N(A)$, $b'_S = (1,2)$ ist ein Basisvektor für $S(A)$ und $b'_N = (-2,1)$ ist ein Basisvektor für $N(A^T)$. Da die Matrix symmetrisch ist, ist $Z(A) = S(A)$ und $N(A) = N(A^T)$.

Ist $x_Z \in Z(A)$ und $x_N \in N(A)$, so gilt

$$x_Z \cdot x_N = (t, 2t) \cdot (-2s, s) = -2st + 2st = 0.$$

Da x_Z und x_N beliebig sind, ist $Z(A) \perp N(A)$. Natürlich ist auch $S(A) \perp N(A^T)$.

Nun stellen wir den Vektor $x = (-1,3) \in \mathbb{R}^2$ als $x_Z \oplus x_N$ mit $x_Z \in Z(A)$ und $x_N \in N(A)$ dar. Folglich suchen wir den Koordinatenvektor von $x = (-1,3)$ in der orthogonalen Basis $(b_Z, b_N) = ((1,2), (-2,1))$. Also muss gelten $c_1 b_Z + c_2 b_N = x$, das heißt $c_1(1,2) + c_2(-2,1) = (4,2)$. Dies ist genau dann der Fall, wenn $c_1 = 1$ und $c_2 = 1$ ist. Also ist $x_Z = (1,2)$ und $x_N = (-2,1)$. Somit ist $(-1,3) = (1,2) \oplus (-2,1)$ mit $(1,2) \in Z(A)$ und $(-2,1) \in N(A)$.

6.50 Gegeben ist der Unterraum $U = \{(x_1, x_2) \in \mathbb{R}^2 \mid (x_1, x_2) = t(1,1), t \in \mathbb{R}\}$ von dem Vektorraum $\mathbb{R}^2$. Schreiben Sie den Vektor $(1,0) \in \mathbb{R}^2$ als direkte orthogonale Summe eines Vektors v aus U und eines Vektors w aus $U^\perp$, also $(1,0) = v \oplus w$.

Lösung: Wir führen die Zeilenmatrix

$$A = \begin{bmatrix} 1 & 1 \end{bmatrix}$$

ein. Dann gilt $U = Z(A)$. Der Vektor $(1,1)$ ist ein Basisvektor von $Z(A) = U$. Nun bestimmen wir $N(A)$, denn dieser Unterraum steht orthogonal auf U. Es ist $U^\perp = N(A) = \{(x_1, x_2) \in \mathbb{R}^2 \mid (x_1, x_2) = t(1,-1), t \in \mathbb{R}\}$. Der Vektor $(1,-1)$ ist ein Basisvektor von $N(A) = U^\perp$. Nun ist $(1,0) = c_1(1,1) + c_2(1,-1)$ genau dann, wenn $c_1 = 1/2$ und $c_2 = 1/2$ ist. Also ist $(1,0) = (1/2, 1/2) \oplus (1/2, -1/2)$ mit $(1/2, 1/2) \in U = Z(A)$ und $(1/2, -1/2) \in U^\perp = N(A)$; $v = (1/2, 1/2)$ und $w = (1/2, -1/2)$.

Ergänzung: Man kann die Aufgabe analog lösen, indem man mit dem Spaltenraum arbeitet. Welche Matrix verwendet man dann? Machen Sie sich von dieser Aufgabe eine grafische Skizze!

6.51 Gegeben sind $T_1 = \{(1,1)\} \subset \mathbb{R}^2$, $T_2 = \{(-1,1)\} \subset \mathbb{R}^2$ und $T_3 = \{(0,1)\} \subset \mathbb{R}^2$. Zeigen Sie, dass $T_1 \perp T_2$, $T_1 \not\perp T_3$ und $T_2 \not\perp T_3$ gilt.

Lösung: Es ist $(1,1) \cdot (-1,1) = -1 + 1 = 0$, also sind die beiden Teilmengen orthogonal. Es ist $(1,1) \cdot (0,1) = 0 + 1 = 1$ und $(-1,1) \cdot (0,1) = 0 + 1 = 1$, also sind T_1, T_3 und T_2, T_3 nicht orthogonal.

6.52 Es ist $T = \{(1,1)\} \subset \mathbb{R}^2$. Was ist $T^\perp$?

Lösung: Es ist

$$T^\perp = \{v = (v_1, v_2) \in \mathbb{R}^2 \mid (v_1, v_2) \cdot (1,1) = 0\} = \{v \in \mathbb{R}^2 \mid v_1 + v_2 = 0\}$$

oder in Parameterform

$$T^\perp = \{v \in \mathbb{R}^2 \mid v = t(-1,1),\ t \in \mathbb{R}\}.$$

6.53 Es ist $W = \{w \in \mathbb{R}^2 \mid w = (w_1, 0)\} \subset \mathbb{R}^2$. Was ist $W^\perp$?

Lösung: Es ist

$$\begin{aligned} W^\perp &= \{v \in \mathbb{R}^2 \mid v \cdot w = 0 \text{ für alle } w \in W\} \\ &= \{v \in \mathbb{R}^2 \mid (v_1, v_2) \cdot (w_1, 0) = 0 \text{ für alle } w_1 \in \mathbb{R}\} \\ &= \{v \in \mathbb{R}^2 \mid v_1 = 0\} = \{v \mid (0, v_2) \in \mathbb{R}^2\}. \end{aligned}$$

Geometrische Interpretation: W entspricht der x-Geraden (x-Achse, Abszisse) und $W^\perp$ der y-Geraden (y-Achse, Ordinate).

6.54 Verifizieren Sie $Z(A)^\perp = N(A)$ und $S(A)^\perp = N(A^T)$ für die Matrix

$$A = \begin{bmatrix} 1 & 0 \\ 2 & 0 \end{bmatrix}.$$

Lösung: Wir kennen die vier Fundamentalräume der Matrix A aus Aufgabe 6.47. Daher gilt

$$\begin{aligned} Z(A)^\perp &= \{y \in \mathbb{R}^2 \mid y \cdot x = 0 \text{ für alle } x \in Z(A)\} \\ &= \{y \in \mathbb{R}^2 \mid (y_1, y_2) \cdot (x_1, 0) = 0 \text{ für alle } x_1 \in \mathbb{R}\} \\ &= \{y \in \mathbb{R}^2 \mid y_1 x_1 = 0 \text{ für alle } x_1 \in \mathbb{R}\} = \{y \in \mathbb{R}^2 \mid y_1 = 0\} \\ &= \{y \in \mathbb{R}^2 \mid y = (0, y_2)\} = N(A). \end{aligned}$$

Weiterhin ist

$$\begin{aligned} S(A)^\perp &= \{w \in \mathbb{R}^2 \mid w \cdot v = 0 \text{ für alle } v \in S(A)\} \\ &= \{w \in \mathbb{R}^2 \mid (w_1, w_2) \cdot (v_1, 2v_1) = 0 \text{ für alle } v_1 \in \mathbb{R}\} \\ &= \{w \in \mathbb{R}^2 \mid w_1 v_1 + 2w_2 v_1 = 0 \text{ für alle } v_1 \in \mathbb{R}\} \\ &= \{w \in \mathbb{R}^2 \mid w_1 + 2w_2 = 0\} = N(A^T). \end{aligned}$$

6.55 Verifizieren Sie $\mathbb{R}^3 = U \oplus U^\perp$ für $U = \{(0,0,u_3) \in \mathbb{R}^3\}$.

Lösung: Es ist

$$\begin{aligned} U^\perp &= \{w \in \mathbb{R}^3 \mid w \cdot (0,0,u_3) = 0 \text{ für alle } u_3 \in \mathbb{R}\} \\ &= \{w \in \mathbb{R}^3 \mid (w_1,w_2,w_3) \cdot (0,0,u_3) = 0 \text{ für alle } u_3 \in \mathbb{R}\} \\ &= \{w \in \mathbb{R}^3 \mid w_3 u_3 = 0 \text{ für alle } u_3 \in \mathbb{R}\} = \{w \in \mathbb{R}^3 \mid w_3 = 0\} \\ &= \{w \in \mathbb{R}^3 \mid w = (w_1,w_2,0)\}. \end{aligned}$$

Nun ist $U \perp U^\perp$, $U + U^\perp = \mathbb{R}^3$ und $U \cap U^\perp = \{(0,0,0)\}$. Somit gilt $\mathbb{R}^3 = U \oplus U^\perp$. Geometrische Interpretation: U entspricht der z-Geraden und $U^\perp$ entspricht der x,y-Ebene.

6.56 Zeigen Sie: Ist $u_1, \ldots, u_n$ eine orthogonale Basis von $\mathbb{R}^n$, so gilt

$$\mathbb{R}^n = \operatorname{Lin}(u_1) \oplus \cdots \oplus \operatorname{Lin}(u_n).$$

Lösung: Nach Aufgabe 4.182 ist $\mathbb{R}^n = \operatorname{Lin}(u_1) \oplus \cdots \oplus \operatorname{Lin}(u_n)$. Daher müssen wir nur noch zeigen, dass die Unterräume $\operatorname{Lin}(u_j)$ paarweise orthogonal sind. Das sind sie, weil die Vektoren u_j paarweise orthogonal sind.

6.57 Bestimmen Sie $Z(A)^\perp$ für die Matrix

$$A = \begin{bmatrix} 1 & 0 \\ 1 & 1 \\ 1 & 2 \end{bmatrix}$$

und bestätigen Sie die Gleichheit $Z(A)^\perp = N(A)$.

Lösung: Es ist $Z(A) = \mathbb{R}^2$. Damit gilt

$$Z(A)^\perp = (\mathbb{R}^2)^\perp = \{o_2\} = N(A).$$

6.58 Bestimmen Sie $S(A)^\perp$ für die Matrix

$$A = \begin{bmatrix} 1 & 0 \\ 1 & 1 \\ 1 & 2 \end{bmatrix}.$$

und bestätigen Sie die Gleichheit $S(A)^\perp = N(A^T)$.

Lösung: Es ist $S(A) = \{v \in \mathbb{R}^3 \mid v = s(1,0,-1) + t(0,1,2),\ s,t \in \mathbb{R}\}$. Damit gilt

$$\begin{aligned} S(A^T)^\perp &= \{w \in \mathbb{R}^3 \mid w \cdot v = 0 \text{ für alle } v \in S(A)\} \\ &= \{w \in \mathbb{R}^3 \mid (w_1,w_2,w_3)\cdot(v_1,v_2,v_3) = 0 \text{ für alle } (v_1,v_2,v_3) \in S(A)\} \\ &= \{w \in \mathbb{R}^3 \mid (w_1,w_2,w_3)\cdot(s,s+t,s+2t) = 0 \text{ für alle } s,t \in \mathbb{R}\} \\ &= \{w \in \mathbb{R}^3 \mid w_1 s + w_2(s+t) + w_3(s+2t) = 0 \text{ für alle } s,t \in \mathbb{R}\} \\ &= \{w \in \mathbb{R}^3 \mid w_1 + w_2 + w_3 = 0, w_2 + 2w_3 = 0\} \\ &= \{w \in \mathbb{R}^3 \mid w = r(1,-2,1),\ r \in \mathbb{R}\} = N(A^T), \end{aligned}$$

weil $(w_1,w_2,w_3) = (w_3, 2w_3, w_3) = w_3(1,-2,1)$ ist. In Worten: $w_1 + w_2 + w_3 = 0$, $w_2 + 2w_3 = 0$ sind die Koordinatengleichungen und $w = r(1,-2,1)$ ist die Parametergleichung der Geraden, die dem Nullraum von A^T geometrisch entspricht.

6.59 Bestimmen Sie $N(A^T)^\perp$ für die Matrix

$$A = \begin{bmatrix} 1 & 0 \\ 1 & 1 \\ 1 & 2 \end{bmatrix}.$$

und bestätigen Sie die Gleichheit $N(A^T)^\perp = S(A)$.

Lösung: Es ist $N(A^T) = \{w \in \mathbb{R}^3 \mid w = r(1,-2,1),\ r \in \mathbb{R}\}$. Somit ist

$$\begin{aligned} N(A^T)^\perp &= \{v \in \mathbb{R}^3 \mid v \cdot w = 0 \text{ für alle } w \in N(A^T)\} \\ &= \{v \in \mathbb{R}^3 \mid (v_1,v_2,v_3)\cdot(w_1,w_2,w_3) = 0 \text{ für alle } (w_1,w_2,w_3) \in N(A^T)\} \\ &= \{v \in \mathbb{R}^3 \mid (v_1,v_2,v_3)\cdot(r,-2r,r) = 0 \text{ für alle } r \in \mathbb{R}\} \\ &= \{v \in \mathbb{R}^3 \mid v_1 r - 2v_2 r + v_3 r = 0 \text{ für alle } r \in \mathbb{R}\} \\ &= \{v \in \mathbb{R}^3 \mid v_1 - 2v_2 + v_3 = 0\} \\ &= \{v \in \mathbb{R}^3 \mid v = s(1,0,-1) + t(0,1,2),\ s,t \in \mathbb{R}\} = S(A), \end{aligned}$$

weil $(v_1,v_2,v_3) = (v_1, v_2, 2v_2 - v_1) = (v_1, 0, -v_1) + (0, v_2, 2v_2) = v_1(1,0,-1) + v_2(0,1,2)$ ist. In Worten: $v_1 - 2v_2 + v_3 = 0$ ist die Koordinatengleichung und $v = s(1,0,-1) + t(0,1,2)$ ist die Parametergleichung der Ebene, die dem Spaltenraum von A geometrisch entspricht.

6.60 Wie findet man eine Basis für den Zeilenraum?

Lösung: Eine Basis für den Zeilenraum findet man mit folgendem Algorithmus.

Algorithmus 6.1 Das Auffinden einer Basis für den Zeilenraum $Z(A)$ einer Matrix $A \in \mathbb{R}^{m\times n}$ besteht aus folgenden Schritten:

1. Die Matrix A wird auf normierte Zeilenstufenform gebracht.

2. Die von einer Nullzeile verschiedenen Zeilen bilden, aufgefasst als Vektoren im $\mathbb{R}^n$, eine Basis von $Z(A)$. □

6.61 Wie findet man eine Basis für den Nullraum?

Lösung: Eine Basis für den Nullraum findet man mit folgendem Algorithmus.

Algorithmus 6.2 Das Auffinden einer Basis für den Nullraum $N(A)$ einer Matrix $A \in \mathbb{R}^{m\times n}$ besteht aus folgenden Schritten:

1. Die Matrix A wird auf normierte Zeilenstufenform gebracht.
2. Man löst nach den führenden Variablen auf.
3. Man setzt jeweils eine freie Variable auf 1, die Anderen auf 0. Dadurch erhält man eine spezielle Lösung des homogenen Systems.
4. Diese spezielle Lösung bildet, aufgefasst als Vektoren im $\mathbb{R}^n$, eine Basis von $N(A)$. □

6.62 Wie findet man eine Basis für $N(A^T)$ und $S(A)$?

Lösung: Eine Basis für $N(A^T)$ findet man so wie eine Basis für $N(A)$, statt A verwendet man die Matrix A^T.

Wegen $S(A) = Z(A^T)$ konstruiert man eine Basis für den Zeilenraum der Matrix A^T, wie beschrieben. Dann hat man eine Basis für den Spaltenraum von A.

Eine Basis für den Spaltenraum bekommt man auch wie folgt: Man konstruiert die normierte Zeilenstufenform von A. Die Spalten, die eine führende Eins haben, bilden, aufgefasst als Vektoren im $\mathbb{R}^m$, eine Basis von $S(A)$.

6.63 Berechnen Sie in $\mathbb{R}^4$ den orthogonalen Projektionsvektor p von $v = (0,1,1,0)$ auf $\text{Lin}(u)$ mit $u = (1,1,1,1)$. Bestätigen Sie anschließend, dass die Vektoren u und $v-p$ orthogonale sind.

Lösung: Es ist

$$p = \frac{v\cdot u}{|u|^2}u = \frac{(0,1,1,0)\cdot(1,1,1,1)}{|(1,1,1,1)|^2}(1,1,1,1) = \frac{2}{4}(1,1,1,1) = (\frac{1}{2},\frac{1}{2},\frac{1}{2},\frac{1}{2}).$$

Es ist $v-p = (0,1,1,0)-(1/2,1/2,1/2,1/2) = (-1/2,1/2,1/2,-1/2)$. Nun ist $u\cdot(v-p) = (1,1,1,1)\cdot(-1/2,1/2,1/2,-1/2) = 0$, also ist $u \perp p$.

6.64 Geben Sie ein Beispiel für eine orthogonale direkte Summe $U \oplus W$ mit $U \subseteq \mathbb{R}^2$ und $W \subseteq \mathbb{R}^2$.

Lösung: Ist $U = \text{Lin}(1,1) = \{(u,u) \mid u \in \mathbb{R}\}$ und $W = \text{Lin}(1,-1) = \{(w,-w) \mid w \in \mathbb{R}\}$, dann ist $U \oplus W = \text{Lin}(1,1) \oplus \text{Lin}(1,-1) = \mathbb{R}^2$. Zum Beispiel ist $(2,1) = (3/2,3/2) \oplus (1/2,-1/2)$. (Geometrische Interpretation: U entspricht der Winkelhalbierenden und W entspricht der zweiten Winkelhalbierenden.)

6.65 Geben Sie ein Beispiel für eine orthogonale direkte Summe $U \ominus W$ mit $U \subseteq \mathbb{R}^{2\times 2}$ und $W \subseteq \mathbb{R}^{2\times 2}$. Hinweis: Falls Sie für den Vektorraum $\mathbb{R}^{2\times 2}$ kein Skalarprodukt kennen, nehmen Sie das Skalarprodukt $A \odot B = \text{Spur}(B^T \cdot A)$. (Die Spur eine Matrix ist in Aufgabe 2.21 erklärt.)

Lösung: Ist

$$U = \left\{ \begin{bmatrix} u & 0 \\ 0 & 0 \end{bmatrix} \mid u \in \mathbb{R} \right\} \text{ und } W = \left\{ \begin{bmatrix} 0 & w \\ 0 & 0 \end{bmatrix} \mid w \in \mathbb{R} \right\}$$

dann ist

$$U \ominus W = \left\{ \begin{bmatrix} a & b \\ 0 & 0 \end{bmatrix} \mid a, b \in \mathbb{R} \right\} \subset \mathbb{R}^{2\times 2}.$$

Zum Beispiel ist

$$\begin{bmatrix} 1 & 2 \\ 0 & 0 \end{bmatrix} = \begin{bmatrix} 1 & 0 \\ 0 & 0 \end{bmatrix} \ominus \begin{bmatrix} 0 & 2 \\ 0 & 0 \end{bmatrix},$$

denn die Summe ist eindeutig und die Vektoren sind wegen

$$\text{Spur}\left(\begin{bmatrix} 0 & 2 \\ 0 & 0 \end{bmatrix}^T \cdot \begin{bmatrix} 1 & 0 \\ 0 & 0 \end{bmatrix} \right) = \text{Spur}\left(\begin{bmatrix} 0 & 0 \\ 2 & 0 \end{bmatrix} \right) = 0$$

orthogonal.

6.66 Geben Sie in dem Vektorraum $\mathbb{R}^3$ jeweils ein Beispiel für folgende Konstruktionen: $U_1 + W_1$ ist Summe, aber nicht direkt, $U_2 + W_2$ ist direkte Summe, also $U_2 \oplus W_2$ und $U_3 + W_3$ ist eine orthogonale direkte Summe, also $U_3 \ominus W_3$.

Lösung: Mit $U_1 = \{(u, 0, 0) \mid u \in \mathbb{R}\}$ und $W_1 = \{(w_1, w_2, 0) \mid w_1, w_2 \in \mathbb{R}\}$ ist $U_1 + W_1 = \{(x, y, 0) \mid x, y \in \mathbb{R}\}$. Zum Beispiel ist $(2, 1, 0) = (2, 0, 0) + (0, 1, 0)$ und $(2, 1, 0) = (1, 0, 0) + (1, 1, 0)$.

Mit $U_2 = U_1$ und $W_2 = \{(w, w, 0) \mid w \in \mathbb{R}\}$ ist $U_2 \oplus W_2 = \{(x, y, 0) \mid x, y \in \mathbb{R}\}$. Zum Beispiel ist $(2, 1, 0) = (1, 0, 0) \oplus (1, 1, 0)$.

Mit $U_3 = \{(u, u, 0) \mid u \in \mathbb{R}\}$ und $W_3 = \{(w, -w, 0) \mid w \in \mathbb{R}\}$ ist $U_3 \ominus W_3 = \{(x, y, 0) \mid x, y \in \mathbb{R}\}$. Zum Beispiel ist $(2, 1, 0) = (3/2, 3/2, 0) \ominus (1/2, -1/2, 0)$.

6.67 Gegeben ist die Matrix

$$A = \begin{bmatrix} 1 & 0 \\ 1 & 1 \\ 1 & 2 \end{bmatrix} \in \mathbb{R}^{3\times 2}$$

Verifizieren Sie damit die Eigenschaften rund um die vier Fundamentalräume.

Lösung: Da die Vektoren $(1, 0)$, $(1, 1)$ eine Basis von $Z(A)$ sind, gilt $Z(A) = \{r_1(1, 0) + r_2(1, 1) \mid r_1, r_2 \in \mathbb{R}\}$. Da der Nullvektor $o_2 = (0, 0)$ die einzige Lösung von $Ax = o_3$ ist, gilt $N(A) = \{(0, 0)\}$. Da die Vektoren $(1, 1, 1)$, $(0, 1, 2)$ eine Basis von $S(A)$ sind, gilt $S(A) = \{r_3(1, 1, 1) + r_4(0, 1, 2) \mid r_3, r_4 \in \mathbb{R}\}$. Da der Vektor $(1, -2, 1)$ eine Basis von $N(A^T)$ ist, gilt $N(A^T) = \{r_5(1, -2, 1) \mid r_5 \in \mathbb{R}\}$. Zum Beispiel ist jeder Vektor aus $S(A)$ orthogonal zu jedem Vektor aus $N(A^T)$, denn es ist $(r_3(1, 1, 1) + r_4(0, 1, 2)) \cdot r_5(1, -2, 1) = (r_3, r_3 + r_4, r_3 + 2r_4) \cdot (r_5, -2r_5, r_5) = 0$. Jeder Vektor aus $\mathbb{R}^3$, so lässt er sich eindeutig darstellen als orthogonale Summe eines Vektors aus $S(A)$ und eines Vektors aus $N(A^T)$. Ist zum Beispiel $(6, 0, 0) \in \mathbb{R}^3$ gegeben, so ist $(6, 0, 0) = (5, 2, -1) \ominus (1, -2, 1)$ mit $(5, 2, -1) \in S(A)$ und $(1, -2, 1) \in N(A^T)$.

6.68 Gegeben ist der Vektorraum $\mathbb{R}^2$ mit dem natürlichen Skalarprodukt. Entscheiden Sie, ob die beiden Vektoren jeweils keine Basis, eine Basis, eine orthogonale Basis oder sogar eine orthonormale Basis bilden.

(a) $(-1, 2)$, $(2, 1)$
(b) $(1/\sqrt{2}, 1/\sqrt{2})$, $(-1/\sqrt{2}, 1/\sqrt{2})$
(c) $(-1, -1)$, $(2, 2)$
(d) $(2, 3)$, $(1, -6)$
(e) $(-1, 0)$, $(0, 3)$
(f) $(3/5, 4/5)$, $(-4/5, 3/5)$

Lösung: Es ergibt sich folgende Lösung.

(a) Die Vektoren $(-1, 2)$, $(2, 1)$ bilden eine orthogonale Basis von $\mathbb{R}^2$.
(b) Die Vektoren $(1/\sqrt{2}, 1/\sqrt{2})$, $(-1/\sqrt{2}, 1/\sqrt{2})$ bilden eine orthonormale Basis von $\mathbb{R}^2$.
(c) Die Vektoren $(-1, -1)$, $(2, 2)$ bilden keine Basis von $\mathbb{R}^2$.
(d) Die Vektoren $(2, 3)$, $(1, -6)$ bilden eine Basis von $\mathbb{R}^2$.
(e) Die Vektoren $(-1, 0)$, $(0, 3)$ bilden eine orthogonale Basis von $\mathbb{R}^2$.
(f) Die Vektoren $(3/5, 4/5)$, $(-4/5, 3/5)$ bilden eine orthonormale Basis von $\mathbb{R}^2$.

6.69 Geben Sie zwei orthogonale Vektoren an, die nicht linear unabhängig sind. Geben Sie zwei orthonormale Vektoren an, die nicht linear unabhängig sind.

Lösung: Die Vektoren $(0, 0)$ und $(1, 0)$ sind im Vektorraum $\mathbb{R}^2$ mit dem natürlichen Skalarprodukt orthogonal und linear abhängig.

Es ist unmöglich zwei orthonormale Vektoren anzugeben, die nicht linear unabhängig sind, denn orthonormale Vektoren sind immer linear unabhängig.

6.70 Berechnen Sie jeweils das Skalarprodukt der angegebenen Vektoren:

(a) $a = (1, 0)$ und $b = (0, 1)$
(b) $a = (1, 0, 0)$ und $b = (0, 1, 0)$
(c) $a = (1, 1, 1)$ und $b = (-2, -2, -2)$
(d) $a = (2, 2, 2)$ und $b = (3, 3, 3)$

Lösung:

(a) $a \cdot b = 0$ (b) $a \cdot b = 0$ (c) $a \cdot b = -6$ (d) $a \cdot b = 18$

6.71 Bestimmen Sie einen Vektor, der auf $u = (-6, 4, 2)$ und $v = (3, 1, 5)$ senkrecht steht.

Lösung: Bildet man zum Beispiel $u \times v$, so hat man einen Vektor, der auf beiden senkrecht steht. Es ist $u \times v = (18, 36, -18)$. Der Vektor $(1, 2, -1)$ tut es auch.

6.72 Zeigen Sie, dass $u \cdot (u \times v) = 0$ für alle $u, v \in \mathbb{R}^3$ gilt.

Lösung: Mit $u = (u_1, u_2, u_3)$ und $v = (v_1, v_2, v_3)$ ist $u \cdot (u \times v) = (u_1, u_2, u_3) \cdot (u_2v_3 - u_3v_2, u_3v_1 - u_1v_3, u_1v_2 - u_2v_1) = u_1(u_2v_3 - u_3v_2) + u_2(u_3v_1 - u_1v_3) + u_3(u_1v_2 - u_2v_1) = 0.$

6.73 Beweisen Sie mithilfe des Skalarproduktes den Kosinussatz.

Lösung: Mit den im Bild 6.5 eingeführten Vektoren gilt: $b + c = a$ oder nach c aufgelöst $c = a - b$. Daraus folgt

$$
\begin{aligned}
|c|^2 &= |a - b|^2 = (a - b) \cdot (a - b) = a \cdot a - a \cdot b - b \cdot a + b \cdot b \\
&= |a|^2 - 2a \cdot b + |b|^2 = |a|^2 - 2|a||b| \cos\gamma + |b|^2.
\end{aligned}
$$

Damit gilt der Kosinussatz: $c^2 = a^2 + b^2 - 2ab\cos\gamma$. Der Satz des PYTHAGORAS ist

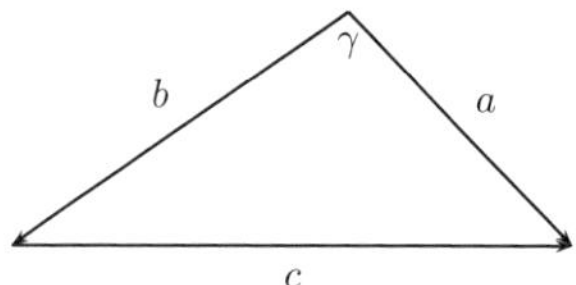

Bild 6.5: Zum Kosinussatz

der Sonderfall $\gamma = 90°$. Dann ist $c^2 = a^2 + b^2$, weil $\cos 90° = 0$ ist.

6.74 Berechnen Sie den Winkel ϕ, den die beiden Vektoren $(1, \sqrt{3})$ und $(1, 0)$ bilden.

Lösung: Es ist

$$
\cos\phi = \frac{(1, \sqrt{3}) \cdot (1, 0)}{|(1, \sqrt{3})| \cdot |(1, 0)|} = \frac{1}{2 \cdot 1} = \frac{1}{2}.
$$

Also ist $\phi = 60°$ im Gradmaß oder $\pi/3$ im Bogenmaß. (In diesem Fall können Sie den Winkel messen. Zeichnen Sie für $(1, \sqrt{3})$ und $(1, 0)$ jeweils einen Pfeil und messen Sie den kleineren der beiden Winkel, er ist $\phi = 60°$.)

6.75 Es sind $u = (3, 2, -1)$ und $v = (0, 2, -3)$ gegeben. Berechnen Sie $u \cdot v$.

Lösung: Es ist

$$u \cdot v = (3, 2, -1) \cdot (0, 2, -3) = ((3)(0) + (2)(2) + (-1)(-3)) = 0 + 4 + 3 = 7$$

Eine Bestätigung in MATLAB:

```
>> dot([3,2,-1],[0,2,-3])
ans =
     7
```

6.76 Es sind $u = (3, 2, -1)$ und $v = (0, 2, -3)$ gegeben. Berechnen Sie $u \times v$.

Lösung: Es ist

$$\begin{aligned} u \times v &= (-3, -2, 1) \times (0, -2, 3) \\ &= ((-2)(3) - (1)(-2), (1)(0) - (-3)(3), (-3)(-2) - (-2)(0)) \\ &= (-6 + 2, 0 + 9, 6 - 0) = (-4, 9, 6) \end{aligned}$$

Eine Bestätigung in MATLAB:

```
>> cross([-3,-2,1],[0,-2,3])
ans =
    -4     9     6
```

6.77 Bestimmen Sie den Winkel zwischen den Vektoren $(1, 2, 3)$ und $(6, 0, -2)$.

Lösung: Es ist

$$\cos\phi = \frac{(1, 2, 3) \cdot (6, 0, -2)}{|(1, 2, 3)| \cdot |(6, 0, -2)|} = \frac{6 + 0 - 6}{\sqrt{14} \cdot \sqrt{40}} = 0.$$

Also ist $\phi = \frac{\pi}{2} = 90°$. Die Vektoren sind orthogonal.

6.78 Bestimmen Sie den Winkel zwischen den Vektoren $(2, 0)$ und $(-1, 1)$.

Lösung: Es ist

$$\cos\phi = \frac{(2, 0) \cdot (-1, 1)}{|(2, 0)| \cdot |(-1, 1)|} = \frac{-2}{\sqrt{4} \cdot \sqrt{2}} = -\frac{1}{\sqrt{2}}.$$

Also ist $\phi = 3/4\pi = 135°$. Wenn Sie wollen, dann machen Sie sich doch noch eine Zeichnung, um zu sehen, was Sie eben berechnet haben. Eine Bestätigung in MATLAB:

```
>> v=[2,0]; w=[-1,1];
>> phi=acosd(dot(v,w)/(norm(v)*norm(w)))
phi =
   135
```

6.79 Geben Sie alle Vektoren $x \in \mathbb{R}^3$ an, so dass $(1,0,1) \times x$ den Vektor $(2,1,-2)$ ergibt.

Lösung: Es ist

$$\begin{aligned}(1,0,1) \times x &= (0 \cdot x_3 - 1 \cdot x_2, 1 \cdot x_1 - 1 \cdot x_3, 1 \cdot x_2 - 0 \cdot x_1)\\ &= (-x_2, x_1 - x_3, x_2) = (2,1,-2)\end{aligned}$$

Also ist $x_2 = -2$ und $x_1 = 1 + x_3$. Die Variable x_3 kann beliebig gewählt werden. Für $x_3 = t \in \mathbb{R}$ ist $x_1 = 1 + t$ und die gesuchten Vektoren lauten

$$x = (1+t, -2, t) = (1,-2,0) + t(1,0,1).$$

mit $t \in \mathbb{R}$. Interpretieren wir die Vektoren als Punkte, dann bilden die Punkte eine Gerade im $\mathbb{R}^3$ durch die Punkte $(1,-2,0)$ und $(1,0,1)$. Oder so gesagt: $(1,-2,0)$ ist ein Stützvektor und $(1,0,1)$ ein Richtungsvektor.

6.80 Gegeben sind die beiden Vektoren $a = (1,-4,1)$ und $b = (3,-8,1)$ aus $\mathbb{R}^3$. Bestimmen Sie einen Vektor c mit $c \perp a$, $c \perp b$ und $|c| = 1$.

Lösung: Die Aufgabe kann man mit dem Kreuzprodukt lösen. Es ist zunächst $a \times b = (1,-4,1) \times (3,-8,1) = (4,2,4)$. Damit gilt

$$c = \frac{a \times b}{|a \times b|} = \frac{1}{\sqrt{16+4+16}}(4,2,4) = \frac{1}{6}(4,2,4) = \left(\frac{2}{3}, \frac{1}{3}, \frac{2}{3}\right).$$

Auch andere Lösungen und Lösungswege sind denkbar.

6.81 Es sind a, b und c aus $\mathbb{R}^3$. Beweisen Sie die Rechenregel

$$a \times (b \times c) = (a \cdot c)b - (a \cdot b)c$$

Lösung: Es ist mit $a = (a_1, a_2, a_3)$, $b = (b_1, b_2, b_3)$ und $c = (c_1, c_2, c_3)$:

$$\begin{aligned}a \times (b \times c) &= (a_1, a_2, a_3) \times ((c_1, c_2 c_3) \times (c_1, c_2, c_3))\\
&= (a_1, a_2, a_3) \times (b_2c_3 - b_3c_2, b_3c_1 - b_1c_3, b_1c_2 - b_2c_1)\\
&= \begin{bmatrix} a_2(b_1c_2 - b_2c_1) - a_3(b_3c_1 - b_1c_3)\\ a_3(b_2c_3 - b_3c_2) - a_1(b_1c_2 - b_2c_1)\\ a_1(b_3c_1 - b_1c_3) - a_2(b_2c_3 - b_3c_2)\end{bmatrix}\\
&= \begin{bmatrix} a_2b_1c_2 - a_2b_2c_1 - a_3b_3c_1 + a_3b_1c_3\\ a_3b_2c_3 - a_3b_3c_2 - a_1b_1c_2 + a_1b_2c_1\\ a_1b_3c_1 - a_1b_1c_3 - a_2b_2c_3 + a_2b_3c_2\end{bmatrix}\\
&= \begin{bmatrix} a_2b_1c_2 + a_3b_1c_3 - a_2b_2c_1 - a_3b_3c_1\\ a_3b_2c_3 + a_1b_2c_1 - a_3b_3c_2 - a_1b_1c_2\\ a_1b_3c_1 + a_2b_3c_2 - a_1b_1c_3 - a_2b_2c_3\end{bmatrix}\end{aligned}$$

$$= \begin{bmatrix} a_2c_2b_1 + a_3c_3b_1 - a_2b_2c_1 - a_3b_3c_1 \\ a_3c_3b_2 + a_1c_1b_2 - a_3b_3c_2 - a_1b_1c_2 \\ a_1c_1b_3 + a_2c_2b_3 - a_1b_1c_3 - a_2b_2c_3 \end{bmatrix}$$

$$= \begin{bmatrix} a_2c_2b_1 + a_3c_3b_1 - a_2b_2c_1 - a_3b_3c_1 + a_1c_1b_1 - a_1c_1b_1 \\ a_3c_3b_2 + a_1c_1b_2 - a_3b_3c_2 - a_1b_1c_2 + a_2c_2b_2 - a_2c_2b_2 \\ a_1c_1b_3 + a_2c_2b_3 - a_1b_1c_3 - a_2b_2c_3 + a_3c_3b_3 - a_3c_3b_3 \end{bmatrix}$$

$$= \begin{bmatrix} a_2c_2b_1 + a_3c_3b_1 - a_2b_2c_1 - a_3b_3c_1 + a_1c_1b_1 - a_1b_1c_1 \\ a_3c_3b_2 + a_1c_1b_2 - a_3b_3c_2 - a_1b_1c_2 + a_2c_2b_2 - a_2b_2c_2 \\ a_1c_1b_3 + a_2c_2b_3 - a_1b_1c_3 - a_2b_2c_3 + a_3c_3b_3 - a_3b_3c_3 \end{bmatrix}$$

$$= \begin{bmatrix} a_1c_1b_1 + a_2c_2b_1 + a_3c_3b_1 - a_1b_1c_1 - a_2b_2c_1 - a_3b_3c_1 \\ a_1c_1b_2 + a_2c_2b_2 + a_3c_3b_2 - a_1b_1c_2 - a_2b_2c_2 - a_3b_3c_2 \\ a_1c_1b_3 + a_2c_2b_3 + a_3c_3b_3 - a_1b_1c_3 - a_2b_2c_3 - a_3b_3c_3 \end{bmatrix}$$

$$= \begin{bmatrix} a_1c_1b_1 + a_2c_2b_1 + a_3c_3b_1 \\ a_1c_1b_2 + a_2c_2b_2 + a_3c_3b_2 \\ a_1c_1b_3 + a_2c_2b_3 + a_3c_3b_3 \end{bmatrix} - \begin{bmatrix} a_1b_1c_1 + a_2b_2c_1 + a_3b_3c_1 \\ a_1b_1c_2 + a_2b_2c_2 + a_3b_3c_2 \\ a_1b_1c_3 + a_2b_2c_3 + a_3b_3c_3 \end{bmatrix}$$

$$= \begin{bmatrix} (a_1c_1 + a_2c_2 + a_3c_3)b_1 \\ (a_1c_1 + a_2c_2 + a_3c_3)b_2 \\ (a_1c_1 + a_2c_2 + a_3c_3)b_3 \end{bmatrix} - \begin{bmatrix} (a_1b_1 + a_2b_2 + a_3b_3)c_1 \\ (a_1b_1 + a_2b_2 + a_3b_3)c_2 \\ (a_1b_1 + a_2b_2 + a_3b_3)c_3 \end{bmatrix}$$

$$= (a_1c_1 + a_2c_2 + a_3c_3) \begin{bmatrix} b_1 \\ b_2 \\ b_3 \end{bmatrix} - (a_1b_1 + a_2b_2 + a_3b_3) \begin{bmatrix} c_1 \\ c_2 \\ c_3 \end{bmatrix}$$

$$= (a_1c_1 + a_2c_2 + a_3c_3)(b_1, b_2, b_3) - (a_1b_1 + a_2b_2 + a_3b_3)(c_1, c_2, c_3)$$

$$= (a_1c_1 + a_2c_2 + a_3c_3)b - (a_1b_1 + a_2b_2 + a_3b_3)c = (a \cdot c)b - (a \cdot b)c$$

(An diesem Beispiel wird auch deutlich wie nützlich es ist, einen Vektor auch aus schreibtechnischen Gründen als Spaltenmatrix zu schreiben.)

6.82 Beweisen Sie folgenden Satz: *Ist* $v \in \mathbb{R}^3$, *dann ist* $v \cdot w = 0$ *für alle* $w \in \mathbb{R}^3$ *genau dann, wenn* $v = o_3$ *ist.* Mit anderen Worten soll gezeigt werden, dass der Nullvektor der einzige Vektor ist, der zu allen Vektoren orthogonal ist. Diese Aussage gilt nicht nur in $\mathbb{R}^3$, sondern für jedes $n \in \mathbb{N}$ in $\mathbb{R}^n$.

Lösung: Eine Richtung ist besonders einfach, nämlich die, dass die Gleichung gilt, falls v der Nullvektor ist. Ist nämlich $v = o_3$, so gilt: $v \cdot w = o_3 \cdot w = 0$ für alle w aus $\mathbb{R}^3$.

Die andere Richtung kann man wie folgt beweisen. Gilt $0 = v \cdot w$ für alle $w \in \mathbb{R}^3$, so ist insbesondere $0 = v \cdot e_1 = v_1$, $0 = v \cdot e_2 = v_2$ und $0 = v \cdot e_3 = v_3$, also $v = (0, 0, 0) = o_3$.

Damit ist die Äquivalenz bewiesen.

6.83 Es sind e_1 und e_2 die natürlichen Einheitsvektoren in $\mathbb{R}^2$. Gegeben sind die Vektoren $u = u_1e_1 + u_2e_2$ und $v = v_1e_1 + v_2e_2$. Zeigen Sie mithilfe der Rechenregeln des Skalarproduktes, dass gilt $u \cdot v = u_1v_1 + u_2v_2$.

Lösung: Es ist

$$\begin{aligned} u \cdot v &= (u_1e_1 + u_2e_2) \cdot (v_1e_1 + v_2e_2) \\ &= u_1e_1 \cdot v_1e_1 + u_1e_1 \cdot v_2e_2 + u_2e_2 \cdot v_1e_1 + u_2e_2 \cdot v_2e_2 \\ &= u_1v_1e_1 \cdot e_1 + u_1v_2e_1 \cdot e_2 + u_2v_1e_2 \cdot e_1 + u_2v_2e_2 \cdot e_2 \\ &= u_1v_1(1) + u_1v_2(0) + u_2v_1(0) + u_2v_2(1) = u_1v_1 + u_2v_2. \end{aligned}$$

Damit ist die Rechenregel bewiesen.

6.84 Vereinfachen Sie den Ausdruck $(a + 2b + c) \times (3a + 9b + 7c)$. Hierbei sind a, b und c Vektoren im Raum.

Lösung: Mit den Rechenregeln des Kreuzproduktes ergibt sich

$$\begin{aligned} &(a + 2b + c) \times (3a + 9b + 7c) \\ &= a \times 3a + a \times 9b + a \times 7c + 2b \times 3a + 2b \times 9b + 2b \times 7c + c \times 3a + c \times 9b + c \times 7c \\ &= 3a \times a + 9a \times b + 7a \times c + 6b \times a + 18b \times b + 14b \times c + 3c \times a + 9c \times b + 7c \times c \\ &= 3o + 9a \times b + 7a \times c - 6a \times b + 18o + 14b \times c - 3a \times c - 9b \times c + 7o = 3a \times b + 4a \times c + 5b \times c. \end{aligned}$$

Damit ist der Vereinfachungsprozess beendet.

6.85 Beweisen Sie $u \cdot v = v \cdot u$ für alle u, v aus $\mathbb{R}^2$ zum Einen mithilfe der Definition und zum Anderen mithilfe der Koordinatenform des Skalarproduktes.

Lösung: Sind u, v aus $\mathbb{R}^2$, dann gilt zum Einen

$$u \cdot v = |u| \cdot |v| \cdot \cos(\phi) = |v| \cdot |u| \cdot \cos(\phi) = v \cdot u$$

und zum Anderen

$$u \cdot v = (u_1, u_2) \cdot (v_1, v_2) = u_1v_1 + u_2v_2 = v_1u_1 + v_2u_2 = (v_1, v_2) \cdot (u_1, u_2) = v \cdot u.$$

Damit ist die Kommutativität des Skalarproduktes für Vektoren aus $\mathbb{R}^2$ gezeigt.

6.86 Bestimmen Sie den Einheitsvektor e_v von $v = (1, 2, -2)$.

Lösung: Es ist $|v| = \sqrt{(1)^2 + (2)^2 + (-2)^2} = \sqrt{9} = 3$ und somit

$$e_v = \frac{1}{|v|}v = \frac{1}{3}(1, 2, -2) = \left(\frac{1}{3}, \frac{2}{3}, -\frac{2}{3}\right).$$

Man kann das Ergebnis durch eine Probe bestätigen.

6.87 Beweisen Sie mithilfe des Skalarproduktes den Kosinussatz.

Lösung: Es sind $|a|$, $|b|$ und $|b-a|$ die drei Seiten eines Dreiecks. Dann haben wir zu zeigen, dass $|b-a|^2 = |a|^2 + |b|^2 - 2|a||b|\cos\phi$ gilt. Mit den Rechenregeln und der Definition des Skalarproduktes gilt

$$\begin{aligned} |b-a|^2 &= (b-a)\cdot(b-a) = b\cdot b - b\cdot a - a\cdot b + a\cdot a = a\cdot a + b\cdot b - 2a\cdot b \\ &= |a|^2 + |b|^2 - 2|a||b|\cos\phi. \end{aligned}$$

Genau das mussten wir zeigen.

6.88 Gegeben sind drei Vektoren im Raum. Keiner von ihnen ist der Nullvektor. Wie kann man mithilfe von Vektorprodukten feststellen, ob die drei Vektoren in einer Ebene liegen?

Lösung: Sind a, b und c diese drei Vektoren. Ist $(a \times b)\cdot c = 0$, so liegen die drei Vektoren a, b und c in einer Ebene. (Natürlich kann das auch eine Gerade sein.)

6.89 Bestätigen Sie, dass dem Skalarprodukt für Vektoren aus $\mathbb{R}^1$ das gewöhnliche Produkt reeller Zahlen entspricht.

Lösung: Es ist u, v aus $\mathbb{R}^1$. Ist $u, v > 0$, so ist $u \cdot v = |u||v|\cos 0° = |u||v| = uv$. Ist $u > 0$, $v < 0$, so ist $u\cdot v = |u||v|\cos 180° = u(-v)(-1) = uv$. Entsprechend ist $u\cdot v = uv$, wenn $u < 0$ und $v > 0$ ist. Damit ist alles bestätigt.

6.90 a, b und c sind drei Vektoren in $\mathbb{R}^3$ und kein Vektor ist der Nullvektor. Außerdem ist $(a \times b)\cdot c = 0$. Lässt sich dies geometrisch interpretieren? Geben Sie ein Beispiel!

Lösung: Mit diesen Voraussetzungen folgt, dass die drei Vektoren a, b, c in einer Ebene liegen oder sogar auf einer Geraden.

Gegeben sind die drei Vektoren $a = (1,0,0)$, $b = (0,1,0)$ und $c = (1,1,0)$. Dann ist zunächst $a \times b = (0,0,1)$ und somit $(a\times b)\cdot c = (0,0,1)\cdot(1,1,0) = 0$. Die drei Vektoren liegen in einer Ebene, der x, y-Ebene.

6.91 Die Vektoren $(1,2)$ und $(3,x)$ stehen senkrecht aufeinander. Bestimmen Sie x.

Lösung: Weil die Vektoren orthogonal sind, gilt $(1,2)\cdot(3,x) = 0$, das heißt $3 + 2x = 0$. Diese lineare Gleichung hat $x = -3/2$ als einzige Lösung.

6.92 Geben Sie (mindestens) drei Vektoren an, die zu dem Vektor $(3,4)$ orthogonal sind.

Lösung: Es ist $(3,4)\cdot(x,y) = 0$, das heißt $3x + 4y = 0$. Dieses unterbestimmte lineare Gleichungssystem hat unendlich viele Lösungen. Drei davon sind $(4,-3)$, $(-4,3)$, $(8,-6)$.

6.93 Berechnen Sie den orthogonalen Projektionsvektor von $v = (3, 1)$ auf die x-Achse.

Lösung: Der Vektor $(1, 0)$ liegt auf der x-Achse, also können wir $a = (1, 0)$ wählen. Dann ist

$$u = \frac{v \cdot a}{|a|^2} a = \frac{(3,1) \cdot (1,0)}{|(1,0)|^2}(1,0) = \frac{3}{1}(1,0) = (3,0).$$

6.94 Es sind u und v Vektoren in $\mathbb{R}^2$ oder in $\mathbb{R}^3$. Es ist $u \cdot v = 0$. Was wissen wir dann? Kreuzen Sie die wahre(n) Aussage(n) an.

- ☐ $u = o$.
- ☐ $v = o$.
- ☐ $u = o$ und $v = o$.
- ☐ $u = o$ oder $v = o$.
- ☐ $u \perp v$.
- ☐ $u = o$ und $v = o$ und $u \perp v$.
- ☐ $u = o$ und $v = o$ oder $u \perp v$.
- ☐ $u = o$ oder $v = o$ oder $u \perp v$.
- ☐ $u = o$ oder $v = o$ und $u \perp v$.
- ☐ Keine angegebene Aussage ist wahr.

Lösung:

							×		

(spaltenweise)

6.95 Gegeben sind die Vektoren a und v in der Ebene oder im Raum. Bestimmen Sie eine Formel für den orthogonalen Projektionsvektor u von v auf a, wenn a ein Einheitsvektor ist. Welche Länge hat der Vektor u? Rechnen Sie ein Beispiel dazu! Zeichnen Sie!

Lösung: Wir schreiben e_a für den Einheitsvektor a. Weil $|e_a| = 1$ ist, gilt

$$u = \frac{v \cdot e_a}{|e_a|^2} e_a = (v \cdot e_a) e_a.$$

Die Länge ist

$$|u| = |(v \cdot e_a) e_a| = |v \cdot e_a| \, |e_a| = |v \cdot e_a|.$$

Ist $v = (2, 1)$ und $e_a = (1, 0)$, so ist $u = (2, 0)$ und $|u| = 2$.

6.96 Gegeben sind die Vektoren a und v in der Ebene oder im Raum. Bestimmen Sie eine Formel für den orthogonalen Projektionsvektor u von v auf a, wenn $v \perp a$ ist. Welche Länge hat der Vektor u? Rechnen Sie ein Beispiel dazu! Zeichnen Sie!

Lösung: Weil $v \perp a$ ist, gilt $v \cdot a = 0$. Also ist

$$u = \frac{u \cdot a}{|a|^2} a = \frac{0}{|a|^2} a = 0a = o.$$

Der Nullvektor hat die Länge 0.

Ist $v = (0, 2)$ und $a = (3, 0)$, so ist $v \perp a$, also $u = (0, 0)$.

6.97 Gegeben sind die Vektoren a und v in der Ebene oder im Raum. Bestimmen Sie eine Formel für den orthogonalen Projektionsvektor u von v auf a, wenn u und a parallel und gleich gerichtet sind. Welche Länge hat der Vektor u? Rechnen Sie ein Beispiel dazu! Zeichnen Sie!

Lösung: Weil v und a parallel und gleich gerichtet sind, ist ihr Winkel 0 Grad, also gilt $v \cdot a = |v||a|\cos(0^\circ) = |v||a|$. Somit gilt

$$u = \frac{v \cdot a}{|a|^2}a = \frac{|v||a|}{|a|^2}a = \frac{|v|}{|a|}a = |v|e_a$$

wobei $e_a = a/|a|$ der Einheitsvektor in Richtung a ist. Damit gilt

$$|u| = |(|v|e_a)| = |v|\;|e_a| = |v|.$$

Ist $v = (3,0)$ und $a = (2,0)$, so sind die Vektoren parallel und gleich gerichtet, also ist $u = (3,0)$ und $|u| = 3$.

Ist insbesondere $v = a$, so ist $u = a$.

6.98 Gegeben sind die Vektoren a und u in der Ebene oder im Raum. Bestimmen Sie eine Formel für den orthogonalen Projektionsvektor u von v auf a, wenn v und a parallel und entgegen gerichtet sind. Welche Länge hat der Vektor u? Rechnen Sie ein Beispiel dazu! Zeichnen Sie!

Lösung: Weil v und a parallel und entgegen gerichtet sind, ist ihr Winkel 180 Grad, also gilt $v \cdot a = |v||a|\cos(180^\circ) = -|v||a|$. Somit gilt

$$u = \frac{v \cdot a}{|a|^2}a = \frac{-|v||a|}{|a|^2}a = -\frac{|v|}{|a|}a = -|v|e_a$$

wobei $e_a = a/|a|$ der Einheitsvektor in Richtung a ist. Damit gilt

$$|u| = |(-|v|e_a)| = |v|\;|e_a| = |v|.$$

Ist $v = (3,0)$ und $a = (-2,0)$, so sind die Vektoren parallel und entgegen gerichtet, also ist $u = (3,0)$ und $|u| = 3$.

6.99 Es ist ϕ der Winkel zwischen den Vektoren u und a in der Ebene oder im Raum. Zeigen Sie mithilfe von $\cos(\phi) = u \cdot a/(|u||a|)$, dass der orthogonale Projektionsvektor p von u auf $a \neq o$ durch

$$p = \frac{u \cdot a}{|a|^2}a$$

gegeben ist.

Lösung: Es ist $p = ke_a$, wobei $e_a = a/|a|$ der Einheitsvektor in Richtung a ist. Nun ist

$$k = |p| = \cos(\phi)|u| = \frac{u \cdot a}{|u||a|}|u| = \frac{u \cdot a}{|a|}.$$

Somit ist

$$p = ke_a = \frac{u \cdot a}{|a|}e_a = \frac{u \cdot a}{|a|}\frac{a}{|a|} = \frac{u \cdot a}{|a|^2}a.$$

der orthogonale Projektionsvektor von u auf a.

6.100 Berechnen Sie den Flächeninhalt des Dreiecks mit den Eckpunkten $P_1 = (2, 2, 0)$, $P_2 = (-1, 0, 2)$ und $P_3 = (0, 4, 3)$.

Lösung: Der Flächeninhalt des Dreiecks ist die Hälfte des Inhalts des Parallelogramms, das von den Vektoren $\overrightarrow{P_1P_2}$ und $\overrightarrow{P_1P_3}$ aufgespannt wird. Daher können wir den Flächeninhalt des Dreiecks mit dem Kreuzprodukt berechnen. Zunächst ist $\overrightarrow{P_1P_2} = \overrightarrow{OP_2} - \overrightarrow{OP_1} = (-1, 0, 2) - (2, 2, 0) = (-3, -2, 2)$ und $\overrightarrow{P_1P_3} = \overrightarrow{OP_3} - \overrightarrow{OP_1} = (0, 4, 3) - (2, 2, 0) = (-2, 2, 3)$. Damit gilt

$$\overrightarrow{P_1P_2} \times \overrightarrow{P_1P_3} = (-10, 5, -10).$$

Also ist der Flächeninhalt des Dreiecks

$$\frac{1}{2}|\overrightarrow{P_1P_2} \times \overrightarrow{P_1P_3}| = \frac{1}{2}\sqrt{100 + 25 + 100} = \frac{1}{2}\sqrt{225} = \frac{1}{2}15 = 7.5.$$

6.101 Zeigen Sie, dass die drei Vektoren $b_1 = (3/\sqrt{11}, 1/\sqrt{11}, 1/\sqrt{11})$, $b_2 = (-1/\sqrt{6}, 2/\sqrt{6}, 1/\sqrt{6})$ und $b_3 = (-1/\sqrt{66}, -4/\sqrt{66}, 7/\sqrt{66})$ eine orthonormale Basis von $\mathbb{R}^3$ bilden.

Lösung: Es ist $b_1 \cdot b_2 = -3/\sqrt{66} + 2/\sqrt{66} + 1/\sqrt{66} = 0$, $b_1 \cdot b_3 = -3/\sqrt{726} - 4/\sqrt{726} + 7/\sqrt{726} = 0$ und $b_2 \cdot b_3 = 1/\sqrt{396} - 8/\sqrt{396} + 7/\sqrt{396} = 0$. Also sind die drei Vektoren paarweise orthogonal. Außerdem ist $b_1 \cdot b_1 = 9/11 + 1/11 + 1/11 = 1$, $b_2 \cdot b_2 = 1/6 + 4/6 + 1/6 = 1$ und $b_3 \cdot b_3 = 1/66 + 16/66 + 49/66 = 1$, was zeigt, dass die drei Vektoren Einheitsvektoren sind. Weil die drei Vektoren orthogonal sind, sind sie auch linear unabhängig und weil es drei sind, spannen sie den $\mathbb{R}^3$ auf. Also bilden sie eine Basis von dem Vektorraum $\mathbb{R}^3$.

6.102 Gegeben ist die Basis $(b_1, b_2) = ((2, 0), (1, 1))$ im Vektorraum $\mathbb{R}^2$. Konstruieren Sie daraus mithilfe des Gram-Schmidt Verfahrens eine orthogonale Basis von $\mathbb{R}^2$.

Lösung: Zunächst ist $v_1 = b_1 = (2, 0)$. Dann ist $v_2 = b_2 - (b_2 \cdot v_1)/(|v_1|^2)v_1 = (1, 1) - (2/4)(2, 0) = (1, 1) - (1, 0) = (0, 1)$. Also ist $(v_1, v_2) = ((2, 0), (0, 1))$ eine orthogonale Basis von $\mathbb{R}^2$.

6.103 Gegeben sind die beiden Vektoren $(2, 1 - 1)$ und $(1, 2, 1)$. Finden Sie einen Vektor im $\mathbb{R}^3$, der zu beiden Vektoren orthogonal ist.

Lösung: Ist (v_1, v_2, v_3) der gesuchte Vektor, so muss gelten $(v_1, v_2, v_3) \cdot (2, 1 - 1) = 0$ und $(v_1, v_2, v_3) \cdot (1, 2, 1) = 0$, also

$$\begin{aligned} 2v_1 + v_2 - v_3 &= 0 \\ v_1 + 2v_2 + v_3 &= 0. \end{aligned}$$

Dieses (unterbestimmte) lineare Gleichungssystem hat die Lösungsmenge $\{(1, -1, 1)t \mid t \in \mathbb{R}\}$. Also ist zum Beispiel $(1, -1, 1)$ ein Vektor, der zu den beiden gegebenen Vektoren orthogonal ist. (Ein anderer Vektor ist zum Beispiel $(-3, 3, -3)$.)

6.104 Gegeben ist der Unterraum $U = \{(x_1, x_2, x_3) \in \mathbb{R}^3 \mid 2x_1 - x_2 + 3x_3 = 0\}$ im natürlichen EUKLIDischen Vektorraum $\mathbb{R}^3$. Geben Sie eine orthonormale Basis von U an.

Lösung: Wir geben zuerst eine Parameterdarstellung von U an. Mit $s = x_2$ und $t = x_3$ ist $x_1 = 1/2s - 3/2t$, und damit gilt $(x_1, x_2, x_3) = (1/2s - 3/2t, s, t) = (1/2s, s, 0) + (-3/2t, 0, t) = s(1/2, 1, 0) + t(-3/2, 0, 1)$. Also sind zum Beispiel $b_1 = (1, 2, 0)$ und $b_2 = (-3, 0, 2)$ zwei Basisvektoren von U. (Um einfacher zu rechnen, das heißt ohne Bruch, habe ich statt $(1/2, 1, 0)$ und $(-3/2, 0, 1)$ die Vektoren $(1, 2, 0)$, $(-3, 0, 2)$ als Basisvektoren gewählt.) Nun machen wir aus der Basis $b_1 = (1, 2, 0)$, $b_2 = (-3, 0, 2)$ eine orthogonale Basis und verwenden dazu das GRAM-SCHMIDTsche Orthogonalisierungsverfahren. Damit ist $v_1 = b_1 = (1, 2, 0)$ und $v_2 = (-6, 3, 5)$ eine orthogonale Basis, weil $v_2 = b_2 - (b_2 \cdot v_1)/(|v_1|^2)v_1 = (-3, 0, 2) - ((-3, 0, 2) \cdot (1, 20))/(|(1, 2, 0)|^2)(1, 2, 0) = (-3, 0, 2) + 3/5(1, 2, 0) = (-12/5, 6/5, 2)$ und $5/2(-12/5, 6/5, 2) = (-6, 3, 5)$ sind. Nun wird die orthogonale Basis $v_1 = (1, 2, 0)$, $v_2 = (-6, 3, 5)$ noch normalisiert. Wir erhalten $q_1 = 1/\sqrt{5}(1, 2, 0) \approx (0.4472, 0.8944, 0)$, $q_2 = 1/\sqrt{70}(-6, 3, 5) \approx (-0.7171, 0.3586, 0.5976)$ als orthonormale Basis von U.

6.105 Gegeben ist der Vektor $v = (1, 2) \in \mathbb{R}^2$. Geben Sie einen Vektor $w \in \mathbb{R}^2$ an, der orthogonal zu v ist, aber nicht der Nullvektor ist. Ist es möglich, einen Vektor in $\mathbb{R}^2$ anzugeben, der sowohl zu v als auch zu w orthogonal ist, aber nicht der Nullvektor ist? Begründen Sie Ihre Antwort.

Lösung: Zum Beispiel ist $w = (-2, 1)$ orthogonal zu $v = (1, 2)$. Man muss $w = (w_1, w_2) \in \mathbb{R}^2$ nur so wählen, dass $v \cdot w = (1, 2) \cdot (w_1, w_2) = w_1 + 2w_2 = 0$ ist. Also hat man unendlich viele Möglichkeiten für die Wahl von w. Es ist aber unmöglich einen Vektor zu finden, der sowohl zu $v = (1, 2)$ als auch zu $w = (-2, 1)$ orthogonal ist. Wäre $x = (x_1, x_2) \in \mathbb{R}^2$ so ein Vektor, so müsste $x \cdot v = (x_1, x_2) \cdot (1, 2) = x_1 + 2x_2 = 0$ sein, als auch $x \cdot w = (x_1, x_2) \cdot (-2, 1) = -2x_1 + x_2 = 0$. Dieses homogene lineare Gleichungssystem hat aber nur $x = (x_1, x_2) = (0, 0)$ als Lösung. (Machen Sie sich das auch geometrisch plausibel.)

6.106 Gegeben ist die Matrix

$$A = \begin{bmatrix} 0 & 0 & 0 \\ 0 & 1 & 2 \\ 0 & 0 & 0 \end{bmatrix} \in \mathbb{R}^{3\times 3}$$

und der Vektor $(3, -6, 8) \in \mathbb{R}^3$. Bestimmen Sie den Vektor $z \in Z(A)$ und den Vektor $n \in N(A)$, sodass $(3, -6, 8) = z \ominus n$ ist. Ist das möglich?

Lösung: Ja, das ist möglich, denn wir wissen, dass $\mathbb{R}^3 = Z(A) \ominus N(A)$ gilt. Folglich gibt es genau einen Vektor $n \in N(A)$ und genau einen Vektor $z \in Z(A)$ mit $(3, -6, 8) = z \ominus n$.

Aus Aufgabe 4.170 wissen wir, dass $Z(A) = \{t(0,1,2) \mid t \in \mathbb{R}\}$ und $N(A) = \{s_1(1,0,0) + s_2(0,-2,1) \mid s_1, s_2 \in \mathbb{R}\}$ sind. Aus $t(0,1,2) + s_1(1,0,0) + s_2(0,-2,1) = (3,-6,8)$ folgt $t = 2$, $s_1 = 3$, $s_2 = 4$. Also ist $z = 2(0,1,2) = (0,2,4) \in Z(A)$ und $n = 3(1,0,0) + 4(0,-2,1) = (3,-8,4) \in N(A)$. Folglich ist $(3,-6,8) = (0,2,4) \ominus (3,-8,4)$.

6.107 Gegeben ist die Matrix

$$A = \begin{bmatrix} 1 & 1 & 0 \\ 1 & 1 & 0 \\ 0 & 0 & 0 \end{bmatrix} \in \mathbb{R}^{3\times 3}$$

und der Vektor $(0, 4, 1) \in \mathbb{R}^3$. Bestimmen Sie den Vektor $s \in S(A)$ und den Vektor $n \in N(A)$, sodass $(0, 4, 1) = s \ominus n$ ist. Ist das möglich?

Lösung: Ja, das ist möglich, denn wir wissen, dass $\mathbb{R}^3 = Z(A) \ominus N(A)$ gilt. Außerdem ist $S(A) = Z(A)$, weil A symmetrisch ist. Folglich gibt es genau einen Vektor $n \in N(A)$ und genau einen Vektor $s \in S(A)$ mit $(3, -6, 8) = s \ominus n$.

Aus Aufgabe 4.182 wissen wir, dass $s = (2,2,0) \in S(A)$ und $n = (-2,2,1) \in N(A)$ sind, und $(2,2,0) \oplus (-2,2,1) = (0,4,1)$ ist. Weil $(2,2,0) \perp (-2,2,1)$ ist, gilt $(2,2,0) \ominus (-2,2,1) = (0,4,1)$.

6.108 Gegeben ist der Vektor $(1, 3)$ in $\mathbb{R}^2$. Bestimmen Sie p und w, sodass $(1, 3) = p \ominus w$ ist, wobei p ein Vielfaches von $(1, 1)$ ist. (Der Vektor $(1, 3)$ wird orthogonal zerlegt.)

Lösung: Zunächst ist

$$p = \frac{(1,3)\cdot(1,1)}{(1,1,)\cdot(1,1)}(1,1) = \frac{4}{2}(1,1) = (2,2).$$

Damit ist $w = (1,3) - p = (1,3) - (2,2) = (-1,1)$. Es ist somit wie gewünscht $(1,3) = (2,2) \ominus (-1,1)$. (Mit einer Zeichnung können Sie geometrisch verifizieren.)

7 Spezielle lineare Abbildungen von $\mathbb{R}^n$ nach $\mathbb{R}^m$

7.1 Zeigen Sie, dass die lineare Abbildung $S : \mathbb{R}^2 \to \mathbb{R}^2$ mit $S(v_1, v_2) = (2v_1 + v_2, v_1 + 2v_2)$ symmetrisch ist und geben Sie ihre natürliche Darstellungsmatrix an.

Lösung: Es ist $S(1,0) = (2,1)$, $S(0,1) = (1,2)$. Daher ist

$$\begin{bmatrix} 2 & 1 \\ 1 & 2 \end{bmatrix}$$

die natürliche Darstellungsmatrix von S. Es handelt sich um eine symmetrische Matrix, daher ist auch S symmetrisch.

7.2 Bestimmen Sie die orthogonale Projektionsmatrix in $\mathbb{R}^3$, deren Spaltenraum der x, y-Ebene entspricht. Geben Sie die dazugehörige orthogonale projektive Abbildung $P : \mathbb{R}^3 \to \mathbb{R}^3$ an.

Lösung: Man kann zum Beispiel die Matrix

$$A = \begin{bmatrix} 1 & 0 \\ 0 & 1 \\ 0 & 0 \end{bmatrix}$$

wählen, weil die Spalten aufgefasst als Vektoren in $\mathbb{R}^3$ eine Basis für den Unterraum bilden, der der x, y-Ebene entspricht (es ist sogar die orthonormale natürliche Basis). Die orthogonale Projektionsmatrix ergibt sich zu

$$AA^T = \begin{bmatrix} 1 & 0 \\ 0 & 1 \\ 0 & 0 \end{bmatrix} \begin{bmatrix} 1 & 0 & 0 \\ 0 & 1 & 0 \end{bmatrix} = \begin{bmatrix} 1 & 0 & 0 \\ 0 & 1 & 0 \\ 0 & 0 & 0 \end{bmatrix}.$$

Die dazugehörige orthogonale projektive Abbildung ist $P : \mathbb{R}^3 \to \mathbb{R}^3$ mit $P(v_1, v_2, v_3) = (v_1, v_2, 0)$.

7.3 Finden Sie die transponierte Abbildung L^T zu der lineare Abbildung $L : \mathbb{R}^3 \to \mathbb{R}^3$ mit $L(x, y, z) = (3x + 4y - 5z, 2x - 6y + 7z, 5x - 9y + z)$.

Lösung: Es ist

$$A_L = \begin{bmatrix} 3 & 4 & -5 \\ 2 & -6 & 7 \\ 5 & -9 & 1 \end{bmatrix}$$

die natürliche Darstellungsmatrix von L. Also ist

$$A_L^T = \begin{bmatrix} 3 & 2 & 5 \\ 4 & -6 & -9 \\ -5 & 7 & 1 \end{bmatrix}$$

die natürliche Darstellungsmatrix von L^T. Somit ist $L^T : \mathbb{R}^3 \to \mathbb{R}^3$ mit $L^T(x, y, z) = (3x + 4y - 5z, 2x - 6y + 7z, 5x - 9y + z)$ die transponierte Abbildung zu L.

7.4 Beweisen Sie folgenden Satz: *Sind $L, M : \mathbb{R}^n \to \mathbb{R}^m$ lineare Abbildungen und $r \in \mathbb{R}$, dann gilt $(L + M)^T = L^T + M^T$ und $(rL)^T = rL^T$.*

Lösung: Für alle Vektoren $v \in \mathbb{R}^n$, $w \in \mathbb{R}^m$ gilt $(L + M)(v) \cdot w = (L(v) + M(v)) \cdot w = L(v) \cdot w + M(v) \cdot w = v \cdot L^T(w) + v \cdot M^T(w) = v \cdot (L^T(w) + M^T(w)) = v \cdot (L^T + M^T)(w)$. Wegen der Eindeutigkeit der Transponierten ist $(L + M)^T = L^T + M^T$. Für alle Vektoren $v \in \mathbb{R}^n$, $w \in \mathbb{R}^m$ und r aus $\mathbb{R}$ gilt $(rL)(v) \cdot w = (rL(v)) \cdot w = r(L(v) \cdot w) = r(v \cdot L^T(w)) = v \cdot rL^T(w) = v \cdot (rL^T)(w)$. Wegen der Eindeutigkeit der Transponierten ist $(rL)^T = rL^T$. Damit ist der Satz bewiesen.

7.5 Beweisen Sie folgenden Satz: *Sind $L : \mathbb{R}^n \to \mathbb{R}^m$ und $M : \mathbb{R}^m \to \mathbb{R}^r$ lineare Abbildungen, dann gilt $(M \circ L)^T = L^T \circ M^T$.*

Lösung: Für alle Vektoren v aus $\mathbb{R}^n$ und w aus $\mathbb{R}^r$ gilt $(M \circ L)(v) \cdot w = M(L(v)) \cdot w = L(v) \cdot M^T(w) = v \cdot L^T(M^T(w)) = v \cdot (L^T \circ M^T)(w)$. Wegen der Eindeutigkeit der Transponierten ist $(M \circ L)^T = L^T \circ M^T$. Damit ist der Satz bewiesen.

7.6 Beweisen Sie folgenden Satz: *Ist $L : \mathbb{R}^n \to \mathbb{R}^m$ eine lineare Abbildung, dann gilt $(L^T)^T = L$.*

Lösung: Für alle Vektoren $w \in \mathbb{R}^m$, $v \in \mathbb{R}^n$ gilt $L^T(w) \cdot v = v \cdot L^T(w) = L(v) \cdot w = w \cdot L(v)$. Wegen der Eindeutigkeit der Transponierten ist $(L^T)^T = L$. Damit ist der Satz bewiesen.

7.7 Beweisen Sie folgenden Satz: *Ist $L : \mathbb{R}^n \to \mathbb{R}^m$ eine lineare Abbildung, dann gilt* $\mathrm{Kern}(L^T) = \mathrm{Bild}(L)^\perp$.

Lösung: Es gilt $\mathrm{Kern}(L^T) = \{w \in \mathbb{R}^m \mid L^T(w) = o_n\} = \{w \in \mathbb{R}^m \mid v \cdot L^T(w) = 0 \text{ für alle } v \in \mathbb{R}^n\} = \{w \in \mathbb{R}^m \mid L(v) \cdot w = 0 \text{ für alle } v \in \mathbb{R}^n\} = \mathrm{Bild}(L)^\perp$. Damit ist der Satz bewiesen.

7.8 Beweisen Sie folgenden Satz: *Ist $L : \mathbb{R}^n \to \mathbb{R}^m$ eine lineare Abbildung, dann gilt* $\mathrm{Rang}(L) = \mathrm{Rang}(L^T)$.

Lösung: Es gilt $\mathrm{Rang}(L) = \mathrm{Dim}\ \mathrm{Bild}(L) = n - \mathrm{Dim}\ \mathrm{Kern}(L) = n - \mathrm{Dim}\ \mathrm{Bild}(L)^\perp = n - \mathrm{Dim}\ \mathrm{Kern}(L^T) = \mathrm{Dim}\ \mathrm{Bild}(L^T) = \mathrm{Rang}(L^T)$. Damit ist der Satz bewiesen.

7.9 Gegeben ist die lineare Abbildung $L : \mathbb{R}^2 \to \mathbb{R}^2$ mit $L(x_1, x_2) = (-x_1, -x_2)$. Zeigen Sie, dass $L^T : \mathbb{R}^2 \to \mathbb{R}^2$ mit $L^T(y_1, y_2) = (-y_1, -y_2)$ die zu L transponierte Abbildung ist. Bestimmen Sie L^{-1}. Was beobachten Sie?

Lösung: Es ist einerseits $L(v) \cdot w = L(v_1, v_2) \cdot (w_1, w_2) = (-v_1, -v_2) \cdot (w_1, w_2) = -v_1 w_1 - v_2 w_2$ und andererseits $v \cdot L^T(w) = (v_1, v_2) \cdot L^T(w_1, w_2) = (v_1, v_2) \cdot (-w_1, -w_2) = -v_1 w_1 - v_2 w_2$ $v = (v_1, v_2)$, $w = (w_1, w_2)$ aus $\mathbb{R}^2$. Also ist $L = L^T$, das heißt, dass L eine symmetrische Abbildung ist.

Es ist $L^{-1} : \mathbb{R}^2 \to \mathbb{R}^2$ mit $L^{-1}(z_1, z_2) = (-z_1, -z_2)$, denn es ist $L^{-1} \circ L = L \circ L^{-1} = \mathrm{Id}_{\mathbb{R}^2}$. Es ist also $L = L^{-1}$, das heißt, dass $L = L^T = L^{-1}$ ist. Damit ist L eine auch orthogonale Abbildung. Weiterhin gilt

$$A_{L^T} = A_{L^{-1}} = A_L = \begin{bmatrix} -1 & 0 \\ 0 & -1 \end{bmatrix} = A_L^{-1} = A_L^T.$$

Geometrisch beschreibt L eine Drehung um 180° um den Koordinatenursprung in der Ebene, oder anders gesagt, L beschreibt eine Punktspiegelung an $(0, 0)$.

7.10 Zeigen Sie, dass die lineare Abbildung $S : \mathbb{R}^2 \to \mathbb{R}^2$ mit $S(x, y) = (x + 2y, 2x + 3y)$ symmetrisch ist.

Lösung: Wir geben zwei Beweise an.

(a) Da

$$A_S = \begin{bmatrix} 1 & 2 \\ 2 & 3 \end{bmatrix}$$

die natürliche Darstellungsmatrix von S und diese symmetrisch ist, also $A_S^T = A_S$, ist S eine symmetrische Abbildung.

(b) Es ist einerseits $S(v) \cdot w = S(v_1, v_2) \cdot (w_1, w_2) = (v_1 + 2v_2, 2v_1 + 3v_2) \cdot (w_1, w_2) = v_1 w_1 + 2v_2 w_1 + 2v_1 w_2 + 3v_2 w_2$ und andererseits $v \cdot S(w) = (v_1, v_2) \cdot S(w_1, w_2) = (v_1, v_2) \cdot (w_1 + 2w_2, 2w_1 + 3w_2) = v_1 w_1 + 2v_1 w_2 + 2v_2 w_1 + 3v_2 w_2$ für alle $v = (v_1, v_2)$, $w = (w_1, w_2)$ aus $\mathbb{R}^2$. Somit ist S nach Definition symmetrisch.

7.11 Bestimmen Sie den orthogonalen Projektionsvektor von $v = (2, 1, 3)$ auf den Unterraum $U = \mathrm{Lin}(u_1, u_2) = \mathrm{Lin}((2/3, -1/3, -2/3), (1/\sqrt{2}, 0, 1/\sqrt{2}))$.

Lösung: Die Vektoren u_1, u_2 bilden eine orthonormale Basis von U, also ist

$$u = \frac{v \cdot u_1}{u_1 \cdot u_1} u_1 \oplus \frac{v \cdot u_2}{u_2 \cdot u_2} u_2 = (-1)(\frac{2}{3}, -\frac{1}{3}, -\frac{2}{3}) \oplus \frac{5}{\sqrt{2}}(\frac{1}{\sqrt{2}}, 0, \frac{1}{\sqrt{2}}) = (\frac{11}{6}, \frac{1}{3}, \frac{19}{6})$$

der orthogonale Projektionsvektor von v auf U.

7.12 Es ist $(u_1, u_2) \in \mathbb{R}^2 \backslash \{(0,0)\}$. Zeigen Sie, dass die Matrix

$$U = \frac{1}{u_1^2 + u_2^2} \begin{bmatrix} u_1^2 & u_1 u_2 \\ u_1 u_2 & u_2^2 \end{bmatrix}$$

eine orthogonale Projektionsmatrix ist. Auf welchen Unterraum projiziert sie?

Lösung: Es ist

$$\begin{aligned} U^T &= \Big(\frac{1}{u_1^2 + u_2^2} \begin{bmatrix} u_1^2 & u_1 u_2 \\ u_1 u_2 & u_2^2 \end{bmatrix}\Big)^T = \frac{1}{u_1^2 + u_2^2} \begin{bmatrix} u_1^2 & u_1 u_2 \\ u_1 u_2 & u_2^2 \end{bmatrix}^T \\ &= \frac{1}{u_1^2 + u_2^2} \begin{bmatrix} u_1^2 & u_1 u_2 \\ u_1 u_2 & u_2^2 \end{bmatrix} = U \end{aligned}$$

also ist U symmetrisch. Es ist

$$\begin{aligned} U^2 = UU &= \frac{1}{u_1^2 + u_2^2} \begin{bmatrix} u_1^2 & u_1 u_2 \\ u_1 u_2 & u_2^2 \end{bmatrix} \frac{1}{u_1^2 + u_2^2} \begin{bmatrix} u_1^2 & u_1 u_2 \\ u_1 u_2 & u_2^2 \end{bmatrix} \\ &= \frac{1}{(u_1^2 + u_2^2)^2} \begin{bmatrix} u_1^2 & u_1 u_2 \\ u_1 u_2 & u_2^2 \end{bmatrix}^2 \\ &= \frac{u_1^2 + u_2^2}{(u_1^2 + u_2^2)^2} \begin{bmatrix} u_1^2 & u_1 u_2 \\ u_1 u_2 & u_2^2 \end{bmatrix} = \frac{1}{u_1^2 + u_2^2} \begin{bmatrix} u_1^2 & u_1 u_2 \\ u_1 u_2 & u_2^2 \end{bmatrix} = U \end{aligned}$$

also ist U idempotent. Somit ist U eine orthogonale Projektionsmatrix. Die Matrix projiziert auf den Unterraum $\text{Lin}(u_1, u_2)$.

7.13 Gegeben ist die lineare Abbildung $L : \mathbb{R}^2 \to \mathbb{R}$ mit $L(x, y) = 2x + 3y$. Bestimmen Sie die zu L transponierte Abbildung.

Lösung: Es ist $A_L = [2 \quad 3]$ die natürliche Darstellungsmatrix von L und damit $A_L^T = [2 \quad 3]^T$. Also ist $L^T : \mathbb{R} \to \mathbb{R}^2$ mit $L^T(z) = (2z, 3z)$ die zu L transponierte Abbildung. (Probe: $zL(x, y) = z(2x+3y) = 2xz+3yz$ und $L^T(z)\cdot(x, y) = (2z, 3z)\cdot(x, y) = 2xz+3yz$ für alle x, y, z aus $\mathbb{R}$.)

7.14 Geben Sie eine lineare Abbildung L von $\mathbb{R}$ nach $\mathbb{R}^2$ an und verifizieren Sie damit die Gleichungen $\mathbb{R} = \text{Kern}(L) \ominus \text{Bild}(L^T)$ und $\mathbb{R}^2 = \text{Kern}(L^T) \ominus \text{Bild}(L)$.

Lösung: Ich wähle die Abbildung $L : \mathbb{R} \to \mathbb{R}^2$ mit $L(x) = (2x, 3x)$. Dann ist zunächst: $L^T : \mathbb{R}^2 \to \mathbb{R}$ mit $L^T(y_1, y_2) = (2y_1 + 3y_2)$. Damit gilt: $\mathbb{R} = \text{Kern}(L) \ominus \text{Bild}(L^T) = \{0\} \ominus \mathbb{R}$ und $\mathbb{R}^2 = \text{Kern}(L^T) \ominus \text{Bild}(L) = \{t(-3/2, 1) \mid t \in \mathbb{R}\} \ominus \{s(1, 3/2) \mid s \in \mathbb{R}\}$.

7.15 Geben Sie eine lineare Abbildung L von $\mathbb{R}^2$ nach $\mathbb{R}^2$ an und verifizieren Sie damit die Gleichungen $\mathbb{R}^2 = \text{Kern}(L) \ominus \text{Bild}(L^T)$ und $\mathbb{R}^2 = \text{Kern}(L^T) \ominus \text{Bild}(L)$.

Lösung: Ich wähle die Abbildung $L : \mathbb{R}^2 \to \mathbb{R}^2$ mit $L(x_1, x_2) = (x_1, 0)$. Dann ist zunächst: $L^T : \mathbb{R}^2 \to \mathbb{R}^2$ mit $L^T(y_1, y_2) = (y_1, 0)$. Damit gilt: $\mathbb{R}^2 = \text{Kern}(L) \ominus \text{Bild}(L^T) = \text{Kern}(L^T) \ominus \text{Bild}(L) = \{t(0, 1) \mid t \in \mathbb{R}\} \ominus \{s(1, 0) \mid s \in \mathbb{R}\}$. (Die Abbildung L ist symmetrisch, daher ist $L = L^T$.)

7.16 Es ist $u \in \mathbb{R}^n$ ein Einheitsvektor und

$$Q = E_n - 2uu^T.$$

Zeigen Sie, dass Q symmetrisch und orthonormal ist. Bestimmen Sie Q für $u = (1, 0)$.

Lösung: Beachten Sie, dass uu^T eine Matrix ist, während $u^T u$ eine Zahl ergibt, nämlich $u^T u = |u|^2 = 1$. Die Matrizen Q^T und Q^{-1} sind beide gleich der Matrix Q, denn es ist $Q^T = (E_n - 2uu^T)^T = E_n - 2uu^T = Q$ und $Q^T Q = (E_n - 2uu^T)^T (E_n - 2uu^T) = E_n - 4uu^T + 4uu^T uu^T = E_n$. Für $u = (1, 0)$ gilt

$$Q = E_2 - 2\begin{bmatrix} 1 \\ 0 \end{bmatrix}\begin{bmatrix} 1 & 0 \end{bmatrix} = \begin{bmatrix} -1 & 0 \\ 0 & 1 \end{bmatrix}.$$

(Die Matrix Q beschreibt eine Spiegelung an der y-Achse. Matrizen der Form $E_n - 2uu^T$ spiegeln jeden Punkt an der Geraden, die senkrecht auf derjenigen Geraden steht, die von u aufgespannt wird.

7.17 Zeigen Sie, dass die Matrix

$$Q = \begin{bmatrix} \cos\phi & -\sin\phi \\ \sin\phi & \cos\phi \end{bmatrix}$$

für alle Winkel $\phi \in \mathbb{R}$ orthonormal ist.

Lösung: Es gilt

$$Q^T Q = \begin{bmatrix} \cos\phi & \sin\phi \\ -\sin\phi & \cos\phi \end{bmatrix}\begin{bmatrix} \cos\phi & -\sin\phi \\ \sin\phi & \cos\phi \end{bmatrix} = \begin{bmatrix} 1 & 0 \\ 0 & 1 \end{bmatrix}$$

für alle $\phi \in \mathbb{R}$, so dass Q orthonormal ist.

Die Spaltenvektoren von Q aus dem letzten Beispiel bilden somit eine orthonormale Basis des $\mathbb{R}^2$. Sie kann man sich entstanden denken durch Drehung der natürlichen Basisvektoren e_1 und e_2 im mathematisch positiven Sinn (gegen den Uhrzeiger) um den Winkel ϕ, siehe Bild 7.1. Die Matrix Q beschreibt eine Drehung (lineare Abbildung) um den Koordinatenursprung im $\mathbb{R}^2$. Die Matrix

$$Q^{-1} = Q^T = \begin{bmatrix} \cos\phi & \sin\phi \\ -\sin\phi & \cos\phi \end{bmatrix}$$

dreht die Vektoren um den Winkel $-\phi$ zurück, denn es ist $\cos(-\phi) = \cos\phi$ und $\sin(-\phi) = -\sin\phi$.

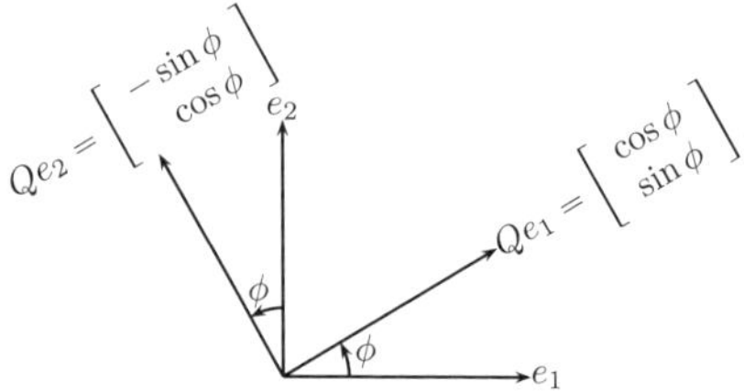

Bild 7.1: Drehung der natürlichen Basis

7.18 Es sind A, B und C orthonormale Matrizen. Vereinfachen Sie den Ausdruck $AB(CAB)^T$ soweit wie möglich.

Lösung: Mit Rechenregeln für Matrizen und speziell für orthogonale Matrizen gilt:

$$AB(CAB)^T = ABB^T(CA)^T = AE(CA)^T = A(CA)^T = AA^TC^T = EC^T = C^T.$$

7.19 Zeigen Sie, dass Matrizen der Form qq^T mit $q \in \mathbb{R}^n$ und $|q| = 1$ symmetrisch und idempotent (also orthogonale Projektionsmatrizen) sind.

Lösung: Mit den Rechenregeln für Matrizen gilt. Symmetrisch: $(qq^T)^T = (q^T)^Tq^T = qq^T$. Idempotent: $(qq^T)^2 = (qq^T)(qq^T) = q(q^Tq)q^T = q(1)q^T = qq^T$.

7.20 Beweisen Sie folgenden Satz: *Ist $Q : \mathbb{R}^n \to \mathbb{R}^n$ orthonormal, so bildet Q Paare von orthogonalen Vektoren auf orthogonale Vektoren ab.* Verifizieren Sie diesen Satz anschließend an einem Beispiel.

Lösung: Sind v, $w \in \mathbb{R}^n$ orthogonal, dann gilt $0 = v \cdot w = Q(v) \cdot Q(w)$, weil Q orthonormal ist. Also sind auch die beiden Vektoren $Q(v)$, $Q(w)$ aus $\mathbb{R}^n$ orthogonal.

Ich wähle die orthonormal Abbildung $Q : \mathbb{R}^2 \to \mathbb{R}^2$ mit $Q(v_1, v_2) = (3/5v_1 + 4/5v_2, -4/5v_1 + 3/5v_2)$ und die orthogonalen Vektoren $u = (1,1)$, $w = (-1,1)$. Es ist $u \perp w$ und $Q(u) \perp Q(w)$, denn $u \cdot v = (1,1) \cdot (-1,1) = -1 + 1 = 0$ und $Q(1,1) \cdot Q(-1,1) = (7/5, -1/5) \cdot (1/5, 7/5) = 7/25 - 7/25 = 0$.

7.21 Beweisen Sie folgenden Satz: *Ist $Q : \mathbb{R}^n \to \mathbb{R}^n$ linear, so ist Q orthonormal genau dann, wenn $|Q(v)| = |v|$ für alle $v \in \mathbb{R}^n$ gilt.* Verifizieren Sie diesen Satz anschließend an einem Beispiel.

Lösung: Wir nehmen zuerst an, Q ist orthonormal. Dann gilt: $|Q(v)| = \sqrt{Q(v) \cdot Q(v)} = \sqrt{v \cdot v} = |v|$. Ist umgekehrt $|Q(v)| = |v|$ für alle $v \in \mathbb{R}^n$, dann gilt: $Q(u) \cdot Q(v) = 1/4(|Q(u) + Q(v)|^2 - |Q(u) - Q(v)|^2) = 1/4(|u + v|^2 - |u - v|^2) = u \cdot v$.

Ich wähle die orthonormale Abbildung $Q : \mathbb{R}^2 \to \mathbb{R}^2$ mit $Q(v_1, v_2) = (3/5v_1 + 4/5v_2, -4/5v_1 + 3/5v_2)$ und den Vektor $v = (1,1)$. Es ist $|v| = |(1,1)| = \sqrt{2}$ und $|Q(v)| = |Q(1,1)| = |(7/5, -1/5)| = \sqrt{49/25 + 1/25} = \sqrt{50/25} = \sqrt{2}$.

7.22 Beweisen Sie folgenden Satz: *Ist* $Q : \mathbb{R}^n \to \mathbb{R}^n$ *orthonormal, dann ist* Q *bijektiv.*

Lösung: Es genügt zu zeigen, dass Q injektiv ist, denn wir wissen, für eine lineare Abbildung von $\mathbb{R}^n$ nach $\mathbb{R}^n$ ist bijektiv mit injektiv (und surjektiv) gleichwertig. Also nehmen wir an, dass $Q(v) = Q(v')$ für v, v' aus $\mathbb{R}^n$ gilt. Wir müssen zeigen, dass $v = v'$ ist. Es ist $Q(v - v') = Q(v) - Q(v') = o_n$ und damit ist $(v - v') \cdot (v - v') = Q(v - v') \cdot Q(v - v') = o_n \cdot o_n = 0$. Dann muss $v - v' = o_n$ und somit $v = v'$ sein. Somit ist Q injektiv und somit bijektiv.

7.23 Beweisen Sie folgenden Satz: *Ist* $Q : \mathbb{R}^n \to \mathbb{R}^n$ *linear, so ist* Q *orthogonal genau dann, wenn orthonormale Basen von* $\mathbb{R}^n$ *auf orthonormale Basen* $\mathbb{R}^n$ *abgebildet werden.* Verifizieren Sie diesen Satz anschließend an einem Beispiel.

Lösung: Wir geben zwei Beweismethoden. Erstens. Wir nehmen zunächst an, dass $Q : \mathbb{R}^n \to \mathbb{R}^n$ orthogonal ist. Ist $q_1, \ldots, q_n$ eine orthonormal Basis von $\mathbb{R}^n$, so gilt

$$Q(q_i) \cdot Q(q_j) = q_i \cdot q_j = \begin{cases} 1 & \text{für } i = j \\ 0 & \text{für } i \neq j \end{cases}$$

das heißt die Vektoren $Q(q_1), \ldots, Q(q_n)$ bilden eine orthonormale Basis von $\mathbb{R}^n$. Ist nun umgekehrt $q_1, \ldots, q_n$ eine orthonormale Basis von $\mathbb{R}^n$ und die Bildelemente $Q(q_1), \ldots, Q(q_n)$ ebenso. Wir müssen nun zeigen, dass Q eine orthogonale Abbildung ist. Es ist $v = r_1q_1 + \cdots + r_nq_n$ und $w = s_1q_1 + \cdots + s_nq_n$ für v, w aus $\mathbb{R}^n$ und eindeutig bestimmte reelle Zahlen r_j, s_j. Dann folgt $v \cdot w = (r_1q_1 + \cdots + r_nq_n) \cdot (s_1q_1 + \cdots + s_nq_n) = r_1s_1 + \cdots + r_ns_n$. Nun ist $Q(v) \cdot Q(w) = (r_1Q(q_1) + \cdots + r_nQ(q_n)) \cdot (s_1Q(q_1) + \cdots + s_nQ(q_n)) = r_1s_1(Q(q_1) \cdot Q(q_1)) + \cdots + r_ns_n(Q(q_n) \cdot Q(q_n)) = r_1s_1 + \cdots + r_ns_n = v \cdot w$. Also ist Q orthogonal.

Zweitens. Wir wissen, dass jede orthogonale Abbildung bijektiv ist. Genau die bijektiven linearen Abbildungen Q bilden eine Basis $q_1, \ldots, q_n$ in eine Basis $Q(q_1), \ldots, Q(q_n)$ ab. Genau dann, wenn Q orthogonal ist, sind sowohl die Vektoren $q_1, \ldots, q_n$ als auch die Vektoren $Q(q_1), \ldots, Q(q_n)$ orthonormal.

Ich wähle die orthogonale Abbildung $Q : \mathbb{R}^2 \to \mathbb{R}^2$ mit $Q(v_1, v_2) = (3/5v_1 + 4/5v_2, -4/5v_1 + 3/5v_2)$ und die Vektoren $b_1 = e_1 = (1, 0)$ und $b_2 = e_2 = (0, 1)$. Es ist $b_1 \perp b_2$, $|b_1| = |b_2| = 1$ und $Q(b_1) \perp Q(b_2)$, $|Q(b_1)| = |Q(b_2)| = 1$, denn $Q(b_1) \cdot Q(b_2) = (3/5, -4/5) \cdot (4/5, 3/5) = 12/25 - 12/25 = 0$ und $|Q(b_1)| = \sqrt{9/25 + 16/25} = 1$, $|Q(b_2)| = \sqrt{16/25 + 9/25} = 1$.

7.24 Es sind A, B orthogonale Matrizen aus $\mathbb{R}^{n \times n}$. Zeigen Sie, dass auch die Produktmatrix AB eine orthogonale Matrix ist.

Lösung: Es gilt $(AB)^TAB = B^TA^TAB = B^TE_nB = B^TB = E_n$. damit ist gezeigt, dass auch AB orthogonal ist.

7.25 Es sind A, B orthogonale Matrizen aus $\mathbb{R}^{n\times n}$. vereinfachen Sie den Ausdruck $(B^{-1}A^T)^T B(A^T B)^T$.

Lösung: Es ist $(B^{-1}A^T)^T B(A^T B)^T = (A^T)^T (B^{-1})^T BB^T (A^T)^T = A(B^T)^T BB^T A = AB(BB^T)A = ABE_nA = ABA$.

7.26 Verifizieren Sie Satz 7.5 in [8] für die Matrix

$$A = \begin{bmatrix} 1 & 1 & 0 \\ 0 & 1 & 0 \end{bmatrix}.$$

Lösung: Die zu A gehörige lineare Abbildung ist $L : \mathbb{R}^3 \to \mathbb{R}^2$ mit $L(x_1, x_2, x_3) = (x_1 + x_2, x_2)$, und die dazugehörige transponierte Abbildung ist $L^T : \mathbb{R}^2 \to \mathbb{R}^3$ mit $L^T(y_1, y_2) = (y_1, y_1 + y_2, 0)$. Außerdem ist $S(A) = \text{Bild}(L) = \mathbb{R}^2$, $N(A) = \text{Kern}(L) = \{s(0,0,1) \mid s \in \mathbb{R}\}$, $S(A^T) = \text{Bild}(L^T) = \{t(1,1,0) \mid t \in \mathbb{R}\}$ und $N(A^T) = \text{Kern}(L^T) = \{(0,0)\}$. Ist $x \in \mathbb{R}^3$, so ist $x = s(0,0,1) \oplus t(1,1,0)$ für $s, t \in \mathbb{R}$, und ist $y \in \mathbb{R}^2$, so ist $y = y \oplus (0,0)$. Zum Beispiel ist $(1,2,3) = (1,2,0) \oplus (0,0,3)$ und $(4,5) = (4,5) \oplus (0,0)$.

7.27 Gegeben ist die lineare Abbildung $L : \mathbb{R}^2 \to \mathbb{R}^2$ mit $L(v_1, v_2) = (3v_1 - v_2, -v_1 + 3v_2)$. Bestimmen Sie L^T.

Lösung: Die natürliche Darstellungsmatrix von L ist

$$\begin{bmatrix} 3 & -1 \\ -1 & 3 \end{bmatrix}.$$

Damit ist

$$\begin{bmatrix} 3 & -1 \\ -1 & 3 \end{bmatrix}^T = \begin{bmatrix} 3 & -1 \\ -1 & 3 \end{bmatrix}.$$

Somit ist $L^T : \mathbb{R}^2 \to \mathbb{R}^2$ mit $L^T(w_1, w_2) = (3w_1 - w_2, -w_1 + 3w_2)$. Die Abbildung L ist symmetrisch, daher ist $L = L^T$.

Wir geben eine weitere Methode an, um L^T aus L zu bestimmen. Mit $v = (v_1, v_2) \in \mathbb{R}^2$ und $w = (w_1, w_2) \in \mathbb{R}^2$ gilt:

$$\begin{aligned} L(v) \cdot w &= L(v_1, v_2) \cdot (w_1, w_2) = (3v_1 - v_2, -v_1 + 3v_2) \cdot (w_1, w_2) \\ &= (3v_1 - v_2)w_1 + (-v_1 + 3v_2)w_2 = 3v_1w_1 - v_2w_1 - v_1w_2 + 3v_2w_2 \\ &= v_1(3w_1 - w_2) + v_2(-w_1 + 3w_2) = (v_1, v_2) \cdot (3w_1 - w_2, -w_1 + 3w_2) \\ &= v \cdot L^T(w). \end{aligned}$$

Also ist $L^T : \mathbb{R}^2 \to \mathbb{R}^2$ mit $L^T(w_1, w_2) = (3w_1 - w_2, -w_1 + 3w_2)$.

7.28 Gegeben ist die lineare Abbildung $L : \mathbb{R}^2 \to \mathbb{R}^2$ mit $L(v_1, v_2) = (3/5v_1 + 4/5v_2, -4/5v_1 + 3/5v_2)$. Bestimmen Sie L^T.

Lösung: Die natürliche Darstellungsmatrix von L ist

$$\begin{bmatrix} 3/5 & 4/5 \\ -4/5 & 3/5 \end{bmatrix}.$$

Damit ist

$$\begin{bmatrix} 3/5 & 4/5 \\ -4/5 & 3/5 \end{bmatrix}^T = \begin{bmatrix} 3/5 & -4/5 \\ 4/5 & 3/5 \end{bmatrix}.$$

Somit ist $L^T : \mathbb{R}^2 \to \mathbb{R}^2$ mit $L^T(w_1, w_2) = (3/5w_1 - 4/5w_2, 4/5w_1 + 3/5w_2)$.

Außerdem ist

$$\begin{bmatrix} 3/5 & 4/5 \\ -4/5 & 3/5 \end{bmatrix}^{-1} = \begin{bmatrix} 3/5 & -4/5 \\ 4/5 & 3/5 \end{bmatrix}.$$

Somit ist $L^{-1} : \mathbb{R}^2 \to \mathbb{R}^2$ mit $L^{-1}(w_1, w_2) = (3/5w_1 - 4/5w_2, 4/5w_1 + 3/5w_2)$. Es ist also $L^{-1} = L^T$, daher ist die Abbildung L orthogonal.

7.29 Ist die Matrix

$$A = \begin{bmatrix} 0 & -1 & 0 \\ 0 & 0 & -1 \\ -1 & 0 & 0 \end{bmatrix}$$

orthonormal?

Lösung: Ja, die Matrix A ist orthonormal, denn die Spalten, aufgefasst als Vektoren im natürlichen EUKLIDischen Vektorraum $\mathbb{R}^3$, haben die Länge 1 und stehen paarweise orthogonal aufeinander. Ebenso kann man das ja dadurch überprüfen, dass man $A^T A = E_2$ oder $AA^T = E_3$ nachrechnet.

7.30 Die Matrix

$$\begin{bmatrix} 1 & 1 & 1 & 1 \\ 1 & -1 & 1 & -1 \\ 1 & 1 & -1 & -1 \\ 1 & -1 & -1 & 1 \end{bmatrix}$$

heißt HADAMARD[1]-Matrix. Ist die Matrix orthonormal? Begründen Sie!

Lösung: Nein, ist sie nicht, denn die Spalten, aufgefasst als Vektoren in $\mathbb{R}^4$, sind zwar paarweise orthogonal, aber sie haben nicht die Länge 1.

[1] J. HADAMARD (1865-1963) war französischer Mathematiker.

7.31 Ist die Matrix

$$\frac{1}{2}\begin{bmatrix} 1 & -1 & 1 & 1 \\ 1 & -1 & 1 & -1 \\ 1 & -1 & -1 & -1 \\ 1 & -1 & -1 & 1 \end{bmatrix}$$

orthonormal? Begründen Sie!

Lösung: Nein, ist sie nicht, denn die Spalten, aufgefasst als Vektoren in $\mathbb{R}^4$, haben zwar die Länge 1, sie sind aber nicht paarweise orthogonal.

7.32 Ist die Matrix

$$\begin{bmatrix} 1 & 0 \\ 0 & 1 \\ 0 & 0 \end{bmatrix}$$

orthonormal? Begründen Sie!

Lösung: Nein, ist sie nicht, denn die Spalten, aufgefasst als Vektoren in $\mathbb{R}^3$, haben zwar die Länge 1 und sind auch orthogonal, aber die Matrix ist nicht quadratisch.

7.33 Gegeben sind die beiden orthonormalen Matrizen

$$Q_1 = \begin{bmatrix} 1 & 0 \\ 0 & -1 \end{bmatrix} \quad \text{und} \quad Q_2 = \begin{bmatrix} 0 & 1 \\ -1 & 0 \end{bmatrix}.$$

Berechnen Sie Q_2Q_1. Was fällt Ihnen auf?

Lösung: Es ist

$$Q_2Q_1 = \begin{bmatrix} 0 & 1 \\ -1 & 0 \end{bmatrix}\begin{bmatrix} 1 & 0 \\ 0 & -1 \end{bmatrix} = \begin{bmatrix} 0 & -1 \\ -1 & 0 \end{bmatrix}.$$

Die Ergebnismatrix ist wieder orthonormal.

7.34 Die Erkenntnis in Aufgabe 7.33 ist nicht auf dieses Beispiel beschränkt, das Ergebnis gilt tatsächlich allgemein. Können Sie das begründen? Formulieren Sie die Erkenntnis für orthonormale Abbildungen.

Lösung: Es gibt mehrere Möglichkeiten dies zu begründen. Hier ist eine Begründung. Sind Q_1 und Q_2 zwei orthonormale Matrizen, dann gilt mit den Rechenregeln für Matrizen

$$(Q_2Q_1)^{-1} = Q_1^{-1}Q_2^{-1} = Q_1^TQ_2^T = (Q_2Q_1)^T.$$

Also ist die Matrix Q_2Q_1 orthonormal. Die Erkenntnis für orthonormale Abbildungen lautet: *Führt man zwei orthonormale Abbildungen hintereinander aus, dann entsteht wieder eine orthonormale Abbildung.*

8 Reelle Determinanten

8.1 Es sind $A, Z \in \mathbb{R}^{n \times n}$ und Z geht aus A durch elementare Zeilenumformungen hervor. Welche der folgenden Aussagen ist falsch?

□ $\operatorname{Det}(A) = 0$ genau dann, wenn $\operatorname{Det}(Z) = 0$.
□ $\operatorname{Det}(A) = \operatorname{Det}(Z)$.
□ $\operatorname{Det}(A) = c \operatorname{Det}(Z)$ für ein $c \in \mathbb{R}$, $c \neq 0$.

Lösung: | | × | |

8.2 Welche der folgenden Aussagen ist richtig? Für $A \in \mathbb{R}^{n \times n}$ gilt:

□ $\operatorname{Det}(A) = 0$, daraus folgt $\operatorname{Rang}(A) = 0$.
□ $\operatorname{Det}(A) = 0$, genau dann, wenn $\operatorname{Rang}(A) \leqslant n - 1$.
□ $\operatorname{Det}(A) = 0$, daraus folgt $\operatorname{Rang}(A) = n$.

Lösung: | | × | |

8.3 Welche Aussage ist falsch?

□ $\operatorname{Det}(A) = 1$, daraus folgt $A = E_n$.
□ $\operatorname{Det}(A) = 1$ für $A = E_n$.
□ $\operatorname{Det}(cE_n) = c^n$ für $c \in \mathbb{R}$.

Lösung: | f | | |

8.4 Welche Aussage ist für alle $A, B, C \in \mathbb{R}^{n \times n}$ und $c \in \mathbb{R}$ richtig?

□ $\operatorname{Det}(A + B) = \operatorname{Det}(A) + \operatorname{Det}(B)$.
□ $\operatorname{Det}(cA) = c \operatorname{Det}(A)$.
□ $\operatorname{Det}((AB)C) = \operatorname{Det}(A) \operatorname{Det}(B) \operatorname{Det}(C)$.

Lösung: | | | × |

8.5 $\operatorname{Det} \begin{bmatrix} \cos\phi & -\sin\phi \\ \sin\phi & \cos\phi \end{bmatrix} =$

□ $\cos(2\phi)$ □ 0 □ 1

Lösung: | | | × |

8.6 Untersuchen Sie mit Hilfe einer Determinante, ob die beiden Vektoren $a_1 = (1, 3)$, $a_2 = (-2, 2)$ eine Basis von $\mathbb{R}^2$ bilden.

Lösung: Ja, die beiden Vektoren bilden eine Basis von $\mathbb{R}^2$. Es genügt zu zeigen, dass die beiden Vektoren linear unabhängig sind. Das sind sie, denn betrachten wir die beiden Vektoren als Spalten der Matrix A, so gilt: $\text{Det}(A) = (1)(2) - (-2)(2) = 8$. Da die Determinante ungleich Null ist, ist die Matrix A invertierbar, somit hat das homogene System $Ar = o_2$ nur $r = (0, 0)$ als Lösung, also sind die beiden Vektoren linear unabhängig.

8.7 Lösen Sie das lineare Gleichungssystem

$$\begin{aligned} x + y + 2z &= 9 \\ 2x + 4y - 3z &= 1 \\ 3x + 6y - 5z &= 0 \end{aligned}$$

mit der CRAMER[1]schen Regel.

Lösung: Aus

$$A = \begin{bmatrix} 1 & 1 & 2 \\ 2 & 4 & -3 \\ 3 & 6 & -5 \end{bmatrix} \quad A_1 = \begin{bmatrix} 9 & 1 & 2 \\ 1 & 4 & -3 \\ 0 & 6 & -5 \end{bmatrix}$$

und

$$A_2 = \begin{bmatrix} 1 & 9 & 2 \\ 2 & 1 & -3 \\ 3 & 0 & -5 \end{bmatrix} \quad A_3 = \begin{bmatrix} 1 & 1 & 9 \\ 2 & 4 & 1 \\ 3 & 6 & 0 \end{bmatrix}$$

erhalten wir

$$x_1 = \frac{\text{Det}(A_1)}{\text{Det}(A)} = \frac{-1}{-1} = 1, \; x_2 = \frac{\text{Det}(A_2)}{\text{Det}(A)} = \frac{-2}{-1} = 2,$$

und

$$x_3 = \frac{\text{Det}(A_3)}{\text{Det}(A)} = \frac{-3}{-1} = 3.$$

[1]G. CRAMER (1704-1752) war ein schweizer Mathematiker.

8.8 Verwenden Sie eine mathematische Software und berechnen Sie die Determinante von

$$A = \begin{bmatrix} 6 & -4 & 4 & 0 & 4 \\ 0 & 10 & -6 & 0 & -6 \\ 16 & 20 & -20 & -8 & -26 \\ -8 & -8 & 11 & 10 & 11 \\ -16 & -20 & 24 & 8 & 30 \end{bmatrix}.$$

Lösung: Ich verwende MATLAB mit der Funktion `det` und rechne symbolisch. Hier das Ergebnis:

```
>> A=sym([6 -4 4 0 4;0 10 -6 0 -6;16 20 -20 -8 -26;-8 -8 11 10 11;
-16 -20 24 8 30]);
>> det(A)
ans =
14400
```

Die Determinante von A hat also den Wert 14 400.

9 Reelle Eigenwerte und Eigenvektoren

9.1 Sind die folgenden Aussagen wahr oder falsch?

(a) Die Eigenwerte einer Diagonalmatrix sind durch die Einträge auf ihrer Hauptdiagonalen gegeben.
(b) Die Eigenwerte einer Dreiecksmatrix sind durch die Einträge auf ihrer Hauptdiagonalen gegeben.
(c) Ist ein Eigenwert einer Matrix gleich 0, dann ist die Matrix singulär.
(d) Eine Matrix und ihre Transponierte besitzen die gleichen Eigenwerte.
(e) Eine invertierbare Matrix besitzt ausschließlich nicht negative Eigenwerte.

Lösung: Wir können wie folgt antworten.

(a) Wahre Aussage (Vorlesung oder Lehrbuch).
(b) Wahre Aussage (Vorlesung oder Lehrbuch).
(c) Wahre Aussage (Vorlesung oder Lehrbuch).
(d) Wahre Aussage (Vorlesung oder Lehrbuch).
(e) Falsche Aussage. Die Eigenwerte einer invertierbaren Matrix sind stets ungleich Null, sie können aber sowohl positiv als auch negativ sein. Beispiel:

$$\begin{bmatrix} 1 & 0 \\ 0 & -1 \end{bmatrix}.$$

9.2 Gegeben ist ein Eigenvektor v zum Eigenwert λ einer quadratischen Matrix A. Ist v auch Eigenvektor von A^2? Zu welchem Eigenwert?

Lösung: Ja, zum Eigenwert λ^2. Denn aus $Av = \lambda v$ folgt $A^2 v = A(Av) = A(\lambda v) = \lambda(Av) = \lambda(\lambda v) = \lambda^2 v$.

9.3 Gegeben ist die Matrix

$$A = \begin{bmatrix} 5 & 4 \\ 1 & 2 \end{bmatrix} \in \mathbb{R}^{2\times 2}.$$

Bestimmen Sie die Eigenwerte und die Eigenräume von A.

Lösung: Die Matrix A hat das charakteristische Polynom

$$\operatorname{Det}(\lambda E_2 - A) = \operatorname{Det}\begin{bmatrix} \lambda - 5 & -4 \\ -1 & \lambda - 2 \end{bmatrix} = \lambda^2 - 7\lambda + 6 = (\lambda - 1)(\lambda - 6).$$

Seine Nullstellen und damit die Eigenwerte von A sind 1 und 6. Der Eigenraum Eig(1) zum Eigenwert 1 ist die Lösungsmenge des homogenen linearen Gleichungssystems $(1 \cdot E_2 - A)x = o_2$. Wir erhalten als Lösungsmenge $\text{Eig}(1) = \{x \in \mathbb{R}^2 \mid x = t(-1,1), t \in \mathbb{R}\}$. Der Eigenraum Eig(6) zum Eigenwert 6 ist die Lösungsmenge des homogenen linearen Gleichungssystems $(6 \cdot E_2 - A)x = o_2$. Wir erhalten als Lösungsmenge $\text{Eig}(6) = \{x \in \mathbb{R}^2 \mid x = t(4,1), t \in \mathbb{R}\}$. In diesem Beispiel gibt es also zwei reelle Eigenwerte, und zu jedem einen eindimensionalen Eigenraum. Jeder Vektor aus Eig(1), außer dem Nullvektor, ist ein Eigenvektor von A. Analog für die Vektoren aus Eig(6). Zum Beispiel bilden die Vektoren $(-1,1) \in \text{Eig}(1)$ und $(4,1) \in \text{Eig}(6)$ eine Basis aus Eigenvektoren von $\mathbb{R}^2$. Es ist zum Beispiel $(-6,1) = (-2,2) + (-4,-1)$ mit $(-2,2) \in \text{Eig}(1)$ und $(-4,-1) \in \text{Eig}(6)$ und diese Summe ist direkt, also $(-6,1) = (-2,2) \oplus (-4,-1)$.

9.4 Gegeben ist die Matrix

$$A = \begin{bmatrix} 5 & 4 \\ -1 & 1 \end{bmatrix} \in \mathbb{R}^{2\times 2}.$$

Bestimmen Sie die Eigenwerte und die Eigenräume von A.

Lösung: Die Matrix A hat das charakteristische Polynom

$$\text{Det}(\lambda E_2 - A) = \text{Det}\begin{bmatrix} \lambda - 5 & -4 \\ 1 & \lambda - 1 \end{bmatrix} = (\lambda - 3)^2,$$

also den doppelten Eigenwert 3. Der zugehörige Eigenraum ergibt sich aus $(3 \cdot E_2 - A)x = o_2$ zu $\text{Eig}(3) = \{x \in \mathbb{R}^2 \mid x = t(-2,1), t \in \mathbb{R}\}$. Zum doppelten Eigenwert 3 von A gibt es also einen eindimensionalen Eigenraum. Eine Basis von $\mathbb{R}^2$ aus Eigenvektoren von A gibt es daher nicht.

9.5 Eine reelle symmetrische Matrix A zu diagonalisieren, heißt

☐ Eine symmetrische Matrix P zu finden, so dass $P^{-1}AP$ Diagonalform hat.

☐ Eine orthonormale Matrix P zu finden, so dass $P^{-1}AP$ Diagonalform hat.

☐ Eine invertierbare Matrix P zu finden, so dass $P^{-1}AP$ Diagonalform hat.

Lösung: | | × | |

9.6 Es ist $A \in \mathbb{R}^{m\times n}$. Begründen Sie, weshalb die Matrix A^TA eine Basis aus Eigenvektoren besitzt. Was können Sie über die Matrix AA^T sagen?

Lösung: Sowohl die Matrix A^TA als auch die Matrix AA^T ist symmetrisch. Daher besitzen beide Matrizen eine Basis aus Eigenvektoren, zum einen im Vektorraum $\mathbb{R}^n$ und zum anderen im Vektorraum $\mathbb{R}^m$.

9.7 Geben Sie die Eigenwerte und Eigenvektoren einer quadratischen Diagonalmatrix an.

Lösung: Die Eigenwerte sind die Diagonalelemente und als Eigenvektoren kann man die natürliche Basis wählen.

9.8 Wahr oder falsch: Die Eigenwerte einer Matrix sind nicht notwendig alle verschieden.

Lösung: Wahr.

9.9 Wahr oder falsch: Die Eigenwerte einer reellen Matrix sind reell.

Lösung: Falsch.

9.10 Wahr oder falsch: Jede Matrix aus $\mathbb{R}^{n\times n}$ hat n linear unabhängige Eigenvektoren.

Lösung: Falsch.

9.11 Bestimmen Sie eine orthonormale Eigenvektorenmatrix Q, die die Matrix

$$A = \begin{bmatrix} 3 & 1 \\ 1 & 3 \end{bmatrix}$$

diagonalisiert.

Lösung: Aus der charakteristischen Gleichung von $\mathrm{Det}(\lambda E_2 - A) = (\lambda - 4)(\lambda - 2) = 0$ ergeben sich die Eigenwerte $\lambda = 4$ und $\lambda = 2$. $q_1 = (1/\sqrt{2}, 1/\sqrt{2})$ und $q_2 = (-1/\sqrt{2}, 1/\sqrt{2})$ sind orthonormale Basisvektoren, so dass sich eine Eigenvektorenmatrix Q wie folgt ergibt

$$Q = \begin{bmatrix} 1/\sqrt{2} & -1/\sqrt{2} \\ 1/\sqrt{2} & 1/\sqrt{2} \end{bmatrix}.$$

9.12 Bestimmen Sie von der Matrix

$$P = \begin{bmatrix} 1 & 0 \\ 0 & 0 \end{bmatrix}$$

die Eigenwerte und die Eigenräume. Deuten Sie die Eigenräume geometrisch. P beschreibt eine orthogonale Projektion auf die x-Achse (Bild 9.1 links).

Lösung: Die Eigenwerte sind $\lambda_1 = 1$ und $\lambda_2 = 0$, denn das charakteristische Polynom ist $\lambda(\lambda - 1)$. Die Eigenräume sind $\mathrm{Eig}(\lambda_1) = \{x \in \mathbb{R}^2 \mid x = (t, 0), t \in \mathbb{R}\}$ und $\mathrm{Eig}(\lambda_2) = \{x \in \mathbb{R}^2 \mid x = (0, t), t \in \mathbb{R}\}$. Demnach entspricht dem Eigenraum $\mathrm{Eig}(\lambda_1)$ die x-Achse und dem Eigenraum $\mathrm{Eig}(\lambda_2)$ die y-Achse, siehe Bild 9.1 rechts.

Außerdem gilt: P hat Diagonalform, daher sind auch die Eigenwerte leicht ablesbar. Die Eigenräume stehen senkrecht aufeinander, weil P eine symmetrische Matrix ist. P ist nicht invertierbar (singuär), das ist immer so, wenn ein Eigenwert gleich null ist.

Bild 9.1: Zu Aufgabe 9.12

9.13 Versuchen Sie die Matrix

$$A = \begin{bmatrix} 1 & 0 & 0 \\ 1 & 2 & 0 \\ -3 & 5 & 2 \end{bmatrix} \in \mathbb{R}^{3\times 3}$$

zu diagonalisieren.

Lösung: Aus dem charakteristischen Polynom von A ergibt sich die charakteristische Gleichung $(\lambda - 1)(\lambda - 2)^2 = 0$, also hat A die beiden Eigenwerte $\lambda = 1$ und $\lambda = 2$. Als Eigenraumbasen erhält man zum Beispiel $x_1 = (1/8, -1/8, 1)$ für $\lambda = 1$ und $x_2 = (0, 0, 1)$ für $\lambda = 2$. Dies sind aber nur zwei Vekoren, also liefert A keine Basis aus Eigenvektoren für den Vekorraum $\mathbb{R}^3$ und ist folglich auch nicht diagonalisierbar.

9.14 Liefert die Matrix

$$A = \begin{bmatrix} a & 0 \\ 0 & a \end{bmatrix} \in \mathbb{R}^{2\times 2}$$

eine Basis aus Eigenvektoren für den Vektorraum $\mathbb{R}^2$?

Lösung: Ja! Die Matrix A ist bereits eine Diagonalmatrix, also trivialerweise diagonalisierbar. Zum Beispiel ist $((1,0),(0,1))$ eine Basis aus Eigenvektoren für den Vektorraum $\mathbb{R}^2$.

9.15 Wieso gilt $\mathrm{Eig}(0) = N(A)$ für $A \in \mathbb{R}^{n\times n}$?

Lösung: Es ist

$$\mathrm{Eig}(0) = \{x \in \mathbb{R}^n \mid Ax = 0 \cdot x\} = \{x \in \mathbb{R}^n \mid Ax = o_n\} = N(A).$$

In Worten: Der Eigenraum zum Eigenwert 0 ist gleich dem Nullraum der Matrix.

9.16 Bestimmen Sie von der Matrix $A = [0]$ alle Eigenwerte und alle Eigenvektoren.

Lösung: Die Zahl Null ist einziger Eigenwert und alle reellen Zahlen außer der Zahl Null sind Eigenvektoren.

9.17 Bestimmen Sie von der Matrix $A = [1]$ alle Eigenwerte und alle Eigenvektoren.

Lösung: Die Zahl Eins ist einziger Eigenwert und alle reellen Zahlen außer der Zahl Null sind Eigenvektoren.

9.18 Zeigen Sie: Die Summe der Diagonalelemente (die Spur) ist gleich der Summe der Eigenwerte. Ist also

$$\begin{bmatrix} a & b \\ c & d \end{bmatrix}$$

so gilt $\lambda_1 + \lambda_2 = a + d$.

Lösung: Es ist

$$\begin{aligned}\lambda_1 + \lambda_2 &= \frac{a + d + \sqrt{(a+d)^2 + 4bc}}{2} + \frac{a + d - \sqrt{(a+d)^2 + 4bc}}{2} \\ &= \frac{a + d + a + d}{2} = a + d.\end{aligned}$$

Die Summe der Diagonalelemente einer Matrix nennt man auch Spur.

9.19 Zeigen Sie: Die Determinante einer Matrix ist gleich dem Produkt der Eigenwerte. Ist also

$$A = \begin{bmatrix} a & b \\ c & d \end{bmatrix}$$

so gilt $\operatorname{Det}(A) = ad - bc = \lambda_1\lambda_2$.

Lösung: Es ist

$$\begin{aligned}\lambda_1 \cdot \lambda_2 &= \frac{a + d + \sqrt{(a+d)^2 + 4bc}}{2} \cdot \frac{a + d - \sqrt{(a+d)^2 + 4bc}}{2} \\ &= \frac{(a+d)^2 - ((a-d)^2 + 4bc)}{2^2} = \frac{a^2 + 2ad + d^2 - (a^2 - 2ad + d^2 + 4bc)}{4} \\ &= \frac{4ad - 4bc}{4} = ad - bc = \operatorname{Det}(A).\end{aligned}$$

9.20 Berechnen Sie die Eigenwerte und die Eigenräume der Matrix

$$\begin{bmatrix} 4/5 & 3/10 \\ 1/5 & 7/10 \end{bmatrix}.$$

Lösung: Wir berechnen zuerst die Eigenwerte und dann die Eigenräume. Es ist $\operatorname{Det}(\lambda E_2 - A) = \lambda^2 - 3/2\lambda + 1/2 = (\lambda - 1)(\lambda - 1/2)$. Also sind 1 und 1/2 die Eigenwerte. Die Lösungsmenge des homogenen linearen Gleichungssystems

$$\begin{bmatrix} 1 - 4/5 & -3/10 \\ -1/5 & 1 - 7/10 \end{bmatrix} \begin{bmatrix} x_1 \\ x_2 \end{bmatrix} = \begin{bmatrix} 0 \\ 0 \end{bmatrix}$$

ist $\{t(3/2, 1) \mid t \in \mathbb{R}\}$. Dies ist der Eigenraum zum Eigenwert 1. Jeder Vektor aus dieser Menge ist ein Eigenvektor, außer der Nullvektor. Zum Beispiel ist der Vektor $(3/2, 1)$ ein Eigenvektor zum Eigenwert 1. (Ich habe $t = 1$ gewählt.)

Die Lösungsmenge des homogenen linearen Gleichungssystems

$$\begin{bmatrix} 1/2 - 4/5 & -3/10 \\ -1/5 & 1/2 - 7/10 \end{bmatrix} \begin{bmatrix} x_1 \\ x_2 \end{bmatrix} = \begin{bmatrix} 0 \\ 0 \end{bmatrix}$$

ist $\{s(-1, 1) \mid s \in \mathbb{R}\}$. Dies ist der Eigenraum zum Eigenwert $1/2$. Jeder Vektor aus dieser Menge ist ein Eigenvektor, außer der Nullvektor. Zum Beispiel ist der Vektor $(-1, 1)$ ein Eigenvektor zum Eigenwert $1/2$. (Ich habe $s = 1$ gewählt.)

In MATLAB erhält man:

```
>> [V,D] = eig(sym([4/5 3/10; 1/5 7/10]))
V =
[ 3/2, -1]
[   1,  1]
D =
[   1,   0]
[   0, 1/2]
```

(Eine Matrix dieses Typs wird gerne MARKOV[1]-*Matrix* oder *stochastische Matrix* genannt, weil die Summe einer Spalte jeweils gleich 1. Leider sind die Namen nicht einheitlich.)

9.21 Zeigen Sie, dass eine Matrix der Form

$$\begin{bmatrix} a & b \\ c & d \end{bmatrix}$$

mit $a + b = c + d$ den Vektor $x = (1, 1)$ als Eigenvektor hat und bestimmen Sie die beiden Eigenwerte.

Lösung: Die charakteristische Gleichung von A ist

$$\lambda^2 - \lambda(a + d) + ad - bc = 0.$$

Die Nullstellen sind

$$\lambda_1 = \frac{a + d + \sqrt{(a - d)^2 + 4bc}}{2} \quad \text{und} \quad \lambda_2 = \frac{a + d - \sqrt{(a - d)^2 + 4bc}}{2}.$$

[1] A. A. MARKOV (1856-1922) war ein russischer Mathematiker.

Die Voraussetzung $a + b = c + d$ oder $a - d = c - b$ eingesetzt liefert

$$\lambda_1 = \frac{a + d + (b + c)}{2} \quad \text{und} \quad \lambda_2 = \frac{a + d - (b + c)}{2}$$

und damit die Eigenwerte

$$\lambda_1 = \frac{a + b + c + d}{2} = a + b = c + d \quad \text{und} \quad \lambda_2 = \frac{a - b - c + d}{2}.$$

Ist $\lambda_1 = a + b = c + d$, so erhalten wir

$$(\lambda_1 E_2 - A)x = \begin{bmatrix} a + b - a & -b \\ -c & c + d - d \end{bmatrix} x = \begin{bmatrix} b & -b \\ -c & c \end{bmatrix} x = o.$$

Da der Vektor $x = (1, 1)$ dieses homogene System löst, ist er ein Eigenvektor von A.

9.22 Zeigen Sie, dass eine Matrix der Form

$$\begin{bmatrix} a & b \\ c & d \end{bmatrix}$$

mit $a + b = c + d = 1$ den Eigenwert 1 hat.

Lösung: Dies folgt sofort aus Aufgabe 9.21.

9.23 Wählen Sie die zweite Zeile der Matrix

$$A = \begin{bmatrix} 0 & 1 \\ c & d \end{bmatrix},$$

das heißt die Elemente c, d so, dass A die Eigenwerte 4 und 7 hat.

Lösung: Das Matrixelement d ergibt sich sofort aus der Beziehung $11 = 4 + 7 = \lambda_1 + \lambda_2 = a + d = 0 + d = d$ zu $d = 11$. Das Element c ergibt aus $\text{Det}(A) = (0)d - (1)c = \lambda_1 \lambda_2 = 4 \cdot 7 = 28$ zu $c = 28$.

9.24 Suchen Sie drei $(2, 2)$-Matrizen mit dem Eigenwert $\lambda_1 = \lambda_2 = 0$. Dann sind sowohl die Spur als auch die Determinante Null. A muss nicht die Nullmatrix sein, aber es gilt $A^2 = O$. Überprüfen Sie das!

Lösung: Wegen $\lambda_1 = \lambda_2 = 0$ ist $a + d = 0$ und $\text{Det}(A) = ad - bc = 0$. Also muss eine reelle $(2, 2)$-Matrix A folgende Struktur haben:

$$A = \begin{bmatrix} a & b \\ -a^2/b & -a \end{bmatrix} \quad \text{oder} \quad A = \begin{bmatrix} a & -a^2/c \\ c & -a \end{bmatrix}.$$

In jedem Fall ist $A^2 = O$. Hier drei Beispiele:

$$\begin{bmatrix} 1 & 1 \\ -1 & -1 \end{bmatrix}, \quad \begin{bmatrix} 1 & 2 \\ -1/2 & -1 \end{bmatrix}, \quad \begin{bmatrix} 1 & -1/3 \\ 3 & -1 \end{bmatrix}.$$

9.25 Es sind a und $b \neq 0$ reelle Zahlen. Zeigen Sie: Ist

$$A = \begin{bmatrix} a & -b \\ b & a \end{bmatrix}$$

so besitzt die Matrix A keinen (reellen) Eigenwert.

Lösung: In diesem Fall sind die Nullstellen der charakteristischen Gleichung von A

$$\lambda_{1,2} = \frac{a + a \pm \sqrt{(a-a)^2 + 4(-b)b}}{2} = \frac{2a \pm 2\sqrt{-b^2}}{2} = a \pm \sqrt{-b^2}.$$

Man erkennt an dem Term $\sqrt{-b^2}$, dass keine Nullstelle reell ist.

9.26 Es ist

$$A = \begin{bmatrix} a & b \\ c & d \end{bmatrix}.$$

Zeigen Sie, dass A für $(a-d)^2+4bc > 0$ diagonalisierbar ist, nicht aber für $(a-d)^2+4bc < 0$.

Lösung: Die Determinante von $\lambda E_2 - A$ ist $\lambda^2 - \lambda(a+d) + ad - bc$. Die Nullstellen der charakteristischen Gleichung $\lambda^2 - \lambda(a+d) + ad - bc = 0$ sind

$$\lambda_1 = \frac{a + b + \sqrt{(a-d)^2 + 4bc}}{2} \quad \text{und} \quad \lambda_2 = \frac{a + b - \sqrt{(a-d)^2 + 4bc}}{2}.$$

Ist die Zahl unter der Wurzel größer als null, so gibt es zwei reellen Nullstellen und zwei reelle Eigenwerte und somit ist A diagonalisierbar. Ist die Zahl unter der Wurzel negativ, so gibt es keinen reellen Eigenwert und damit ist A nicht diagonalisierbar.

9.27 Zeigen Sie, dass sich die Matrix

$$A = \begin{bmatrix} 0 & 1 \\ 0 & 0 \end{bmatrix}$$

nicht diagonalisieren lässt.

Lösung: Die Determinante der Matrix $\lambda E_2 - A$ ist λ^2. Somit ist $\lambda = 0$ ein zweifacher Eigenwert von A. Die Eigenvektoren von A haben die Form $t(1,0)$, $t \in \mathbb{R}^2$. Aus diesen Eigenvektoren lässt sich keine Basis von $\mathbb{R}^2$ konstruieren. Somit ist A nicht diagonalisierbar.

9.28 Beweisen Sie folgenden Satz: *Ist x ein Eigenvektor von A, dann sind die beiden Vektoren x und Ax linear abhängig.*

Lösung: Zwei Vektoren sind genau dann linear abhängig, wenn einer der beiden Vektoren ein skalares Vielfaches des anderen ist.

Es ist $Ax = \lambda x$ gleichwertig zu $x = (1/\lambda)Ax$, falls $\lambda \neq 0$ ist. Also ist der Vektor Ax ein Vielfaches des Vektors x, und somit sind sie linear abhängig. Nun muss der Beweis noch für den Fall $\lambda = 0$ vervollständigt werden. Ist nun $\lambda = 0$, so ist $Ax = \lambda x = 0x = o$. Die Vektoren x und o sind linear abhängig. Somit ist der Satz bewiesen.

9.29 Verifizieren Sie den letzten Satz an einem Beispiel Ihrer Wahl.

Lösung: Ich wähle den Eigenvektor $x = (1, 1)$ von der Matrix

$$A = \begin{bmatrix} 1 & 1 \\ -2 & 4 \end{bmatrix}.$$

Dann ist $Ax = (2, 2)$. Die Vektoren $x = (1, 1)$ und $Ax = (2, 2)$ sind Vielfache voneinander, also sind sie linear abhängig.

9.30 Beweisen Sie folgenden Satz: *Ist (λ, x) ein Eigenpaar von A, dann ist auch (λ, kx) für jedes $k \in \mathbb{R}\backslash\{0\}$ Eigenpaar von A.*

Lösung: Den Satz kann man so beweisen:

$$A(kx) = k(Ax) = k(\lambda x) = k\lambda x = \lambda kx = \lambda(kx).$$

Damit ist alles gezeigt.

9.31 Verifizieren Sie den letzten Satz an einem Beispiel Ihrer Wahl.

Lösung: Ich wähle das Eigenpaar $(\lambda, x) = (2, (1, 1))$ und $(\lambda, kx) = (2, 3(1, 1)) = (2, (3, 3))$ zu

$$A = \begin{bmatrix} 1 & 1 \\ -2 & 4 \end{bmatrix}.$$

Dann ist

$$A(kx) = \begin{bmatrix} 1 & 1 \\ -2 & 4 \end{bmatrix} \begin{bmatrix} 3 \\ 3 \end{bmatrix} = \begin{bmatrix} 6 \\ 6 \end{bmatrix} = 2 \begin{bmatrix} 3 \\ 3 \end{bmatrix} = \lambda(kx).$$

9.32 Beweisen Sie folgenden Satz: *Ist* (λ, x) *ein Eigenpaar von* A, *dann ist* (λ^k, x) *ein Eigenpaar zur Matrix* A^k *für* $k \in \mathbb{N}_{\geqslant 0}$.

Lösung: Wir geben einen Beweis mithilfe der mathematischen Induktion[2]. Für $k = 0$ ist die Aussage wahr, da $(1, x)$ ein Eigenpaar von $A^0 = E$ ist. Nun nehmen wir an, die Aussage ist wahr für ein $k \in \mathbb{N}$; es gilt also $A^k x = \lambda^k x$. Es folgt mit den entsprechenden Rechenregeln für Matrizen

$$A^{k+1}x = AA^k x = A\lambda^k x = \lambda^k Ax = \lambda^k \lambda x = \lambda^{k+1}x.$$

Also ist die Aussage auch für $k + 1$ wahr. Wegen des Satzes der mathematischen Induktion (Induktionssatz) ist die Aussage nun für alle k aus $\mathbb{N}_{\geqslant 0}$ wahr.

9.33 Das Paar $(\lambda, x) = (2, (1, 1))$ ist ein Eigenpaar von

$$A = \begin{bmatrix} 1 & 1 \\ -2 & 4 \end{bmatrix}.$$

Zeigen Sie, dass $(\lambda^3, x) = (2^3, (1, 1)) = (8, (1, 1))$ ein Eigenpaar von A^3 ist.

Lösung: Es ist

$$A^3 x = \begin{bmatrix} 1 & 1 \\ -2 & 4 \end{bmatrix}^3 \begin{bmatrix} 1 \\ 1 \end{bmatrix} = \begin{bmatrix} -11 & 19 \\ -38 & 46 \end{bmatrix} \begin{bmatrix} 1 \\ 1 \end{bmatrix} = \begin{bmatrix} 8 \\ 8 \end{bmatrix} = 8 \begin{bmatrix} 1 \\ 1 \end{bmatrix} = \lambda^3 x.$$

Also ist $(1, 1)$ Eigenvektor zum Eigenwert 8 von A^3.

9.34 Das Paar $(\lambda, v) = (3, (1, 1))$ ist ein Eigenpaar von

$$A = \begin{bmatrix} 2 & 1 \\ 3 & 0 \end{bmatrix}.$$

Berechnen Sie $A^{10}v$.

Lösung: Wegen $A^k v = \lambda^k v$ muss man, um $A^{10}v$ zu berechnen, nicht erst A^{10} berechnen und dann mit v multiplizieren, sondern man kann einfach wie folgt verfahren:

$$A^{10}v = \begin{bmatrix} 2 & 1 \\ 3 & 0 \end{bmatrix}^{10} \begin{bmatrix} 1 \\ 1 \end{bmatrix} = \lambda^{10}v = 3^{10} \begin{bmatrix} 1 \\ 1 \end{bmatrix} = \begin{bmatrix} 3^{10} \\ 3^{10} \end{bmatrix} = \begin{bmatrix} 59\,049 \\ 59\,049 \end{bmatrix}.$$

[2]Mathematische Induktion wird auch als vollständige Induktion bezeichnet.

9.35 Es ist

$$A = \begin{bmatrix} 2 & 1 \\ 3 & 0 \end{bmatrix}$$

und $v = (3, 1)$ gegeben. Berechnen Sie $A^{10}v$.

Lösung: Nun ist v kein Eigenvektor von A, also können wir nicht genau so verfahren wie in Aufgabe 9.34. Aber können wir v als Linearkombination von Eigenvektoren von A darstellen. (Dies ist zum Beispiel immer möglich, wenn A eine Basis aus Eigenvektoren hat.)

Nun sind $x_1 = (-1, 3)$, $x_2 = (1, 1)$ eine Basis aus Eigenvektoren von A zu den Eigenwerten $\lambda_1 = -1$, $\lambda_2 = 3$. Damit ist $(3, 1) = -1/2(-1, 3) + 5/2(1, 1)$, also gilt

$$\begin{aligned} A^{10}v &= A^{10}(-1/2x_1 + 5/2x_2) = -1/2A^{10}x_1 + 5/2A^{10}x_2 \\ &= -1/2\lambda_1^{10}x_1 + 5/2\lambda_2^{10}x_2 = -1/2\lambda_1^{10}(-1, 3) + 5/2\lambda_2^{10}(1, 1) \\ &= (1/2, -3/2) + (295\,245/2, 295\,245/2) = (147\,623, 147\,621). \end{aligned}$$

Hier die Bestätigung in MATLAB:

```
>> sym([2 1;3 0]^10*[3;1])
ans =
 147623
 147621
```

9.36 Bestimmen Sie die Eigenwerte und Eigenvektoren der Matrix

$$A = \begin{bmatrix} 4 & 0 & 1 \\ -2 & 1 & 0 \\ -2 & 0 & 1 \end{bmatrix}$$

Gibt es eine Basis von $\mathbb{R}^3$ bestehend aus Eigenvektoren von A?

Lösung: Die charakteristische Gleichung $\operatorname{Det}(\lambda E_3 - A) = 0$ von A ist $\lambda^3 - 6\lambda^2 + 11\lambda - 6 = 0$. Hier die Herleitung:

$$\begin{aligned} \operatorname{Det}(\lambda E_3 - A) &= \operatorname{Det}\left(\lambda \begin{bmatrix} 1 & 0 & 0 \\ 0 & 1 & 0 \\ 0 & 0 & 1 \end{bmatrix} - \begin{bmatrix} 4 & 0 & 1 \\ -2 & 1 & 0 \\ -2 & 0 & 1 \end{bmatrix}\right) \\ &= \operatorname{Det}\left(\begin{bmatrix} \lambda - 4 & 0 & 1 \\ -2 & \lambda - 1 & 0 \\ -2 & 0 & \lambda - 1 \end{bmatrix}\right) \\ &= (\lambda - 4)(\lambda - 1)(\lambda - 1) + 0 + 0 - (-1)(\lambda - 1)(2) - 0 - 0 \\ &= (\lambda - 4)(\lambda^2 - 2\lambda + 1) + 2(\lambda - 1) = \lambda^3 - 6\lambda^2 + 11\lambda - 6. \end{aligned}$$

Die charakteristische Gleichung in faktorisierter Form ist $(\lambda - 1)(\lambda - 2)(\lambda - 3) = 0$. Also hat A die Eigenwerte $\lambda_1 = 1$, $\lambda_2 = 2$, $\lambda_3 = 3$. Eine Bestätigung in MATLAB:

```
>> A=[4 0 1;-2 1 0;-2 0 1];
>> poly(A)
ans =
     1    -6    11    -6
>> roots(ans)
ans =
    3.0000
    2.0000
    1.0000
```

Es gibt eine Basis von $\mathbb{R}^3$ bestehend aus Eigenvektoren von A. Wir bestimmen nun eine Basis, indem wir zu den drei Eigenvektoren alle nicht trivialen Lösungen des homogenen linearen Gleichungssystems $(\lambda E_3 - A)x = o_3$, das heißt von

$$\begin{bmatrix} \lambda-4 & 0 & 1 \\ -2 & \lambda-1 & 0 \\ -2 & 0 & \lambda-1 \end{bmatrix} \begin{bmatrix} x_1 \\ x_2 \\ x_3 \end{bmatrix} = \begin{bmatrix} 0 \\ 0 \\ 0 \end{bmatrix}$$

berechnen. Für $\lambda = 1$ ergibt sich

$$\begin{bmatrix} -3 & 0 & 1 \\ -2 & 0 & 0 \\ -2 & 0 & 0 \end{bmatrix} \begin{bmatrix} x_1 \\ x_2 \\ x_3 \end{bmatrix} = \begin{bmatrix} 0 \\ 0 \\ 0 \end{bmatrix}$$

Die allgemeine Lösung ist $x = t(0,1,0)$, $t \in \mathbb{R}$. Daher ist

$$\operatorname{Eig}(A, \lambda = 1) = \{x \in \mathbb{R}^3 \mid x = t(0,1,0), t \in \mathbb{R}\}.$$

Zum Beispiel ist $(0,1,0)$ ein Eigenvektor von A zum Eigenwert $\lambda = 1$. Analog ergibt sich

$$\operatorname{Eig}(A, \lambda = 2) = \{x \in \mathbb{R}^3 \mid x = t(-1/2,1,1), t \in \mathbb{R}\}.$$

Zum Beispiel ist $(-1/2,1,1)$ ein Eigenvektor von A zum Eigenwert $\lambda = 2$. Schließlich ist

$$\operatorname{Eig}(A, \lambda = 3) = \{x \in \mathbb{R}^3 \mid x = t(-1,1,1), t \in \mathbb{R}\}.$$

Zum Beispiel ist $(-1,1,1)$ ein Eigenvektor von A zum Eigenwert $\lambda = 3$. Eine Bestätigung in MATLAB:

```
>> A=[4 0 1;-2 1 0;-2 0 1];
>> [V,D]=eig(sym(A))
V =
[ -1, 0, -1/2]
[  1, 1,    1]
[  1, 0,    1]
D =
[ 3, 0, 0]
[ 0, 1, 0]
[ 0, 0, 2]
```

Zum Beispiel bilden die drei Eigenvektoren $(0, 1, 0)$, $(-1/2, 1, 1)$, $(-1, 1, 1)$ bilden eine Basis von $\mathbb{R}^3$.

9.37 Berechnen Sie die charakteristische Gleichung von

$$A = \begin{bmatrix} 0 & 0 & -2 \\ 1 & 2 & 1 \\ 1 & 0 & 3 \end{bmatrix}.$$

Lösung: Es ist

$$\begin{aligned} \mathrm{Det}(\lambda E_3 - A) &= \mathrm{Det}\begin{bmatrix} \lambda & 0 & 2 \\ -1 & \lambda - 2 & -1 \\ -1 & 0 & \lambda - 3 \end{bmatrix} = \lambda(\lambda-2)(\lambda-3) - 2(\lambda-1)(-1) \\ &= (\lambda^2 - 2\lambda)(\lambda - 3) + 2\lambda - 4 = \lambda^3 - 3\lambda^2 - 2\lambda^2 + 6\lambda + 2\lambda - 4 \\ &= \lambda^3 - 5\lambda^2 + 8\lambda - 4. \end{aligned}$$

Somit ist $\lambda^3 - 5\lambda^2 + 8\lambda - 4 = 0$ die charakteristische Gleichung von A.

9.38 Es ist $A \in \mathbb{R}^{n\times n}$. Geben Sie $\mathrm{Eig}(A, \lambda)$ an.

Lösung: Es ist

$$\mathrm{Eig}(A, \lambda) = \{x \in \mathbb{R}^n \mid x \text{ ist Eigenvektor von } A \text{ zu } \lambda\} \cup \{o_n\}$$

oder $\mathrm{Eig}(A, \lambda) = \{x \in \mathbb{R}^n \mid Ax = \lambda x\}$ oder $\mathrm{Eig}(A, \lambda) = N(\lambda E - A)$ oder $\mathrm{Eig}(A, \lambda) = \{x \in \mathbb{R}^n \mid (\lambda E - A)x = o_n\}$.

9.39 Berechnen Sie eine orthonormale Matrix Q, die

$$A = \begin{bmatrix} 1 & 1 & 0 \\ 1 & 1 & 0 \\ 0 & 0 & 0 \end{bmatrix}$$

diagonalisiert. Berechnen Sie dann $Q^{-1}AQ$.

Lösung: Die charakteristische Gleichung von A ist $\lambda^3 - 2\lambda^2 = \lambda^2(\lambda - 2)$. Also hat A die Eigenwerte 0 und 2. Dann ist $\mathrm{Eig}(0) = \{x \in \mathbb{R}^3 \mid x = s(-1,1,0) + t(0,0,1), s,t \in \mathbb{R}\}$ und $\mathrm{Eig}(2) = \{x \in \mathbb{R}^3 \mid x = t(1,1,0), t \in \mathbb{R}\}$. Somit bilden zum Beispiel die Eigenvektoren $q_1 = (-1/\sqrt{2}, 1/\sqrt{2}, 0)$, $q_2 = (0,0,1)$, $q_3 = (1/\sqrt{2}, 1/\sqrt{2}, 0)$ eine orthonormale Basis von $\mathbb{R}^3$. Es ist damit

$$Q = \begin{bmatrix} | & | & | \\ q_1 & q_2 & q_3 \\ | & | & | \end{bmatrix} = \begin{bmatrix} -1/\sqrt{2} & 0 & 1/\sqrt{2} \\ 1/\sqrt{2} & 0 & 1/\sqrt{2} \\ 0 & 1 & 0 \end{bmatrix}.$$

Somit erhalten wir

$$\begin{aligned} Q^{-1}AQ = Q^{\mathrm{T}}AQ &= \begin{bmatrix} -1/\sqrt{2} & 1/\sqrt{2} & 0 \\ 0 & 0 & 1 \\ 1/\sqrt{2} & 1/\sqrt{2} & 0 \end{bmatrix} \begin{bmatrix} 1 & 1 & 0 \\ 1 & 1 & 0 \\ 0 & 0 & 0 \end{bmatrix} \begin{bmatrix} -1/\sqrt{2} & 0 & 1/\sqrt{2} \\ 1/\sqrt{2} & 0 & 1/\sqrt{2} \\ 0 & 1 & 0 \end{bmatrix} \\ &= \begin{bmatrix} -1/\sqrt{2} & 1/\sqrt{2} & 0 \\ 0 & 0 & 1 \\ 1/\sqrt{2} & 1/\sqrt{2} & 0 \end{bmatrix} \begin{bmatrix} 0 & 0 & 2/\sqrt{2} \\ 0 & 0 & 2/\sqrt{2} \\ 0 & 0 & 0 \end{bmatrix} = \begin{bmatrix} 0 & 0 & 0 \\ 0 & 0 & 0 \\ 0 & 0 & 2 \end{bmatrix}. \end{aligned}$$

Wie erwartet erhalten wir eine Diagonalmatrix und die Diagonalelemente sind die Eigenwerte von A. Wir haben die Matrix A orthonormal diagonalisiert.

9.40 Zeigen Sie, dass die Eigenwerte einer symmetrischen Matrix aus $\mathbb{R}^{2\times 2}$ reell sind.

Lösung: Ist $A \in \mathbb{R}^{2\times 2}$ und symmetrisch, so hat sie die Form

$$A = \begin{bmatrix} a & b \\ b & c \end{bmatrix},$$

wobei a, b, c reelle Zahlen sind. Das charakteristische Polynom von A ist

$$\begin{aligned} \mathrm{Det}(\lambda E_2 - A) = \mathrm{Det}\begin{bmatrix} \lambda - a & -b \\ -b & \lambda - c \end{bmatrix} &= (\lambda - a)(\lambda - c) - (-b)^2 \\ &= \lambda^2 - \lambda c - \lambda a + ac - b^2 = \lambda^2 + \lambda(-a - c) + ac - b^2. \end{aligned}$$

Setzt man das charakteristische Polynom gleich 0, so ergeben sich die Eigenwerte

$$\begin{aligned} \lambda_{1,2} &= \frac{-(-a-c) \pm \sqrt{(-a-c)^2 - 4(ac - b^2)}}{2} = \frac{a + c \pm \sqrt{a^2 + 2ac + c^2 - 4ac + 4b^2}}{2} \\ &= \frac{a + c \pm \sqrt{a^2 - 2ac + c^2 + 4b^2}}{2} = \frac{a + c \pm \sqrt{(a-c)^2 + 4b^2}}{2}. \end{aligned}$$

Da $(a-c)^2 + 4b^2 \geqslant 0$ ist und die Wurzel aus einer nicht negativen reellen Zahl wieder reell ist, sind sowohl λ_1 als auch λ_2 reelle Zahlen.

9.41 Geben Sie eine Begründung für folgenden Satz: *Die Eigenwerte einer reellen symmetrischen Matrix sind reell.*

Lösung: Hier ist eine Begründung. Ist λ ein Eigenwert von $A \in \mathbb{R}^{n\times n}$, so gilt $Ax = \lambda x$ für $x \neq o_n$ aus $\mathbb{R}^n$. Damit gilt $x^T Ax = x^T \lambda x = \lambda x^T x$. Da sowohl die Zahl $x^T Ax$ als auch die Zahl $x^T x$ reell ist, muss auch λ eine reelle Zahl sein.

9.42 Es gilt folgender Satz: *Eine Matrix $A \in \mathbb{R}^{n\times n}$ ist genau dann diagonalisierbar, wenn*

$$\mathbb{R}^n = \operatorname{Eig}(A, \lambda_1) \oplus \cdots \oplus \operatorname{Eig}(A, \lambda_r)$$

gilt, wobei $\lambda_1, \ldots, \lambda_r$ die verschiedenen Eigenwerte von A sind. Verifizieren Sie diesen Satz an einem Beispiel Ihrer Wahl.

Lösung: Ich wähle die Matrix

$$A = \begin{bmatrix} 1 & 1 \\ -2 & 4 \end{bmatrix}.$$

Die Matrix A ist diagonalisierbar. Es ist $\operatorname{Eig}(A, \lambda_1 = 2) = \{x \in \mathbb{R}^2 \mid x = s(1,1), s \in \mathbb{R}\}$ und $\operatorname{Eig}(A, \lambda_2 = 3) = \{x \in \mathbb{R}^2 \mid x = t(1,2), t \in \mathbb{R}\}$. Dann ist $\mathbb{R}^2 = \operatorname{Eig}(A, \lambda_1 = 2) \oplus \operatorname{Eig}(A, \lambda_2 = 3)$. Zum Beispiel ist $(2,3) = (1,1) \oplus (1,2)$ oder $(0,1) = (-1,-1) \oplus (1,2)$.

9.43 Es gilt folgender Satz: *Eine Matrix $A \in \mathbb{R}^{n\times n}$ ist genau dann diagonalisierbar, wenn die Summe der Dimensionen ihrer Eigenräume gleich n ist.* Verifizieren Sie diesen Satz an einem Beispiel Ihrer Wahl.

Lösung: Ich wähle die Matrix

$$A = \begin{bmatrix} 1 & 1 \\ -2 & 4 \end{bmatrix}.$$

Jeder Eigenraum von A hat die Dimension 1. Da es zwei Eigenräume gibt, ist die Summe gleich 2. Andererseits wissen wir, dass A diagonalisierbar ist.

9.44 Es gilt folgender Satz: *Sind $\lambda_1, \ldots, \lambda_r$ die verschiedenen Eigenwerte der symmetrischen Matrix $A \in \mathbb{R}^{n\times n}$, so ist*

$$\mathbb{R}^n = \operatorname{Eig}(A, \lambda_1) \ominus \cdots \ominus \operatorname{Eig}(A, \lambda_r).$$

Verifizieren Sie diesen Satz an einem Beispiel Ihrer Wahl.

Lösung: Ich wähle die symmetrische Matrix

$$A = \begin{bmatrix} 3 & -1 \\ -1 & 3 \end{bmatrix}.$$

So ist $\mathrm{Eig}(A, \lambda_1 = 2) = \{x \in \mathbb{R}^2 \mid x = s(1,1), s \in \mathbb{R}\}$ und $\mathrm{Eig}(A, \lambda_2 = 4) = \{x \in \mathbb{R}^2 \mid x = t(1,-1), t \in \mathbb{R}\}$. Dann ist $\mathbb{R}^2 = \mathrm{Eig}(A, \lambda_1 = 2) \oplus \mathrm{Eig}(A, \lambda_2 = 4)$. Zum Beispiel ist $(2,0) = (1,1) \oplus (1,-1)$ oder $(3,-1) = (1,1) \oplus (2,-2)$.

Ich gebe ein weiteres Beispiel. Ist

$$A = \begin{bmatrix} 1 & 0 & 0 \\ 0 & 1 & 0 \\ 0 & 0 & 0 \end{bmatrix}$$

so ist $\mathrm{Eig}(A, \lambda_1 = 1) = \{x \in \mathbb{R}^3 \mid x = t_1(1,0,0) + t_2(0,1,0), t_1, t_2 \in \mathbb{R}\}$ und $\mathrm{Eig}(A, \lambda_2 = 0) = \{x \in \mathbb{R}^3 \mid x = t_3(0,0,1), t_3 \in \mathbb{R}\}$. Dann ist $\mathbb{R}^3 = \mathrm{Eig}(A, \lambda_1 = 1) \oplus \mathrm{Eig}(A, \lambda_2 = 0)$. Zum Beispiel ist $(1,2,3) = (1,2,0) \oplus (0,0,3)$.

Hier ist noch ein Beispiel. Ist

$$A = \begin{bmatrix} 4 & 2 & 2 \\ 2 & 4 & 2 \\ 2 & 2 & 4 \end{bmatrix}$$

so ist $\mathrm{Eig}(A, \lambda_1 = 2) = \{x \in \mathbb{R}^3 \mid x = t_1(-1,1,0) + t_2(-1,0,1), t_1, t_2 \in \mathbb{R}\}$ und $\mathrm{Eig}(A, \lambda_2 = 8) = \{x \in \mathbb{R}^3 \mid x = t_3(1,1,1), t_3 \in \mathbb{R}\}$. Dann ist $\mathbb{R}^3 = \mathrm{Eig}(A, \lambda_1 = 2) \oplus \mathrm{Eig}(A, \lambda_2 = 8)$. Zum Beispiel ist $(-1,2,2) = (-2,1,1) \oplus (1,1,1)$.

9.45 Zeigen Sie, dass die HELMERT[3]-Matrix der Ordnung drei

$$H_3 = \begin{bmatrix} \frac{1}{\sqrt{3}} & \frac{1}{\sqrt{3}} & \frac{1}{\sqrt{3}} \\ \frac{1}{\sqrt{2}} & -\frac{1}{\sqrt{2}} & 0 \\ \frac{1}{\sqrt{6}} & \frac{1}{\sqrt{6}} & -\frac{2}{\sqrt{6}} \end{bmatrix}.$$

orthonormal ist.

Lösung: Es ist $H_3 H_3^T = H_3^T H_3 = E_3$.

9.46 Berechnen Sie eine orthonormale Matrix Q, die

$$A = \begin{bmatrix} 2 & -2 \\ -2 & 5 \end{bmatrix}$$

diagonalisiert. Berechnen Sie anschließend $Q^{-1}AQ$. Geben Sie von $\mathbb{R}^2$ eine orthonormale Basis an, die aus Eigenvektoren von A besteht.

Lösung: Das charakteristische Polynom von A ist $(\lambda - 6)(\lambda - 1)$. Die Eigenwerte von A sind somit $\lambda_1 = 6$ und $\lambda_2 = 1$. Dann ist zum Beispiel $x_1 = (1,-2)$ ein Eigenvektor

[3] F. R. HELMERT (1843-1917) war ein deutscher Geodät und Mathematiker.

zum Eigenwert $\lambda_1 = 6$ und $x_2 = (2, 1)$ ein Eigenvektor zu Eigenwert $\lambda_2 = 1$. Weil die Eigenwerte verschieden sind, sind die Eigenvektoren $x_1 = (1, -2)$ und $x_2 = (2, 1)$ orthogonal. Daher brauchen sie nur noch normiert zu werden. Es ist $q_1 = x_1/|x_1| = (1, -2)/\sqrt{5} = (1/\sqrt{5}, -2/\sqrt{5})$ und $q_2 = x_2/|x_2| = (2, 1)/\sqrt{5} = (2/\sqrt{5}, 1/\sqrt{5})$. Somit ist

$$Q = \begin{bmatrix} | & | \\ q_1 & q_2 \\ | & | \end{bmatrix} = \begin{bmatrix} 1/\sqrt{5} & 2/\sqrt{5} \\ -2/\sqrt{5} & 1/\sqrt{5} \end{bmatrix}$$

eine geeignete orthonormale Matrix, die A diagonalisiert. Es ist

$$Q^{-1}AQ = Q^T AQ = \begin{bmatrix} 6 & 0 \\ 0 & 1 \end{bmatrix}.$$

Wie erwartet sind die Diagonalelemente von $Q^{-1}AQ$ die Eigenwerte von A. Die Eigenvektoren $q_1 = (1/\sqrt{5}, -2/\sqrt{5})$, $q_2 = (2/\sqrt{5}, 1/\sqrt{5})$ von A sind eine orthonormale Basis von $\mathbb{R}^2$. (Machen Sie sich eine Zeichnung.)

9.47 Schreiben Sie die symmetrische Matrix A aus Aufgabe 9.46 als Spektraldarstellung in dyadischer Form.

Lösung: Es ist

$$\begin{aligned} A &= \begin{bmatrix} 1/\sqrt{5} & 2/\sqrt{5} \\ -2/\sqrt{5} & 1/\sqrt{5} \end{bmatrix} \begin{bmatrix} 6 & 0 \\ 0 & 1 \end{bmatrix} \begin{bmatrix} 1/\sqrt{5} & -2/\sqrt{5} \\ 2/\sqrt{5} & 1/\sqrt{5} \end{bmatrix} \\ &= 6 \begin{bmatrix} 1/\sqrt{5} \\ -2/\sqrt{5} \end{bmatrix} \begin{bmatrix} 1/\sqrt{5} & -2/\sqrt{5} \end{bmatrix} + 1 \begin{bmatrix} 2/\sqrt{5} \\ 1/\sqrt{5} \end{bmatrix} \begin{bmatrix} 2/\sqrt{5} & 1/\sqrt{5} \end{bmatrix} \\ &= 6 \begin{bmatrix} 1/5 & -2/5 \\ -2/5 & 4/5 \end{bmatrix} + \begin{bmatrix} 4/5 & 2/5 \\ 2/5 & 1/5 \end{bmatrix}. \end{aligned}$$

9.48 Berechnen Sie eine orthonormale Matrix Q, die

$$A = \begin{bmatrix} 1 & 0 & 0 \\ 0 & 2 & 0 \\ 0 & 0 & 3 \end{bmatrix}$$

diagonalisiert. Berechnen Sie anschließend $Q^{-1}AQ$. Geben Sie von $\mathbb{R}^3$ eine orthonormale Basis an, die aus Eigenvektoren von A besteht.

Lösung: Das charakteristische Polynom von A ist $(\lambda - 1)(\lambda - 2)(\lambda - 3)$. Die Eigenwerte von A sind somit $\lambda_1 = 1$, $\lambda_2 = 2$, $\lambda_3 = 3$. Dann ist zum Beispiel $x_1 = (1, 0, 0)$ ein Eigenvektor zum Eigenwert $\lambda_1 = 1$, $x_2 = (0, 1, 0)$ ein Eigenvektor zu Eigenwert $\lambda_2 = 2$

und $x_3 = (0,0,1)$ ein Eigenvektor zu Eigenwert $\lambda_3 = 3$. Die drei Eigenvektoren sind schon orthonormal. Somit ist mit $q_1 = x_1$, $q_2 = x_2$, $q_3 = x_3$

$$Q = \begin{bmatrix} | & | & | \\ q_1 & q_2 & q_3 \\ | & | & | \end{bmatrix} = \begin{bmatrix} 1 & 0 & 0 \\ 0 & 1 & 0 \\ 0 & 0 & 1 \end{bmatrix}$$

eine geeignete orthonormale Matrix, die A diagonalisiert. Es ist

$$Q^{-1}AQ = Q^T AQ = \begin{bmatrix} 1 & 0 & 0 \\ 0 & 2 & 0 \\ 0 & 0 & 3 \end{bmatrix}.$$

Wie erwartet sind die Diagonalelemente von $Q^{-1}AQ$ die Eigenwerte von A. Die Eigenvektoren $q_1 = e_1 = (1,0,0)$, $q_2 = e_2 = (0,1,0)$, $q_3 = e_3 = (0,0,1)$ von A sind eine orthonormale Basis von $\mathbb{R}^3$; es ist die natürliche Basis von $\mathbb{R}^3$. Sie haben die Besonderheit dieser Aufgabe bestimmt erkannt. Falls nicht, gehen Sie die Aufgabe und Lösung nochmals durch. (Machen Sie sich eine Zeichnung.)

9.49 Berechnen Sie eine orthonormale Matrix Q, die

$$A = \begin{bmatrix} 1 & 0 \\ 0 & 1 \end{bmatrix}$$

diagonalisiert. Berechnen Sie anschließend $Q^{-1}AQ$. Geben Sie von $\mathbb{R}^2$ eine orthonormale Basis an, die aus Eigenvektoren von A besteht.

Lösung: Man sieht sofort, dass 1 der einzige Eigenwert von A ist. Außerdem ist jeder Vektor, der nicht der Nullvektor ist, Eigenvektor. Also brauchen wir nur zwei Vektoren zu wählen, die die Länge eins haben und senkrecht aufeinander stehen. Zum Beispiel $q_1 = e_1 = (1,0)$ und $q_2 = e_2 = (0,1)$. Somit ist

$$Q = \begin{bmatrix} | & | \\ q_1 & q_2 \\ | & | \end{bmatrix} = \begin{bmatrix} 1 & 0 \\ 0 & 1 \end{bmatrix}$$

eine geeignete orthonormale Matrix, die A diagonalisiert. Es ist

$$Q^{-1}AQ = Q^T AQ = \begin{bmatrix} 1 & 0 \\ 0 & 1 \end{bmatrix}\begin{bmatrix} 1 & 0 \\ 0 & 1 \end{bmatrix}\begin{bmatrix} 1 & 0 \\ 0 & 1 \end{bmatrix} = \begin{bmatrix} 1 & 0 \\ 0 & 1 \end{bmatrix}.$$

Wie erwartet sind die Diagonalelemente von $Q^{-1}AQ$ die Eigenwerte von A. Die Eigenvektoren $q_1 = e_1 = (1,0)$, $q_2 = e_2 = (0,1)$ von A sind eine orthonormale Basis von $\mathbb{R}^2$; es ist die natürliche Basis von $\mathbb{R}^2$.

Eine andere Möglichkeit ist zum Beispiel $q_1 = (1/\sqrt{2}, 1/\sqrt{2})$, $q_2 = (-1/\sqrt{2}, 1/\sqrt{2})$ zu wählen. Dann ist

$$Q = \begin{bmatrix} | & | \\ q_1 & q_2 \\ | & | \end{bmatrix} = \begin{bmatrix} 1/\sqrt{2} & -1/\sqrt{2} \\ 1/\sqrt{2} & 1/\sqrt{2} \end{bmatrix}$$

eine geeignete orthonormale Matrix, die A diagonalisiert. Es ist

$$Q^{-1}AQ = Q^TAQ = \begin{bmatrix} 1/\sqrt{2} & 1/\sqrt{2} \\ -1/\sqrt{2} & 1/\sqrt{2} \end{bmatrix} \begin{bmatrix} 1 & 0 \\ 0 & 1 \end{bmatrix} \begin{bmatrix} 1/\sqrt{2} & -1/\sqrt{2} \\ 1/\sqrt{2} & 1/\sqrt{2} \end{bmatrix} = \begin{bmatrix} 1 & 0 \\ 0 & 1 \end{bmatrix}.$$

Wie erwartet sind die Diagonalelemente von $Q^{-1}AQ$ die Eigenwerte von A. Die Eigenvektoren $q_1 = (1/\sqrt{2}, 1/\sqrt{2})$, $q_2 = (-1/\sqrt{2}, 1/\sqrt{2})$ von A sind eine orthonormale Basis von $\mathbb{R}^2$.

Sie haben die Besonderheit dieser Aufgabe bestimmt erkannt. Falls nicht, gehen Sie die Aufgabe und Lösung nochmals durch. (Machen Sie sich eine Zeichnung.)

9.50 Der folgende Satz ist wahr: *Es ist* $A \in \mathbb{R}^{n \times n}$ *und* $\lambda \in \mathbb{R}$. *Die folgenden Aussagen sind gleichwertig:*

(a) λ *ist ein Eigenwert von* A.
(b) Das homogene lineare Gleichungssystem $(\lambda E_n - A)x = o_n$ *hat nicht triviale Lösungen.*
(c) Es gibt einen Vektor $o_n \neq x \in \mathbb{R}^n$ *mit* $Ax = \lambda x$ *(*x *ist Eigenvektor von* A*).*
(d) λ *ist eine Lösung der charakteristischen Gleichung* $\mathrm{Det}(\lambda E_n - A) = 0$.
(e) $\mathrm{Dim}(N(\lambda E_n - A)) \geqslant 1$.
(f) Die Matrix $\lambda E_n - A$ *ist singulär.*

Verifizieren Sie diesen Satz anhand der Matrix

$$A = \begin{bmatrix} 1 & 1 \\ -2 & 4 \end{bmatrix}.$$

Lösung: Die Matrix A hat den Eigenwert $\lambda = 2$. Das homogene lineare Gleichungssystem

$$\left(2\begin{bmatrix} 1 & 0 \\ 0 & 1 \end{bmatrix} - \begin{bmatrix} 1 & 1 \\ -2 & 4 \end{bmatrix}\right) \begin{bmatrix} x_1 \\ x_2 \end{bmatrix} = \begin{bmatrix} 0 \\ 0 \end{bmatrix}$$

hat die Lösungen $t(1,1)$, $t \in \mathbb{R}$. Zum Beispiel gilt für den Vektor $x = (1,1)$: $Ax = \lambda x$. $\lambda = 2$ ist eine Lösung von $(\lambda - 3)(\lambda - 2) = 0$. $\mathrm{Dim}(N(\lambda E_2 - A)) = 1$. Die Matrix

$$\lambda E_2 - A = \begin{bmatrix} 1 & -1 \\ 2 & -2 \end{bmatrix}$$

ist singulär.

9.51 Leider ist nicht jede Matrix diagonalisierbar (oder liefert eine Basis bestehend aus Eigenvektoren). Geben Sie ein Beispiel.

Lösung: Die Matrix

$$\begin{bmatrix} 0 & -1 \\ 1 & 0 \end{bmatrix}$$

hat keine reellen Eigenwerte, sie kann daher nicht diagonalisiert werden. (Mit den *komplexen Zahlen* gelingt dies.)

Die Matrix

$$\begin{bmatrix} 4 & 1 \\ -1 & 2 \end{bmatrix}$$

hat das charakteristische Polynom $(\lambda - 3)^2$ und somit den Eigenwert $\lambda = 3$. Der Eigenraum $\mathrm{Eig}(\lambda = 3)$ besteht aus allen Eigenvektoren der Form $t(1, -1)$, $t \in \mathbb{R}$. Somit gibt es keine Basis von $\mathbb{R}^2$ bestehend aus Eigenvektoren. Die Matrix ist leider nicht diagonalisierbar.

9.52 Schreiben Sie die symmetrische Diagonalmatrix

$$A = \begin{bmatrix} 2 & & & \\ & 3 & & \\ & & 3 & \\ & & & 5 \end{bmatrix}$$

als Spektraldarstellung in dyadischer Form.

Lösung: Die natürlichen Basisvektoren von $\mathbb{R}^4$ sind orthonormale Eigenvektoren von A und die Eigenwert von A sind die Diagonalelemente von A: $\lambda_1 = 2$, $\lambda_2 = 3$, $\lambda_3 = 3$ und $\lambda_4 = 5$. Somit erhalten wir

$$q_1 q_1^T = \begin{bmatrix} 1 & & & \\ & 0 & & \\ & & 0 & \\ & & & 0 \end{bmatrix}, \qquad q_2 q_2^T = \begin{bmatrix} 0 & & & \\ & 1 & & \\ & & 0 & \\ & & & 0 \end{bmatrix}$$

$$q_3 q_3^T = \begin{bmatrix} 0 & & & \\ & 0 & & \\ & & 1 & \\ & & & 0 \end{bmatrix}, \qquad q_4 q_4^T = \begin{bmatrix} 0 & & & \\ & 0 & & \\ & & 0 & \\ & & & 1 \end{bmatrix}$$

und damit

$$A = 2q_1 q_1^T + 3q_2 q_2^T + 3q_3 q_3^T + 5q_4 q_4^T.$$

9.53 Schreiben Sie die symmetrische Matrix

$$A = \begin{bmatrix} 7 & 2 \\ 2 & 4 \end{bmatrix} = \begin{bmatrix} 2/\sqrt{5} & -1/\sqrt{5} \\ 1/\sqrt{5} & 2/\sqrt{5} \end{bmatrix} \begin{bmatrix} 8 & 0 \\ 0 & 3 \end{bmatrix} \begin{bmatrix} 2/\sqrt{5} & 1/\sqrt{5} \\ -1/\sqrt{5} & 2/\sqrt{5} \end{bmatrix}$$

als Spektraldarstellung in dyadischer Form.

Lösung: Es ist

$$q_1 q_1^T = \begin{bmatrix} 2/\sqrt{5} \\ 1/\sqrt{5} \end{bmatrix} \begin{bmatrix} 2/\sqrt{5} & 1/\sqrt{5} \end{bmatrix} = \begin{bmatrix} 4/5 & 2/5 \\ 2/5 & 1/5 \end{bmatrix}$$

$$q_2 q_2^T = \begin{bmatrix} -1/\sqrt{5} \\ 2/\sqrt{5} \end{bmatrix} \begin{bmatrix} -1/\sqrt{5} & 2/\sqrt{5} \end{bmatrix} = \begin{bmatrix} 1/5 & -2/5 \\ -2/5 & 4/5 \end{bmatrix}$$

und

$$8 q_1 q_1^T + 3 q_2 q_2^T = \begin{bmatrix} 32/5 & 16/5 \\ 16/5 & 8/5 \end{bmatrix} + \begin{bmatrix} 3/5 & -6/5 \\ -6/5 & 12/5 \end{bmatrix} = \begin{bmatrix} 7 & 2 \\ 2 & 4 \end{bmatrix} = A.$$

Überzeugen Sie sich, dass die Matrizen $q_1 q_1^T$ und $q_2 q_2^T$ symmetrisch und idempotent (also orthogonale Projektionsmatrizen) sind.

9.54 Schreiben Sie die symmetrische Matrix

$$\begin{bmatrix} 4 & 2 & 2 \\ 2 & 4 & 2 \\ 2 & 2 & 4 \end{bmatrix} = \begin{bmatrix} -1/\sqrt{2} & -1/\sqrt{6} & 1/\sqrt{3} \\ 1/\sqrt{2} & -1/\sqrt{6} & 1/\sqrt{3} \\ 0 & 2/\sqrt{6} & 1/\sqrt{3} \end{bmatrix} \begin{bmatrix} 2 & 0 & 0 \\ 0 & 2 & 0 \\ 0 & 0 & 8 \end{bmatrix} \begin{bmatrix} -1/\sqrt{2} & -1/\sqrt{6} & 1/\sqrt{3} \\ 1/\sqrt{2} & -1/\sqrt{6} & 1/\sqrt{3} \\ 0 & 2/\sqrt{6} & 1/\sqrt{3} \end{bmatrix}^T$$

als Spektraldarstellung in dyadischer Form.

Lösung: Es ist

$$q_1 q_1^T = \begin{bmatrix} -1/\sqrt{2} \\ 1/\sqrt{2} \\ 0 \end{bmatrix} \begin{bmatrix} -1/\sqrt{2} & 1/\sqrt{2} & 0 \end{bmatrix} = \begin{bmatrix} 1/2 & -1/2 & 0 \\ -1/2 & 1/2 & 0 \\ 0 & 0 & 0 \end{bmatrix}$$

$$q_2 q_2^T = \begin{bmatrix} -1/\sqrt{6} \\ -1/\sqrt{6} \\ 2/\sqrt{6} \end{bmatrix} \begin{bmatrix} -1/\sqrt{6} & -1/\sqrt{6} & 2/\sqrt{6} \end{bmatrix} = \begin{bmatrix} 1/6 & 1/6 & -2/6 \\ 1/6 & 1/6 & -2/6 \\ -2/6 & -2/6 & 4/6 \end{bmatrix}$$

$$q_3 q_3^T = \begin{bmatrix} 1/\sqrt{3} \\ 1/\sqrt{3} \\ 1/\sqrt{3} \end{bmatrix} \begin{bmatrix} 1/\sqrt{3} & 1/\sqrt{3} & 1/\sqrt{3} \end{bmatrix} = \begin{bmatrix} 1/3 & 1/3 & 1/3 \\ 1/3 & 1/3 & 1/3 \\ 1/3 & 1/3 & 1/3 \end{bmatrix}$$

und

$$2q_1q_1^T + 2q_2q_2^T + 8q_3q_3^T = \begin{bmatrix} 1 & -1 & 0 \\ -1 & 1 & 0 \\ 0 & 0 & 0 \end{bmatrix} + \begin{bmatrix} 2/6 & 2/6 & -4/6 \\ 2/6 & 2/6 & -4/6 \\ -4/6 & -4/6 & 8/6 \end{bmatrix}$$
$$+ \begin{bmatrix} 8/3 & 8/3 & 8/3 \\ 8/3 & 8/3 & 8/3 \\ 8/3 & 8/3 & 8/3 \end{bmatrix} = \begin{bmatrix} 4 & 2 & 2 \\ 2 & 4 & 2 \\ 2 & 2 & 4 \end{bmatrix}.$$

Überzeugen Sie sich, dass die Matrizen $q_1q_1^T$, $q_2q_2^T$, $q_3q_3^T$ symmetrisch und idempotent (also orthogonale Projektionsmatrizen) sind.

9.55 Die Dimension des Eigenraumes $\text{Eig}(A, \lambda)$ heißt *geometrische Vielfachheit* von λ. Die Anzahl der Faktoren $(\lambda - \bar{\lambda})$ im charakteristischen Polynom von A ist die *algebraische Vielfachheit* von $\bar{\lambda}$.

Es gilt folgender Satz: *Eine Matrix ist genau dann diagonalisierbar, wenn die geometrische Vielfachheit jedes Eigenwertes gleich seiner algebraischen Vielfachheit ist.*

Begründen Sie mit diesem Satz, dass die Matrix

$$A = \begin{bmatrix} 1 & 0 \\ 0 & 1 \end{bmatrix}$$

diagonalisierbar ist, die Matrix

$$B = \begin{bmatrix} 1 & 1 \\ 0 & 1 \end{bmatrix}$$

aber nicht.

Lösung: Es ist $\text{Det}(\lambda E_2 - A) = (\lambda - 1)^2$ und $\text{Eig}(A, \lambda = 1) = \mathbb{R}^2$. Es ist $\text{Dim}(\text{Eig}(A, 1)) = 2$, das heißt die geometrische Vielfachheit von $\lambda = 1$ ist 2 und wegen $(\lambda - 1)^2$ ist 2 auch die algebraische Vielfachheit von $\lambda = 1$. Daher ist nach obigem Satz die Matrix A diagonalisierbar.

Es ist $\text{Det}(\lambda E_2 - B) = (\lambda - 1)^2$ und $\text{Eig}(B, \lambda = 1) = \{t(1, 0) \mid t \in \mathbb{R}\}$. Es ist $\text{Dim}(\text{Eig}(B, 1)) = 1$, das heißt die geometrische Vielfachheit von $\lambda = 1$ ist 1, aber wegen $(\lambda - 1)^2$ ist 2 die algebraische Vielfachheit von $\lambda = 1$. Daher ist nach obigem Satz die Matrix B nicht diagonalisierbar.

9.56 Welche Eigenwerte und Eigenvektoren hat die Nullmatrix $O \in \mathbb{R}^{n \times n}$?

Lösung: Sie hat nur den Eigenwert 0. Jeder Vektor des $\mathbb{R}^n$ ist Eigenvektor zum Eigenwert 0.

9.57 Gibt es Eigenvektoren ohne Eigenwerte? Gibt es Eigenwerte ohne Eigenvektoren?

Lösung: Nein. Nein.

9.58 Unter welchem anderen Namen ist Ihnen $\mathrm{Eig}(A,0)$ noch bekannt?

Lösung: Unter Nullraum der Matrix A, also $N(A)$.

9.59 Es ist Q eine orthonormale Matrix mit den Eigenwerten 1 und -1. Zeigen Sie, dass die Eigenvektoren zu 1 orthogonal zu den Eigenvektoren zu -1 sind.

Lösung: Es ist x ein Eigenvektor von Q zu 1, also $Qx = x$ und y ein Eigenvektor von Q zu -1, also $Qy = -y$. Wir zeigen $x \perp y$.

Es ist $x^T y = (Qx)^T(-Qy) = -x^T Q^T Q y = -x^T y$, und somit $2x^T y = 0$, also $x^T y = 0$. Demnach sind die Eigenvektoren x und y orthogonal.

9.60 Begründen Sie die Aussage: *Eine symmetrische und orthonormale Matrix hat nur die Eigenwerte 1 oder -1.* Geben Sie zu dieser Aussage ein Beispiel an.

Lösung: Eine symmetrische Matrix hat nur reelle Eigenwerte. Die Eigenwerte einer orthonormalen Matrix haben den Betrag 1. Aus diesen beiden wahren Aussagen folgt die Wahrheit der zu begründeten Aussage.

Ein Beispiel ist die Matrix

$$\begin{bmatrix} 1 & 0 \\ 0 & -1 \end{bmatrix}.$$

Sie ist symmetrisch, orthonormal und hat nur die Eigenwerte 1 und -1.

9.61 Die Matrix

$$A = \begin{bmatrix} 1 & 1 \\ -2 & 4 \end{bmatrix}$$

hat die Eigenwerte 2 und 3. Bestimmen Sie die Eigenwerte von A^T.

Begründen Sie nun, dass das letzte Ergebnis kein Einzelfall ist, das heißt begründen Sie die folgende Aussage: *Ist λ ein Eigenwert von $A \in \mathbb{R}^{n\times n}$, dann ist λ auch ein Eigenwert von A^T.*

Lösung: Es ist

$$\begin{aligned}\mathrm{Det}(\lambda E_2 - A^T) &= \mathrm{Det}\left(\lambda \begin{bmatrix} 1 & 0 \\ 0 & 1 \end{bmatrix} - \begin{bmatrix} 1 & -2 \\ 1 & 4 \end{bmatrix}\right) = \mathrm{Det}\left(\begin{bmatrix} \lambda - 1 & 2 \\ -1 & \lambda - 4 \end{bmatrix}\right) \\ &= (\lambda-1)(\lambda-4) + 2 = \lambda^2 - 5\lambda + 6.\end{aligned}$$

Die Nullstellen dieses Polynoms sind 2 und 3, also hat A^T die Eigenwerte 2 und 3, wie die Matrix A.

Dass ein Eigenwert λ von A auch ein Eigenwert von A^T ist, zeigen die folgenden Gleichungen: $0 = \mathrm{Det}(\lambda E_n - A) = \mathrm{Det}(\lambda E_n - A)^T = \mathrm{Det}(\lambda E_n^T - A^T) = \mathrm{Det}(\lambda E_n - A^T)$.

9.62 Es ist $\phi \in \mathbb{R}$. Bestimmen Sie die Eigenwerte der reellen Matrix

$$A = \begin{bmatrix} \cos\phi & -\sin\phi \\ \sin\phi & \cos\phi \end{bmatrix}$$

Lösung: Die Matrix A hat das charakteristische Polynom $\mathrm{Det}(\lambda E_2 - A) = (\lambda - \cos\phi)^2 - \sin^2\phi = \lambda^2 - 2\lambda\cos\phi + 1$. Die Nullstelen und damit die Eigenwerte sind:

$$\begin{aligned}\lambda_1 &= \frac{2\cos\phi + \sqrt{4\cos^2\phi - 4}}{2} = \frac{2\cos\phi + 2\sqrt{\cos^2\phi - 1}}{2} = \cos\phi + \sqrt{\cos^2\phi - 1} \\ &= \cos\phi + \sqrt{-\sin^2\phi} = \cos\phi + i\sin\phi.\end{aligned}$$

Analog ist $\lambda_2 = \cos\phi - i\sin\phi$. Hierbei ist i die imaginäre Einheit. (Für $\phi \neq k\pi$, $k \in \mathbb{Z}$, hat die reelle Matrix A also keine reellen Eigenwerte. Reelle Matrizen können komplexe Eigenwerte haben. Ist eine reelle Matrix symmetrisch, so hat sie stets reelle Eigenwerte.)

9.63 Verwenden Sie eine mathematische Software und berechnen Sie damit die Eigenwerte der folgenden Matrix. Geben Sie außerdem eine Basis aus Eigenvektoren an.

$$A = \begin{bmatrix} 6 & -4 & 4 & 0 & 4 \\ 0 & 10 & -6 & 0 & -6 \\ 16 & 20 & -20 & -8 & -26 \\ -8 & -8 & 11 & 10 & 11 \\ -16 & -20 & 24 & 8 & 30 \end{bmatrix}$$

Lösung: Ich verwende MATLAB mit der Funktion `eig` und rechne symbolisch. Hier das Ergebnis:

```
>> A=sym([6 -4 4 0 4;0 10 -6 0 -6;16 20 -20 -8 -26;-8 -8 11 10 11;
-16 -20 24 8 30]);
>> [EV,EW]=eig(A)
EV =
[  0, 1/2,  0, -2,  1]
[ -2,   0,  0,  2, -1]
[ -2,   0, -1,  0, -1]
[  1,   1,  0,  1,  0]
[  0,   0,  1,  0,  1]
EW =
[ 4, 0, 0, 0, 0]
[ 0, 6, 0, 0, 0]
[ 0, 0, 6, 0, 0]
[ 0, 0, 0, 10, 0]
[ 0, 0, 0, 0, 10]
```

Die Matrix A hat das Spektrum $\{4, 6, 10\}$, die Eigenwerte 6 und 10 sind zweifach. Eine Basis aus Eigenvektoren von Eig(4) ist $(0, -2, -2, 1, 0)$, eine Basis aus Eigenvektoren von Eig(6) bilden die Vektoren $(1/2, 0, 0, 1, 0)$, $(0, 0, -1, 0, 1)$ und eine Basis aus Eigenvektoren von Eig(10) sind die Vektoren $(-2, 2, 0, 1, 0)$, $(1, -1, -1, 0, 1)$. Alle fünf Vektoren zusammen bilden eine Basis aus Eigenvektoren von $\mathbb{R}^5$.

9.64 Sind die folgenden Aussagen wahr oder falsch?

(a) Jede reelle Matrix hat mindestens einen reellen Eigenwert.
(b) Zwei Eigenvektoren zu demselben Eigenwert sind linear abhängig.
(c) Eine symmetrische Matrix hat nur reelle Eigenwerte.
(d) Es ist $\text{Det}(A - \lambda E) = \text{Det}(\lambda E - A)$ für $A \in \mathbb{R}^{n \times n}$.

Lösung: Wir können wie folgt antworten.

(a) Falsch. Gegenbeispiel

$$\begin{bmatrix} 0 & -1 \\ 1 & 0 \end{bmatrix}.$$

(b) Falsch. Zum Beispiel Aufgabe 9.63.
(c) Wahr.
(d) Falsch. Es ist $\text{Det}(A - \lambda E) = (-1)^n \text{Det}(\lambda E - A)$.

9.65 Verwenden Sie eine mathematische Software und diagonalisieren Sie die Matrix:

$$A = \begin{bmatrix} 4 & -2 & 2 & -3 & 2 \\ 0 & 4 & -1 & 1 & 0 \\ 2 & 0 & 3 & -2 & 2 \\ 2 & 0 & 0 & 1 & 2 \\ -1 & 2 & -2 & 3 & 1 \end{bmatrix}$$

Lösung: Ich verwende MATLAB mit der Funktion `eig` und rechne symbolisch. Hier das Ergebnis:

```
>> A=sym([4 -2 2 -3 2;0 4 -1 1 0;2 0 3 -2 2;2 0 0 1 2;-1 2 -2 3 1]);
>> [X,D]=eig(A)
X =
[ -1, -1, -1, 0, 1]
[  0,  0,  1, 1, -1]
[ -1,  0,  0, 1, 0]
[ -1,  0,  0, 0, 1]
[  1,  1,  1, 0, 0]
D =
[ 1, 0, 0, 0, 0]
[ 0, 2, 0, 0, 0]
[ 0, 0, 4, 0, 0]
[ 0, 0, 0, 3, 0]
[ 0, 0, 0, 0, 3]
```

Die Matrix A hat das Spektrum $\{1, 2, 4, 3\}$, der Eigenwerte 3 ist zweifach. Es ist $X^{-1}AX = D$ mit der Matrix X und der Diagonalmatrix D. Die Spalten von X sind Eigenvektoren von A und die Diagonalelemente von D sind die Eigenwerte von A.

$$X = \begin{bmatrix} -1 & -1 & -1 & 0 & 1 \\ 0 & 0 & 1 & 1 & -1 \\ -1 & 0 & 0 & 1 & 0 \\ -1 & 0 & 0 & 0 & 1 \\ 1 & 1 & 1 & 0 & 0 \end{bmatrix} \quad \text{und} \quad D = \begin{bmatrix} 1 & 0 & 0 & 0 & 0 \\ 0 & 2 & 0 & 0 & 0 \\ 0 & 0 & 4 & 0 & 0 \\ 0 & 0 & 0 & 3 & 0 \\ 0 & 0 & 0 & 0 & 3 \end{bmatrix}.$$

9.66 Berechnen Sie die Spektren der drei Matrizen

$$A = \begin{bmatrix} 2 & 0 & 0 \\ 0 & 10 & 0 \\ 4 & 2 & 16 \end{bmatrix}, \quad \begin{bmatrix} 4 & 0 & 0 \\ 0 & 8 & 0 \\ 0 & 0 & 0 \end{bmatrix}, \quad C = \begin{bmatrix} 4 & 11 & -21 \\ 0 & -3 & 3 \\ 0 & 0 & 5 \end{bmatrix}.$$

Lösung: Das Spektrum einer Matrix ist die Menge ihrer Eigenwerte. Bei den drei Matrizen handelt es sich um Dreiecksmatrizen. Die Eigenwerte von Dreiecksmatrizen sind besonders einfach zu bestimmen, es sind Hauptdiagonalelemente. (Dies liegt daran, dass die Determinante einer Dreiecksmatrix das Produkt der Hauptdiagonalelemente ist.) Folglich hat die Matrix A das Spektrum $\{2, 10, 16\}$, die Matrix B hat das Spektrum $\{0, 4, 8\}$ und die Matrix C hat das Spektrum $\{-3, 4, 5\}$.

9.67 Gegeben ist die Matrix

$$A = \begin{bmatrix} -1 & 0 & 1 \\ -2 & -1 & 0 \\ 7 & 2 & -3 \end{bmatrix}.$$

Bestimmen Sie die Eigenwerte von A und jeden Eigenraum. Berechnen Sie die Determinante von A.

Lösung: Eine Zahl ist genau dann Eigenwert, wenn sie eine Nullstelle des charakteristischen Polynoms ist. Das charakteristische Polynom ist

$$\begin{aligned} \text{Det}(\lambda E_3 - A) &= \text{Det} \begin{bmatrix} \lambda+1 & 0 & -1 \\ 2 & \lambda+1 & 0 \\ -7 & -2 & \lambda+3 \end{bmatrix} \\ &= (\lambda+1)(\lambda+1)(\lambda+3) + (0)(0)(-7) + (-1)(2)(-2) \\ &\quad - (-1)(\lambda+1)(-7) - (\lambda+1)(0)(-2) - (0)(2)(\lambda+3) \\ &= \lambda^3 + 5\lambda^2 = \lambda^2(\lambda+5). \end{aligned}$$

Also hat A den Eigenwert -5 und den doppelten Eigenwert 0. Um die Eigenräume zu bestimmen, müssen wir die jeweiligen homogenen linearen Gleichungssysteme lösen. Das homogene lineare Gleichungssystem zum Eigenwert -5 lautet

$$\begin{bmatrix} -5+1 & 0 & -1 \\ 2 & -5+1 & 0 \\ -7 & -2 & -5+3 \end{bmatrix} \begin{bmatrix} x_1 \\ x_2 \\ x_3 \end{bmatrix} = \begin{bmatrix} 0 \\ 0 \\ 0 \end{bmatrix}.$$

Es hat die Lösungen $\{t(2,1,-8) \mid t \in \mathbb{R}\}$, was der Eigenraum zum Eigenwert -5 ist. Das homogene lineare Gleichungssystem zum Eigenwert 0 lautet

$$\begin{bmatrix} 0+1 & 0 & -1 \\ 2 & 0+1 & 0 \\ -7 & -2 & 0+3 \end{bmatrix} \begin{bmatrix} x_1 \\ x_2 \\ x_3 \end{bmatrix} = \begin{bmatrix} 0 \\ 0 \\ 0 \end{bmatrix}.$$

Es hat die Lösungen $\{s(1,-2,1) \mid s \in \mathbb{R}\}$, was der Eigenraum zum Eigenwert 0 ist. Es ist $\text{Det}(A) = (0)(1)(2) + (0)(0)(0) + (0)(0)(0) - (0)(1)(0) - (0)(0)(0) - (0)(0)(2) = 0$. Die Matrix A ist also singulär und nicht diagonalisierbar. Die Matrix A hat keine Basis aus Eigenvektoren.

9.68 Die Matrix

$$A = \begin{bmatrix} -2 & -8 & -12 \\ 1 & 4 & 4 \\ 0 & 0 & 1 \end{bmatrix}$$

hat die Eigenpaare $(0,(-4,1,0))$, $(1,(-4,0,1), 2(-2,1,0))$, das zeigt der MATLAB-Code

```
>> [X D]=eig(sym([-2 -8 -12;1 4 4;0 0 1]))
X =
[ -4, -4, -2]
[  1,  0,  1]
[  0,  1,  0]
D =
[ 0, 0, 0]
[ 0, 1, 0]
[ 0, 0, 2]
```

Berechnen Sie damit die Matrixpotenz A^{100}.

Lösung: Aufgrund der Vorgaben gilt

$$A = XDX^{-1} = \begin{bmatrix} -4 & -4 & -2 \\ 1 & 0 & 1 \\ 0 & 1 & 0 \end{bmatrix} \begin{bmatrix} 0 & 0 & 0 \\ 0 & 1 & 0 \\ 0 & 0 & 2 \end{bmatrix} \begin{bmatrix} -4 & -4 & -2 \\ 1 & 0 & 1 \\ 0 & 1 & 0 \end{bmatrix}^{-1}.$$

Damit und weil $X^{-1}X = E$ ist, erhalten wir

$$A^{100} = (XDX^{-1})^{100} = \overbrace{XDX^{-1}}^{\text{1. Faktor}} \cdots \overbrace{XDX^{-1}}^{\text{100. Faktor}} = X\overbrace{D\cdots D}^{\text{100 mal}}X^{-1} = XD^{100}X^{-1}$$

$$= \begin{bmatrix} -4 & -4 & -2 \\ 1 & 0 & 1 \\ 0 & 1 & 0 \end{bmatrix} \begin{bmatrix} 0 & 0 & 0 \\ 0 & 1^{100} & 0 \\ 0 & 0 & 2^{100} \end{bmatrix} \begin{bmatrix} -1/2 & -1 & -2 \\ 0 & 0 & 1 \\ 1/2 & 2 & 2 \end{bmatrix}$$

$$= \begin{bmatrix} -2^{100} & -2^{102} & -4-2^{102} \\ 2^{99} & 2^{101} & 2^{101} \\ 0 & 0 & 1 \end{bmatrix}.$$

9.69 Gegeben sind die beiden Matrizen

$$A = \begin{bmatrix} -7 & 4 \\ -6 & 3 \end{bmatrix} \quad \text{und} \quad X = \begin{bmatrix} 2 & 1 \\ 3 & 1 \end{bmatrix}$$

aus $\mathbb{R}^{2\times 2}$, wobei die Matrix X die Matrix A diagonalisiert. Bestimmen Sie die Diagonalmatrix D, sodass $A = XDX^{-1}$ gilt. Berechnen Sie A^{10}.

Lösung: Es ist

$$D = X^{-1}AX = \begin{bmatrix} -1 & 1 \\ 3 & -2 \end{bmatrix} \begin{bmatrix} -7 & 4 \\ -6 & 3 \end{bmatrix} \begin{bmatrix} 2 & 1 \\ 3 & 1 \end{bmatrix} = \begin{bmatrix} -1 & 0 \\ 0 & -3 \end{bmatrix}.$$

Damit gilt

$$A^{10} = (XDX^{-1})^{10} = \overbrace{XDX^{-1}}^{\text{1. Faktor}} \cdots \overbrace{XDX^{-1}}^{\text{10. Faktor}} = X\overbrace{D\cdots D}^{\text{10 mal}}X^{-1} = XD^{10}X^{-1}$$

$$= \begin{bmatrix} 2 & 1 \\ 3 & 1 \end{bmatrix} \begin{bmatrix} (-1)^{10} & 0 \\ 0 & (-3)^{10} \end{bmatrix} \begin{bmatrix} -1 & 1 \\ 3 & -2 \end{bmatrix}$$

$$= \begin{bmatrix} 2 & 1 \\ 3 & 1 \end{bmatrix} \begin{bmatrix} 1 & 0 \\ 0 & 59\,049 \end{bmatrix} \begin{bmatrix} -1 & 1 \\ 3 & -2 \end{bmatrix} = \begin{bmatrix} 177\,145 & -118\,096 \\ 177\,144 & -118\,095 \end{bmatrix}.$$

9.70 Welche Eigenwerte und Eigenvektoren hat die Nullmatrix?

Lösung: Sie hat nur den Eigenwert 0, denn für jeden Vektor $v \in \mathbb{R}^n$ gilt $Ov = 0v$. Jeder vom Nullvektor verschiedene Vektor des $\mathbb{R}^n$ ist Eigenvektor zum Eigenwert 0. Es ist also $\text{Eig}(0) = \mathbb{R}^n$.

9.71 Welche Eigenwerte und Eigenvektoren hat die Einheitsmatrix?

Lösung: Sie hat nur den Eigenwert 1, denn für jeden Vektor $v \in \mathbb{R}^n$ gilt $E_n v = 1v$. Jeder vom Nullvektor verschiedene Vektor des $\mathbb{R}^n$ ist Eigenvektor zum Eigenwert 1. Es ist also $\text{Eig}(1) = \mathbb{R}^n$.

Mathematische Symbole

Die folgende Tabelle enthält mathematische Symbole und eine kurze Beschreibung ihrer Bedeutungen. Diese Symbole verwende ich in diesem Buch und habe sie in [8] eingeführt.

Mathematisches Symbol	*Bedeutung*
$\mathbb{N} = \{1, 2, 3, \ldots\}$	Menge der natürlichen Zahlen
$\mathbb{R}$	Menge der reellen Zahlen
$\mathbb{R}^n$	Menge der reellen n-Tupel
$\mathbb{R}^{m\times n}$	Menge der reellen (m, n)-Matrizen
$\mathbb{R}^{m\times 1}$	Menge der reellen Spaltenmatrizen mit m Einträgen
$\mathbb{R}^{1\times n}$	Menge der reellen Zeilenmatrizen mit n Einträgen
E_n	Einheitsmatrix, Einheitsmatrix aus $\mathbb{R}^{n\times n}$
O_{mn}, O_n	Nullmatrix aus $\mathbb{R}^{m\times n}$, Nullmatrix aus $\mathbb{R}^{n\times n}$
A^T	Transponierte Matrix von A
$\mathrm{Det}(A)$	Determinante von A
A^{-1}	Inverse der regulären Matrix A
$S(A)$	Spaltenraum von A
$N(A)$	Nullraum von A
$Z(A)$	Zeilenraum von A
$\mathrm{Rang}(A)$	Rang von A
$(\mathbb{R}^n, +, \cdot, \mathbb{R})$	Der natürliche Vektorraum der reellen n-Tupel
$(\mathbb{R}^{m\times n}, +, \cdot, \mathbb{R})$	Der natürliche Vektorraum der reellen Matrizen
$\mathrm{Abb}(X, Y)$	Menge der Abbildungen von X nach Y
$\mathrm{Abb}(\mathbb{R}^n, \mathbb{R}^m)$	Menge der reellen Abbildungen von $\mathbb{R}^n$ nach $\mathbb{R}^m$
$(\mathrm{Abb}(M, \mathbb{R}^n), +, \cdot, \mathbb{R})$	Der natürliche Vektorraum der Abbildungen von M nach $\mathbb{R}^n$
$v \cdot w$	Skalarprodukt von v und w
$v \times w$	Vektorprodukt von v und w
$p = u(v \cdot u)/\lvert u\rvert^2$	Orthogonaler Projektionsvektor von v auf $\mathrm{Lin}(u)$
e_j	$(0, \ldots, 0, 1, 0, \ldots, 0)$, an der j-ten Stelle steht die 1
$e_1, \ldots, e_n$	natürliche Basisvektoren im $\mathbb{R}^n$
$v \perp w$	Orthogonale Vektoren v und w
o_V	Nullvektor aus dem Vektorraum V
$o_n = o_{\mathbb{R}^n}$	Nullvektor aus $\mathbb{R}^n$
$\lvert v\rvert$	Die natürliche (Euklidische) Länge des Vektors $v \in \mathbb{R}^n$
$\mathrm{Lin}(v_1, v_2, \ldots, v_r)$	Lineare Hülle von $v_1, v_2, \ldots, v_r$
eins_n	Tupel aus $\mathbb{R}^n$ mit nur Einsen
$\mathrm{Eins}_{m,n}$	Matrix aus $\mathbb{R}^{m\times n}$ mit nur Einsen

$U, V, W, \ldots$	Vektorräume, Unterräume
$\mathrm{Dim}(V) = \mathrm{Dim}\, V$	Dimension des Vektorraumes V
$T \subseteq V$	Teilmenge des Vektorraumes V
$U_1 + U_2$	Summe zweier Untervektorräume
$((\mathbb{R}^n, +, \cdot, \mathbb{R}), \cdot)$	Der natürliche EUKLIDische Vektorraum der reellen n-Tupel
$U_1 \oplus U_2$	Direkte Summe zweier Untervektorräume
$T^\perp$	Orthogonales Komplement von T
$U_1 \ominus U_2$	Orthogonale direkte Summe zweier Unterräume
$T_1 \perp T_2$	Teilmenge T_1 orthogonal zu Teilmenge T_2
$F : \mathbb{R}^n \to \mathbb{R}^m$	Abbildung von $\mathbb{R}^n$ nach $\mathbb{R}^m$
F^{-1}	Umkehrabbildung von F
$F_1 + F_2$	Summe der Abbildungen F_1, F_2
rF	Produkt der reellen Zahl r mit der Abbildungen F
$F_1 \circ F_2$	Verkettung der Abbildungen F_1, F_2
$\mathrm{Id} : \mathbb{R}^n \to \mathbb{R}^n$, $\mathrm{Id}_{\mathbb{R}^n}$	(Lineare) identische Abbildung von $\mathbb{R}^n$ nach $\mathbb{R}^n$
$O : \mathbb{R}^n \to \mathbb{R}^m$, O_{nm}	(Lineare) Nullabbildung von $\mathbb{R}^n$ nach $\mathbb{R}^m$
$\mathrm{Kern}(L) = \mathrm{Kern}\, L$	Kern der linearen Abbildung L
$\mathrm{Bild}(L) = \mathrm{Bild}\, L$	Bild der linearen Abbildung L
A_L	Natürliche Darstellungsmatrix von L
$L^T : \mathbb{R}^m \to \mathbb{R}^n$	Transponierte Abbildung von $L : \mathbb{R}^n \to \mathbb{R}^m$
$\mathbb{R}_{\leqslant n}[x]$	Polynomfunktionen vom Grad kleiner gleich n
$\mathrm{Eig}(\lambda, A) = \mathrm{Eig}_A(\lambda)$	Eigenraum der Matrix A zum Eigenwert λ
$\mathrm{Spur}(A)$	Spur der quadratischen Matrix A
A^+	Pseudoinverse von A

Literaturverzeichnis

Die Literaturangaben sind alphabetisch nach den Namen der Autoren sortiert. Jedes Buch bezieht sich auf die aktuellste Auflage.

[1] C. Ableitinger und A. Herrmann. *Lernen aus Musterlösungen zur Analysis und Linearen Algebra.* Springer Spektrum.

[2] R. Ansorge u. a. *Mathematik in den Ingenieur- und Naturwissenschaften 1: Aufgaben und Lösungen.* WILEY-VCH.

[3] T. Arens u. a. *Arbeitsbuch Mathematik.* Springer Spektrum.

[4] R. Busam und T. Epp. *Prüfungstrainer Lineare Algebra.* Springer Spektrum.

[5] E. Emmrich und C. Trunk. *Gut vorbereitet in die erste Mathematikklausur.* Hanser.

[6] R. Gellrich und C. Gellrich. *Mathematik-Ein Lehr- und Übungsbuch: Band 2.* Europa-Lehrmittel.

[7] L. Göllmann und C. Henig. *Arbeitsbuch zur linearen Algebra.* Springer Spektrum.

[8] G. Gramlich. *Lineare Algebra.* 5. Auflage. Hanser Verlag, 2021.

[9] E.-G. Haffner. *Übungsbuch Lineare Algebra.* WILEY-VCH.

[10] C. Karpfinger und H. Stachel. *Arbeitsbuch Lineare Algebra.* Springer Spektrum.

[11] P. Knabner. *Lineare Algebra, Aufgaben und Lösungen.* Springer Spektrum.

[12] M. Merz. *Übungsbuch zur Mathematik für Wirtschaftswissenschaftler.* Vahlen.

[13] L. Papula. *Mathematik für Ingenieure und Naturwissenschaftler-Klausur- und Übungsaufgaben.* Springer Vieweg.

[14] T. Rießinger. *Übungsaufgaben zur Mathematik für Ingenieure.* Springer Vieweg.

[15] H. Rommelfanger. *Übungsbuch Mathematik für Wirtschaftswissenschaftler.* ELSEVIER.

[16] K. Schmidt, W. Macht und K. Hess. *Arbeitsbuch Mathematik.* Springer.

[17] J. Schwarze. *Aufgabensammlung zur Mathematik für Wirtschaftswissenschaftler.* nwb.

[18] H. Stoppel und B. Griese. *Übungsbuch zur Linearen Algebra.* Springer Spektrum.

[19] J. Tietze. *Übungsbuch zur angewandten Wirtschaftmathematik.* Springer Spektrum.

[20] C. W. Turtur. *Prüfungstrainer Mathematik.* Springer Spektrum.